University Physics

제 2 판

대학물리의 기초

전기와 자기

엄 기 홍

D.B.Info

PREFACE

이 책은, 독자들의 요청에 따라 초판을 수정 보완하고 전공필수 교과목을 보다 쉽게 학습하기 위한 내용을 추가하여 만든 2판이다.

전기, 전자, 컴퓨터 등 과학 기술의 이론과 원리에 기초하여 급격히 발전하는 사회에서 우리가 생활하고 있다. 이러한 사회 환경에 능동적으로 대비하기 위하여 기초 학문으로서의 물리학을 공부함으로써 자연 현상의 기본적 개념과 원리를 이해하고 물리 현상의 탐구 능력과 태도를 길러 과학 문명 시대에서 기본적 교양을 갖추어야 한다. 물리의 학력은 우리의 생활을 보다 효율적으로 영위하기 위해서 필요하며, 나아가서 산업의 발전이나 첨단 과학의 육성에도 필요하다.

학생들이 졸업 후 각자의 분야에서 중요한 역할을 다하기 위해 열심히 준비하는 과정에서 문제를 합리적으로 해결하고 논리적인 사고 능력을 길러야 함은 당연하다. 이러한 필요성을 느끼는 학생들에게 조금이나마 도움을 주기 위해 이 책을 만들게 되었다. 단순한 암기보다는 사고력을 통하여 분석하고 문제에 접근하는 원리를 익히고 활용 능력을 향상시킬 수 있도록 하였다.

이 책은 전기 및 자기 현상을 상세히 다루고 있다. 고등학교 수준의 내용을 쉽게 풀어서 설명하고, 이를 바탕으로 대학 2학년에서 학습할 전자기학이나 전기회로이론을 수월하게 시작할 수 있도록 체계적으로 정리함으로써 독자들이 스스로 공부하고 물리학의 흥미와 태도를 기를 수 있도록 상세한 설명, 다양한 예제와 문제를 제시하고 있다. 물리 현상의 원리를 이해하고 탐구함으로써 사물이나 현상에 대해 과학적으로 사고하고 문제를 합리적으로 해결하는 능력을 기를 수 있도록 구성하였다.

과목을 학습함에 있어서 이해, 응용, 창조하는 긍정적이고 적극적인 마음가짐으로 시작하여 체계적인 사고방식을 갖게 되고, 나아가서 각자 전공과목을 수강하기 위한 기초 실력을 튼튼히 다짐으로써 문제를 보다 쉽게 원리적으로 해결할 수 있는 능력을 기르기를 바란다.

책을 만드는 과정에서 여러 방면의 배려를 해 주신 복두출판사 담당자들과 원고 검토 및 자료 수집, 정리를 성심껏 도와 준 동료들에게 고마움을 표시한다.

내용을 충분히 활용하여 전기 및 자기의 물리적 개념을 이해하고 과학적 태도를 길러 현대 사회를 능동적으로 살아가며 사회에서 각자의 역할을 충실히 하는 일꾼으로 성장하기 위한 하나의 작은 도움의 역할을 이 책이 할 수 있기를 기대한다.

Your Attitude Determines Your Altitude!!

(태도가 고도를 결정한다)

2018년 8월

엄기홍

CONTENTS

Chapter 01 전기장 9

Chapter 02 전위 51

Chapter 03 전압과 전류 89

Chapter 04 회로해석 137

Chapter 05 전류의 자기장 175

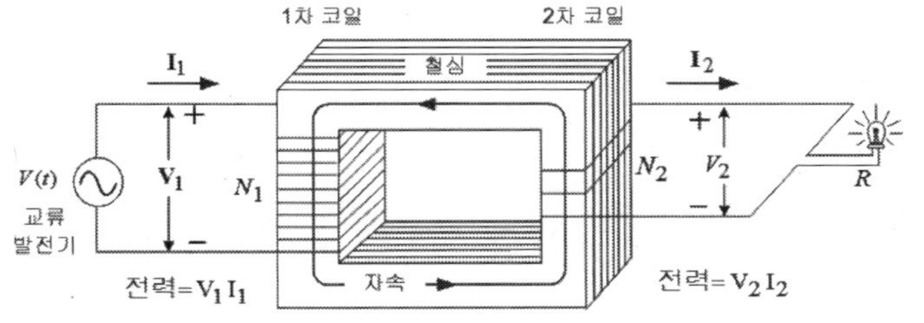

Chapter 1

전기장

눈에 보이지도 않고 손으로 만져지지도 않으면서 인간의 생활에 큰 변혁을 가져온 물리량 중의 하나로서 전기가 있다. 르네상스 시대에 이르러서 전기의 존재와 성질에 대하여 체계적으로 연구가 시작되었고, 18세기 후반부터 본격적으로 탐구하기에 이르렀다.

이 장에서 다음 내용에 대하여 학습해 보자.

1. 두 물체의 마찰에 의하여 발생하는 전기 현상
2. 전기를 띠고 있는 대전체들 사이의 전기력
3. 대전체 주위에서 형성되는 전기장
4. 전하의 흐름인 전류
5. 시변 전계 및 시변 자계에 의한 전자기 유도 현상

전하(電荷, electric charge)는 전기현상을 일으키는 근본적인 원인으로, 어떤 물질이 갖고 있는 전기의 양(quantity)이다. 물체가 띠고 있는 정전기의 양으로 모든 전기현상의 근원이 되는 실체이다. 전하의 종류에는 양전하(positive charge)와 음전하(negative charge)가 있다.

단위시간 동안 양전하가 이동하는 현상의 결과가 **전류**이다. 특히 공간에 있는 한 점이 갖는 전하를 **점전하**라고 하고, 전하의 양을 전하량이라고 한다. 전하의 국제단위는 쿨롬(coulomb)이며, 기호는 C이다. 쿨롬은 매우 큰 단위이다.

전자 6.25×10^{18} 개가 모이면 -1 [C] 의 전기를 띠고,

전자 한 개의 전하량은 -1.602×10^{-19} coulomb [쿨롬]이다.

양성자 6.25×10^{18}개가 모이면 $+1$ [C] 의 전기를 띠고,

양성자 한 개의 전하량은 1.602×10^{-19} coulomb [쿨롬]이다.

전하량 $\pm 1.602 \times 10^{-19}$ coulomb 을 기본전하라고 부른다.

전기적인 현상이 존재하는 공간을 **전기장**이라고 한다. 전기의 여러 가지 현상에 대하여 알아보기로 하자.

1.1 전하와 대전

전기적인 현상으로서 어떤 예가 있는가? 볼펜 자루, 머리 빗, 플라스틱 책받침을 옷이나 머리카락 등에 잠시 동안 문지르고 가벼운 종이 조각에 가까이 가져가 보자. 가벼운 종이 조각을 끌어당기는 현상이 나타난다.

한겨울의 건조한 날에 합성 섬유로 만든 스웨터를 입거나 벗을 때, '따다닥' 하는 소리와 함께 순간적으로 작고 희미한 불빛이 반짝이는 것을 경험한 적이 있을 것이다. 전선을 합선하였을 경우 스파크가 튄다. 왜 이러한 현상이 일어날까?

건조한 유리 막대나 에보나이트 막대를 털가죽이나 명주 헝겊으로 문지르면 다른 물체를 끌어당기는 성질을 띠게 된다. 이와 같이, 물체들의 마찰에 의하여 전자 또는 공간에 있는 자유전자나 이온들의 움직임 때문에 다른 물체를 밀어내거나 끌어당기는 성질을 띠게 하는 원인이 되는 물리량을 **전기**(electricity)라고 한다. 전기성질을 띠는 현상을 **대전**(electrification)이라고 하고, 전기를 띠는 (대전된) 물체를 **대전체**(electrified body)라고 한다. 대전체가 띤 전기량(電氣量)을 **전하**(**電荷**, electric charge)라고 한다.[1)]

마찰에 의하여 물체가 대전되는 현상이 나타나는 원인은 무엇인가? 물체를 구성하고 있는 원자에서 전자가 한 물체에서 다른 물체로 옮겨 가기 때문에 물체 내의 전기적 중성상태가 깨어지기 때문이다. 전기를 띨 수 있는 두 물체를 접촉시키면 한 쪽은 양(positive)으로 대전되고, 다른 쪽이 음(negative)으로 대전된다. 대전에 의하여 발생하는 전기에는 양전기와 음전기 두 가지가 있는데, 같은 종류의 전기는 밀어 내고 다른 종류의 전기는 끌어당기는 힘이 있다. 마찰에 의하여 물체가 (+) 또는 (−)전기로 대전되는 현상은 물체 속에 (+)전기를 갖는 입자와 (−)전기를 갖는 입자가 가진 전기량이 같은 전기적 평형 상태(또는 중성상태)를 유지하고 있다가, 평형이 깨어지기 때문이다.

한 점에 집중되어 있는 전하를 점전하라고 하며, 양(positive)의 점전하가 단위 시간당 이동하는 현상이 전류이다.

마찰에 의해서 전자가 이동할 때, 전자의 이동 방향은 전자를 붙들고 있는 힘의 상대적 크기에 따르는데 이것은 실험적으로 정해질 수 있다. 두 물체 중 전자를 붙들고 있는 힘이 작은 것은 (+)전하로 대전되고, 힘이 큰 것은 (−)전하로 대전된다. 두 물체를 마찰시켰을 때, (+)로 쉽게 대전 물체를 차례대로 나열한 순서를 **대전열**(또는 대전 서열)이라고 한다. 몇 가지

---

1) 전하(電荷)의 양(量)이 전하량(電荷量, quantity of electric charge)이다. 편의상 "전하"를 "전기, 전기량, 전하량" 등으로 부른다. 전자 6.25×10^{18}개가 모이면 -1[C]의 전기를 띤다. -1[C]의 전하량을 갖는다. 특정한 예로서, charged particle(s)은 "대전된 입자, 대전입자, 하전입자" 로 나타낸다.

물질의 대전열은 다음과 같다.

(+) 털가죽 〉 상아 〉 수정 〉 유리 〉 머리카락 〉 명주 〉
나무 〉 호박 〉 솜 〉 고무 〉 셀룰로이드 〉 에보나이트 (−)

위의 대전열의 순서는 항상 고정되어 있는 게 아니라, 표면의 상태, 온도, 습도 등에 따라서 순서가 약간 변한다.

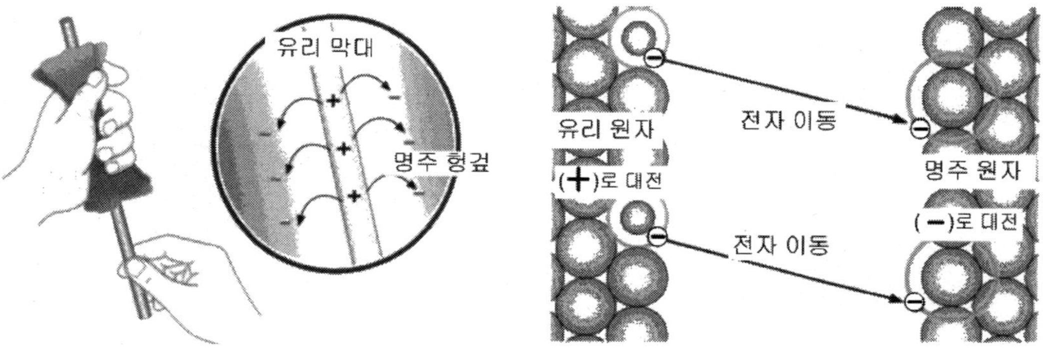

그림 1.1 마찰 전기의 발생

예를 들어, 그림 1.1과 같이, 명주 헝겊으로 유리 막대를 마찰시키면(문지르면) 유리 막대의 (−)전하(전자) 중에서 일부가 명주 헝겊으로 옮겨가서 유리 막대는 양(+)로 대전되고 명주 헝겊은 음(−)로 대전된다[2].

전자는 모든 물체의 원자를 구성하고 있는 (−)의 전기를 띤 아주 작은 입자이다. 이와 같이 종류가 다른 두 물체를 마찰시키면 한 쪽의 물체에서 다른 물체로 (−)전하를 띤 전자가 이동하게 되는데 전자(-전하)를 잃은 물체는 (+)전기를 띠는 대전체가 되고, (−)전하를 얻은 물체는 (−)를 띠는 대전체가 된다.

두 물체의 마찰에 의하여 전기가 발생한 경우, 발생 원인을 나타내기 위하여 두 종류의 물체를 서로 마찰하여 얻은 전기를 **마찰 전기**라고 한다. 두 물체가 가지게 되는 전하는 마찰하는 과정에서 전자를 주거나 받아서 생긴 것으로 전자가 새로 생성되거나 소멸된 것이 아니다. 따라서 전하는 어떤 반응 전후에도 그 총량이 변하지 않고 일정하게 보존되는데 이를 **전하량 보존의 법칙**이라고 한다.

2) p. 187, 물리 II 권재술, 교학사 2002

그러므로 같은 전하량을 가진 (+)대전체와 (−)대전체가 합쳐지면 두 대전체는 전기를 잃고 대전체의 성질을 나타내지 않는다.

예제 1

다음 물질 중에서 두 가지를 서로 마찰하면 왼쪽 물질은 (+)로, 오른쪽 물질은 (−)로 대전되는데, 이 순서를 대전 서열이라고 한다.

> (+) 털가죽 → 유리 → 머리털 → 양털 → 비단 → 호박
> → 인체 → 종이 → 플라스틱 → 고무 → 에보나이트 (−)

(a) 유리와 종이를 마찰시키면 어느 것이 (+), (−) 전기를 띠게 되는가?
(b) 고무풍선을 플라스틱 주머니로 문지르면, 전자는 어느 쪽으로 이동하는가?
(c) 비단 조각을 플라스틱 주머니로 문지르고 그 비단을 위의 고무풍선에 가까이 가져가면 어떤 힘이 작용하는가?

| 풀이 |

(a) 대전열에 의하여, 유리는 (+)전기를, 종이는 (−)전기를 띠게 된다.
(b) 대전 서열에 의해 플라스틱 주머니는 (+)로, 고무풍선은 (−)로 대전된다. 그러므로 전자는 플라스틱에서 고무로 이동한다.
(c) 대전 서열에 의해 비단 조각은 (+)로 플라스틱 주머니는 (−)로 대전된다. 비단 조각(+)을 고무풍선(−)에 가까이 하면 인력의 전기력이 발생한다.

예제 2

양(+)으로 대전된 물체에 음(−)전하를 접촉시키면 전하량은 증가하는가?

| 풀이 |

물체의 전하량은 항상 감소한다. 그 이유는 양전하의 크기를 감소시키기 때문이다.
예를 들면,
양전하 +10과 음전하 −7이 접촉하면, 전하량은 +3이다.
양전하 +10과 음전하 −30이 접촉하면, 전하량은 −20이다.
양전하 +10과 음전하 −15가 접촉하면, 전하량은 −5이다.

예제 3

음(−)으로 대전된 물체에 양(+)전하를 접촉시키면 전하량은 증가하는가?

| 풀이 |

물체의 전하량은 항상 증가한다. 이유는 음전하의 크기를 증가시키기 때문이다.
예를 들면,
음전하 −10과 양전하 +7이 접촉하면, 전하량은 −3이다.
음전하 −10과 양전하 +30이 접촉하면, 전하량은 +20이다.
음전하 −10과 양전하 +15가 접촉하면, 전하량은 +5다.

예제 4

다음 괄호를 채워라.

(a) 전기력이 작용하는 원인이 되는 물리량을 (　　)라 부르며, (　　)와 (　　)의 두 종류가 있다.

(b) 마찰에 의해 물체가 대전되는 것은 물체를 구성하는 원자에 있는 (　　)의 이동 때문이며, 이것이 이탈한 물체는 (　　)전기를 띠고 이것을 받은 물체는 (　　)전기를 띤다.

(c) 대전된 막대를 다른 물체와 접촉시키면 일부 (　　)가 물체 쪽으로 옮겨 간다. 이때 옮겨 가기 전의 전하량과 옮겨 간 후 전체 전하량은 항상 (　　)으며 이것을 (　　)의 보존법칙이라 한다.

(d) 물체 내부에 (　　)가 많으면 도체이고, 거의 없으면 (　　)가 된다. 스티로폼이나 플라스틱은 (　　)에 속한다.

| 풀이 |

(a) 전하, 양(+)전하, 음(−)전하 또는 전기, 양(+)전기, 음(−)전기 ;
(b) 전자, 양(+), 음(−) ; (c) 전하, 같, 전하량 ;
(d) 자유 전자, 부도체, 부도체(절연체).

1.2 정전기과 동전기

1. 정전기

정전기(靜電氣, static electricity)는 전하가 정지 상태로 있어 전하의 분포가 시간적으로 변화하지 않는 전기를 말한다. 정전기 물질의 내부 또는 표면에서 전하의 불평형 상태의 전기이다. 불평형 상태의 전하는 전류(electric current) 또는 전기방전(electrical discharge)으로 인하여 전하가 이동하기 전에 머물러 있는 전기이다.

정전기가 생기는 원인이 두 물체의 마찰이므로, 정전기는 옛날부터 마찰전기로 알려져 왔다. 물체를 구성하는 원자핵의 주변에는 전자들이 돌고 있는데, 이 전자들은 마찰을 통해 다른 물체로 이동을 한다. 우리 몸 또한 주변의 물체들과 접촉이 일어날 때마다 전자를 주고받게 되고, 이 과정에서 전기가 조금씩 저장되는데, 적정 한도 이상 전기가 쌓이면 적절한 유전체에 닿았을 때 순식간에 불꽃을 튀며 이동하게 된다. 이 현상이 우리가 생활에서 겪게 되는 정전기현상이다. 정전기는 18세기 후반부터 샤를 쿨롬 등에 의해 정량적(定量的) 연구가 이루어져, 전기의 응용과 전자기학 발전의 기반이 되었다.

- 예제 1

습도가 높은 여름철보다는 대기가 건조한 겨울철에 정전기를 쉽게 느낀다. 왜 건조한 날씨에 정전기를 쉽게 느끼는가?

| 풀이 |

정전기는 인체가 접하는 물체와 부딪히면서 전기성을 띠는 현상으로 건조한 날씨에 주로 일어난다. 여름에 문제 되지 않는 것은 정전기가 몸에 축적되기 전에 공기 중의 수증기를 통해 수시로 방전되기 때문이다.

2. 동전기

동전기(動電氣, current electricity)는 도선이나 기타 도체 등의 전달 물질(고체, 액체, 기체

등)을 통하여 이동하여 전기 에너지를 전달하는 전기이다. 일반적으로 말하는 전기가 동전기를 의미한다[3].

전하를 잘 이동시키는(즉 전기를 흘러 보내는) 성질을 기준으로 물체를 세 종류로 구분한다.

(1) 도체

전하를 잘 이동시키는 구리 막대, 탄소 막대, 지면 등을 **도체**(conductor)라고 한다. 특성이 가장 좋은 도체에는 은(Ag), 구리(Cu), 금(Au), 알루미늄(Al) 등이 있다.

(2) 부도체

플라스틱, 고무, 유리와 같이 전하를 잘 이동시키지 못하는 물체를 **부도체**(non-conductor) 또는 **절연체**(insulator), **유전체**(dielectric)라고 한다. 인공적으로 제작하여 가장 흔히 사용하고 있는 예로서 XLPE(cross-linked polyethylene, 가교 폴리에틸렌)이 있다.

(3) 반도체

도체와 부도체 사이의 중간 정도의 성질을 띠고 있는 물체를 **반도체**(semiconductor)라고 하는데, 도체와 같이 전하를 잘 이동시키지는 못하나 부도체보다는 비교적 전하를 잘 전달시키는 물체이다. 반도체는 특수한 전도성을 이용하여 진공관 대신 다이오드나 트랜지스터의 재료로 널리 쓰이고 있다. 또한, 반도체를 이용한 소형 **집적회로**(integrated circuit)는 컴퓨터를 비롯한 전자 부품으로 쓰이고 있으며, 구리와 같은 양도체는 전기의 도선으로 쓰이고 PVC, 운모, 사기와 같은 부도체는 전기의 절연체로 이용된다.

---

3) Dhogal. Basic Electrical Engineering, Volume 1. Tata McGraw-Hill. p. 41. ISBN 978-0-07-451586-0, 1986

1.3 정전기 유도

1. 도체의 정전기 유도

대전체는 주위에 전기장을 형성하고 전기장 속에 있는 전하는 힘을 받는다. 대전되어 있지 않은 도체에 대전체를 가까이하면 도체에 어떤 현상이 일어날까? 그림 1.2와 같이, 금속구 A, B와 대전된 막대를 준비하여 실험해 보자.

(1) 털가죽으로 문질러서 대전시킨 막대를 접촉하고 있는 금속구 A, B 에 접근시킨다.
(2) 금속구 A, B를 일정한 거리에 떼어 놓는다.
(3) 대전된 막대를 금속구 A, B가까이 접근시킨다.

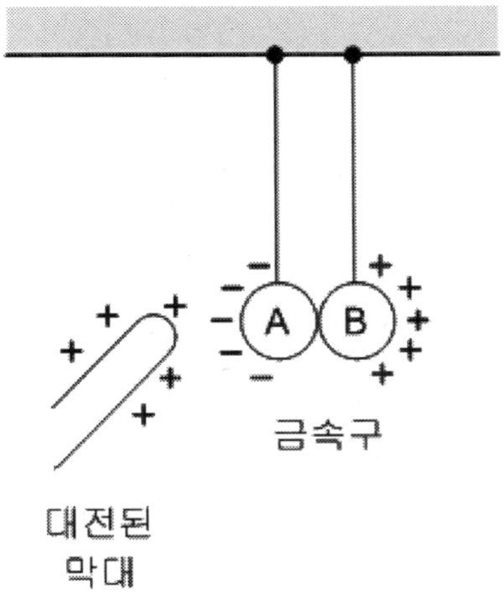

(a) 대전 막대를 접근시킬 때

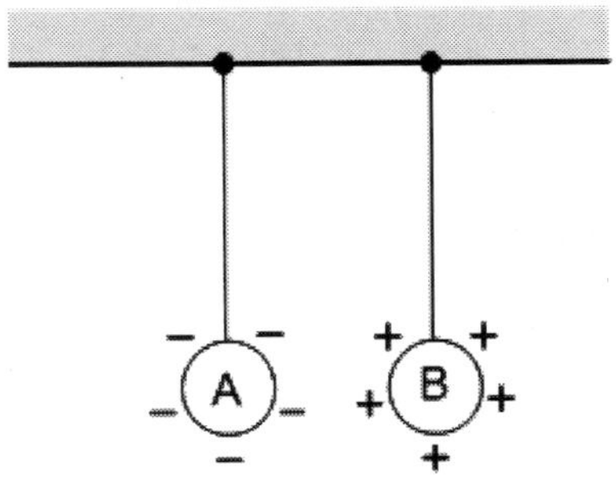

(b) 대전 막대를 멀리하고 두 금속구를 떼어놓을 때

그림 1.2 정전기 유도

위 실험을 한 결과, 다음을 알 수 있다.

그림 (a) : (+)전하로 대전된 막대를 금속구 A에 가까이하면, 금속구 속의 (+)전하는 반발력에 의하여 금속구 B의 오른쪽 끝에 밀려가고, 금속구 속의 자유 전자들은

A의 좌측 끝으로 몰리게 된다. 금속구 A는 양전하로 대전되고, 전자를 잃은 금속구 B는 (+)전하로 대전된다. 대전체를 멀리하여 전기력이 없어지면 도체는 원래와 같은 중성 상태로 되돌아가서 전기를 띠지 않게 된다.

그림 (b) : 두 금속구를 분리시켜 놓고, 대전 막대를 멀리하면 자유 전자나 (+)전하는 각각의 금속구에 골고루 분포된다.

대전체와 가까운 쪽에 있는 금속구 A는 (−)전하를 띠고, B는 (+)전하를 띠었음을 확인할 수 있다. 즉, 대전체를 도체에 접근시키면 도체 속의 자유 전자는 전기력을 받아 이동하여 한쪽으로 몰리므로 도체는 (−)전기를 띠는 부분과 (+)전기를 띠는 부분으로 나누어진다. 이와 같이, 대전체를 도체에 접근시키면 먼 쪽에는 대전체와 같은 종류의 전하가 유도되고 가까운 쪽에는 대전체와 다른 종류의 전하가 유도되는 현상을 **정전기 유도**라고 하며, 도체에 유도된 전하를 **유도 전하**라고 한다. 이때 정전기 유도에 의하여 도체에 발생된(유도된) (+)전하와 (−)전하의 전하량은 같다.

마찰 전기는 두 물체 마찰 접촉으로 인하여 한 물체의 전하가 다른 물체로 이동한 것이다. 이와 달리, 정전기 유도 현상은 하나 또는 둘 이상 접촉하고 있는 금속 물체 내에서 (−)전하와 (+)전하의 분포가 일시적으로 분리된 상태이므로 전체적인 전하량에는 아무런 변화가 없다.

2. 부도체의 정전기 유도

정전기 유도 현상은 도체뿐만 아니라 부도체에서도 일어난다. 그러나 도체 내부에는 자유로이 움직일 수 있는 전하가 있지만, 부도체 내부에는 자유로이 움직일 수 있는 전하가 없기 때문에 도체와 부도체는 전기적인 성질이 다르다. 따라서 **도체와 부도체의 정전기 유도 현상은 다르게 나타난다.**

그림 1.3의 (a)와 같이 양(+)전하를 띤 대전체를 도체에 접근시키면 가까운 쪽은 음으로, 먼 쪽은 양으로 대전된다. 그러므로 도체의 정전기 유도는 자유 전자를 잃은 부분은 양으로, 자유 전자를 얻은 부분은 음으로 대전되는 현상임을 알 수 있다.

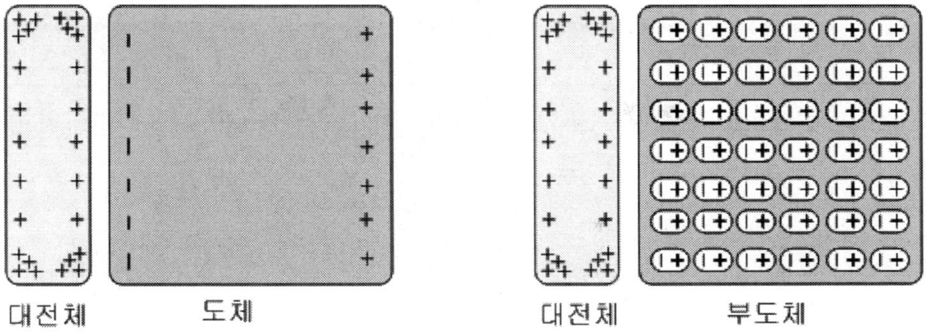

(a) 도체의 정전기 유도

(b) 부도체의 정전기 유도

그림 1.3

양(+)전하를 띤 대전체를 부도체에 가까이 가져가면 부도체는 (b)와 같이 원자 배열이 거의 같은 방향으로 늘어서게 된다. 부도체의 한 쪽 표면에 (+)전기와 다른 쪽 표면에 (−)전기가 각각 분리되어 나타나게 된다. 이 현상을 **유전 분극**(dielectric polarization)이라고 한다. 부도체에서는 중성 원자들이 전기적인 힘에 의하여 유전 분극이 일어나 일정한 방향으로 극성이 배열됨으로써 전기적인 성질을 띠게 된다.

그러므로 부도체에서는 도체(예: 금속 막대)와는 전혀 다르게 정전기 유도 현상이 일어나는 것을 알 수 있다.

부도체에서 일어나는 정전기 유도 현상에 의하여, 대전체가 가벼운 종이 조각을 끌게 되는 것이다. 이와 같이, 유전 분극은 유전체 외부에 있는 대전체의 영향을 받아서 분자들의 이동이 거의 없이 제자리에서 회전하여 배열함으로써, (+)전하와 (−)전하가 연속적으로 이웃하여 나타나는 현상이다. 따라서, 부도체에서는 유도된 전하를 (+)전하와 (−)전하로 분리할 수 없다.

- 예제 1

정전기 유도를 이용하여 물체의 양음 대전 상태를 알아내는 데 이용하는 도구가 검전기(檢電器, electroscope)이다. 대전체를 검전기의 금속판에 접근시켰을 때 금속박이 열렸다.

(a) 대전체가 (+)로 대전되었을 때 전기 현상을 그림으로 나타내어라.
(b) 대전체가 (-)로 대전되었을 때 전기 현상을 그림으로 나타내어라.

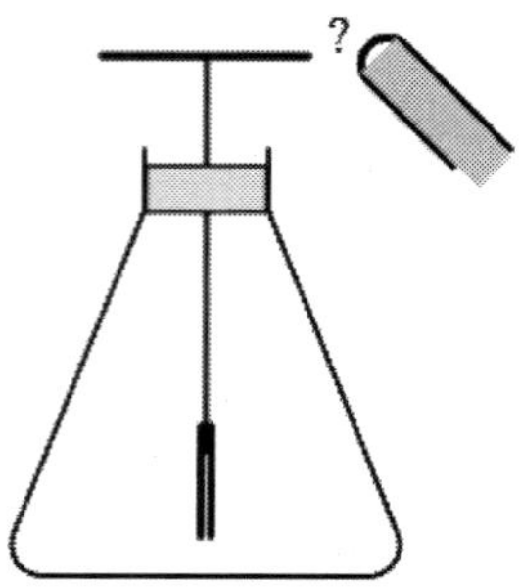

| 풀이 |

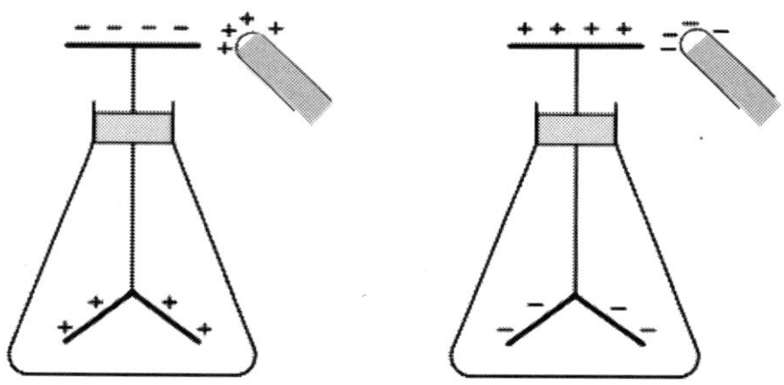

(a) (b)

1.4 쿨롬의 법칙

전하들끼리 작용하는 전기력은 어떻게 나타낼 수 있을까? 서로 다른 종류의 전기로 대전된 두 물체는 서로 끌어당기고, 같은 종류의 전기로 대전된 두 물체는 서로 반발한다.

두 전하 사이에 작용하는 힘을 최초로 연구한 과학자는 프랑스의 물리학자 **쿨롬**(Coulomb, Charles Augustin de)이었다(그림 1.4 참조). 서로 다른 종류의 전하들 사이에 작용하는 반발력 또는 서로 같은 종류의 전하들 사이에 작용하는 흡인력을 **정전기력** 또는 **쿨롬의 힘**(Coulomb force)이라고 한다. 두 대전체 사이의 거리가 가까워질수록 그리고 두 대전체의 전하량을 크게 할수록 **쿨롬의 힘**(Coulomb force)이 더 큰 것을 알 수 있다.

인물탐구

그림 1.4 쿨롬

쿨롬(Coulomb, Charles Augustin de, 1736~1806)

프랑스 물리학자. 인력 정전기력과 척력 정전기력을 정의하는 쿨롬의 법칙(Coulomb's law)을 발견한 것으로 가장 잘 알려져 있다. 전하의 SI 단위인 쿨롬(coulomb, 약어 C)은 그를 기리기 위하여 명명한 단위이다.

쿨롬은 그림 1.5와 같은 정밀한 비틀림 저울을 이용하여 정전기력에 관하여 정량적으로 실험하여, 전기력이 두 전하 사이의 거리와 전하량의 영향을 받음을 알아내었다[4].

(1) 가는 수정실을 연직방향으로 매달고, 절연된 가벼운 막대를 수평방향으로 매단다.
(2) 한 쪽 끝엔 대전된 금속구 A를, 다른 끝에는 금속구 A와 같은 질량의 추를 매달아서 수평을 유지하도록 한다.
(3) 금속구 A와 같은 종류의 전하로 대전된 금속구 B를 A에 가까이 가져간다.

4) p.192, 물리 II 권재술, 교학사, 2002

이때, 금속구 A가 전기적 반발력을 받아 절연 막대가 회전하게 되고, 수정실의 비틀림에 의한 복원력과 전기력이 평형을 이루는 위치에서 구 A가 정지하게 되며, 수정실의 비틀린 각도를 측정하여 전기력을 알아낼 수 있다.

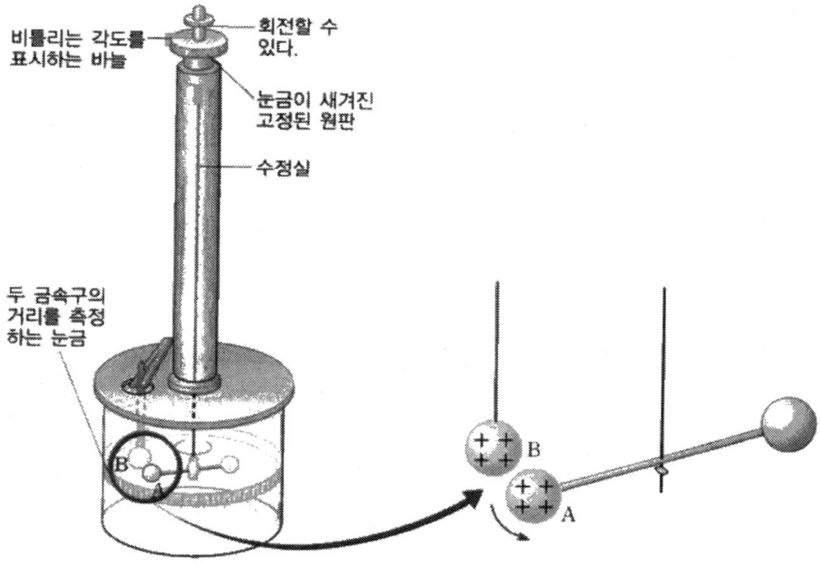

그림 1.5 비틀림 저울

금속구 A가 받는 전기력은 회전하는 각도로 측정할 수 있으며 정밀히 실험을 거듭한 결과 쿨롬은 전기력이 두 전하 사이에 작용하는 힘을 구하였다. 쿨롬은 두 대전체 사이의 전기력은 두 대전체의 전하량의 곱에 비례하고, 두 대전체 사이의 거리의 제곱에 반비례한다고 결론지었다. 이것을 **쿨롬의 법칙**(Coulomb's law)이라고 한다.

쿨롬의 법칙을 살펴보자.

그림 1.6와 같이 전하량이 $Q_1\,[\mathrm{C}]$, $Q_2\,[\mathrm{C}]$인 두 대전체가 거리 $R\,[\mathrm{m}]$ 만큼 떨어져 있을 때 두 대전체 사이에는 작용 반작용의 법칙에 의하여 크기가 같고 방향이 반대인 전기력 (쿨롬힘)이 작용한다.

$$\mathbf{F}_{12} = -\mathbf{F}_{21}$$

벡터 전기력 $\mathbf{F}$의 크기 F는

$$F = F_{12} = F_{21} = k\frac{Q_1 Q_2}{R^2} \quad [\mathrm{N}] \tag{1.1}$$

이며, 여기서 k는 비례 상수이다. 이때 벡터 전기력 $\mathbf{F}$는 Q_1과 Q_2의 전하가 같은 종류일 때는 반발력이고 서로 다른 종류의 전하일 때는 인력이 된다. 전하의 단위는 국제단위계(SI)로 **쿨롬**(C)을 쓴다.

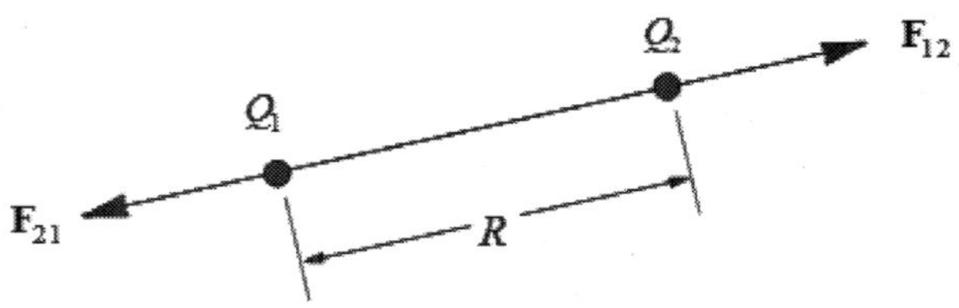

그림 1.6 쿨롬의 법칙

전하량 1 쿨롬은 도선에 1 암페어(A)의 전류가 흐르고 있을 때 도선의 단면을 1초 동안에 지나가는 전하량으로서, 6.25×10^{18}개의 전자가 지나갈 때의 전하량이다. 쿨롬의 법칙에서 사용된 비례 상수 k를 결정할 수 있다. 진공 중에서 전하량 Q_1, Q_2가 각각 1 (C)이고, 거리 R가 1 (m)일 때 두 전하 사이에 작용하는 힘을 구하면 비례 상수 k의 값은

$$k = 9.0\times10^9 \ \ (\mathrm{N\cdot m^2/C^2}) \tag{1.2}$$

이다. 국제단위계(SI)에서는

$$k = \frac{1}{4\pi\epsilon_0} = \frac{1}{4\pi\times\frac{10^{-9}}{36\pi}} = 9.0\times10^9 \ \ \mathrm{N\cdot m^2/C^2} \tag{1.3}$$

이 된다. 여기서 ϵ_0(epsilon)를 진공 중에서의 **유전율(permittivity)**이라고 한다. 따라서 벡터 쿨롬 힘 $\mathbf{F}$는

$$\mathbf{F} = \frac{Q_1 Q_2}{4\pi\epsilon_0 R^2}\hat{\mathrm{R}} \quad [\mathrm{N}] \tag{1.4}$$

이다. 여기서,

$\hat{\mathbf{R}}$; 크기는 1이고 벡터 쿨롱 힘 **F**의 방향을 갖는 단위벡터(unit vector)

이다. 따라서 쿨롱 힘의 크기는

$$F = \frac{Q_1 Q_2}{4\pi\epsilon_0 R^2} \quad [\mathrm{N}] \tag{1.5}$$

이다. 단위벡터,

$$\hat{\mathbf{R}} = \frac{\mathbf{R}}{R} \tag{1.6}$$

를 사용하여 달리 나타내면,

$$\mathbf{F} = \frac{Q_1 Q_2}{4\pi\epsilon_0 R^2} \frac{\mathbf{R}}{R} \quad [\mathrm{N}] \tag{1.7a}$$

정리하면

$$\mathbf{F} = \frac{Q_1 Q_2}{4\pi\epsilon_0 R^3} \mathbf{R} \quad [\mathrm{N}] \tag{1.7b}$$

과 같다.

- 예제 1

쿨롬의 법칙은 $F = k\dfrac{Q_1 Q_2}{R^2}$ 로 나타낼 수 있다. 이로부터 알 수 있는 비례 상수 k의 단위는?

| 풀이 |

$k = \dfrac{F \cdot R^2}{Q_1 \cdot Q_2}$ 로부터 구하면 $\mathrm{N \cdot m^2/C^2}$ 이다.

- 예제 2

공간에서 거리 R 을 사이에 두고 전하량이 Q_1, Q_2인 두 점전하가 있다. 전하량의 크기를 각각 2배로, 거리를 3배로 증가시켰을 때, 서로 작용하는 전기력은 몇 배 증가하느냐?

| 풀이 |

쿨롱 법칙에 의한 전기력은 $F = k\dfrac{Q_1 Q_2}{R^2}$ 이다.

새로운 전기력은

$$F' = k\frac{2\,Q_1 \times 2\,Q_2}{(3r)^2} = \frac{4}{9}\,k\frac{Q_1 \times Q_2}{R^2} = \frac{4}{9}\,F$$

따라서 $\dfrac{4}{9}$배 증가한다.

답 $\dfrac{4}{9}$배

예제 3

전하량이 Q인 두 개의 (+)전하를 진공 중에서 0.03 m 떼어 놓았더니 4×10^{-5} N의 반발력이 작용하였다. 전하량 Q는 몇 C인가?

| 풀이 |

쿨롬의 법칙에서 전하량 Q는

$$F=9\times10^9\frac{Q^2}{R^2}$$

$$4\times10^{-5}=9\times10^9\frac{Q^2}{(3\times10^{-2})^2},\quad \therefore Q=2\times10^{-9}\text{ C}$$

답 $Q=2\times10^{-9}$ C

예제 4

전하량이 $Q=4\times10^{-6}$ C인 두 개의 (+)전하가 진공 중에서 작용하는 힘의 크기가 4×10^{-3} N 이었다. 두 전하 사이의 거리를 구하여라.

| 풀이 |

쿨롬의 법칙에서 힘의 크기 F는

$$F=9\times10^9\frac{Q^2}{R^2},\quad 4\times10^{-3}=9\times10^9\frac{(4\times10^{-6})^2}{R^2},$$

$$R^2=9\times10^9\frac{(4\times10^{-6})^2}{4\times10^{-3}}=36\text{ m},\quad \therefore R=36\text{ m}$$

답 $R=36$ m

예제 5

같은 크기로 대전된 3개의 대전구가 그림과 같이 놓여 있다. 이때 A가 B에 작용하는 전기력은 3×10^{-6} N이다.

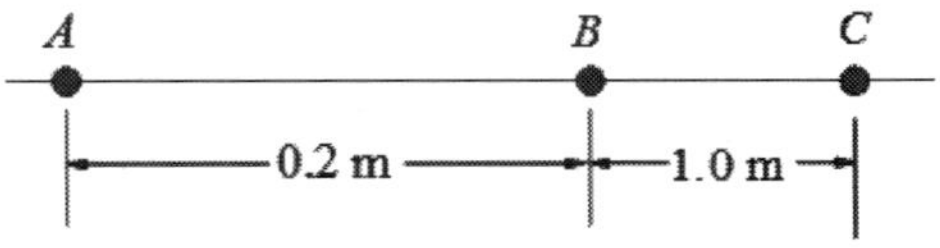

(a) C가 B에 작용하는 전기력의 크기 F는 얼마인가?

(b) B에 작용하는 힘은 얼마인가?

| 풀이 |

(a) $F \propto \frac{1}{r^2}$ 이므로 $F=4\times(3\times10^{-6})$ N, $\therefore F=1.2\times10^{-5}$ N

(b) B는 C와 A로부터 반발력을 받는다. C가 작용하는 반발력이 더 크다.

$$F=F_{AB}+F_{CB}=3\times10^{-6}+(-12\times10^{-6})\ \text{N}$$
$$F=-9\times10^{-6}\ \text{N}\ ,\ \text{좌측 방향}$$

답 (a) $F=1.2\times10^{-5}$ N, (b) $F=9\times10^{-6}$ N, 좌측 방향

-예제 6

같은 전하량을 갖는 세 개의 작고 가벼운 공이 수평면 위에 그림과 같이 놓여 있다. A와 C는 고정되어 있고 B는 자유로이 움직일 수 있다. 이때 C는 B에 3×10^{-6} N의 힘이 작용한다. A와 C가 B에 작용하는 힘의 합력은 몇 N인가?

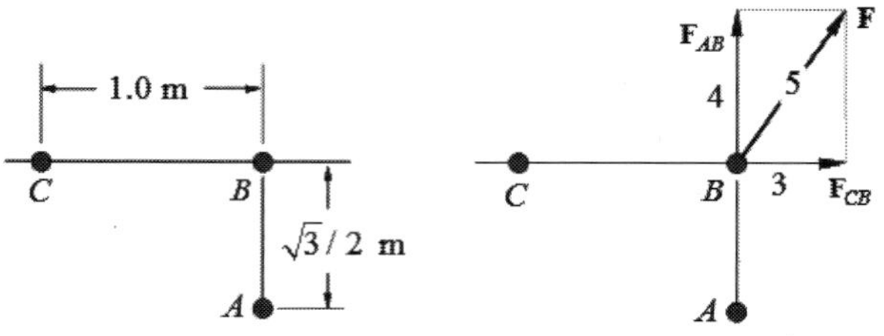

| 풀이 |

쿨롬 법칙에 의하여 $F\propto\dfrac{1}{r^2}$의 관계가 있으므로,

$$F_{AB}:F_{CB}=\frac{1}{\left(\dfrac{\sqrt{3}}{2}\,\mathrm{m}\right)^2}:\frac{1}{1\,\mathrm{m}^2}=\frac{4}{3}:1=4:3$$

이다. 따라서

$$F_{CB}=3\times10^{-6}\,\mathrm{N}$$

$$F=\sqrt{F_{\mathrm{AB}}^2+F_{\mathrm{CB}}^2}$$

$$=\sqrt{(4\times10^{-6})^2+(5\times10^{-6})^2}=5\times10^{-6}\,\mathrm{N}\ .$$

답 5×10^{-6} N

예제 7

모양과 크기가 같은 두 금속구가 $-2\,\mathrm{C}$, $6\,\mathrm{C}$의 전하량을 갖고 있다. 이 두 금속구를 일정한 거리만큼 떼어 놓았을 때 서로 작용하는 힘을 F_1, 다시 두 금속구를 접촉시킨 후 같은 거리를 떼어 놓았을 때 서로 작용하는 전기력을 F_2라 하면 $F_1 : F_2$의 값은 얼마인가?

| 풀이 |

접촉시킨 후 떼어 놓으면 각 구의 전하량은 $\dfrac{-2+6}{2} = 2\,\mathrm{C}$씩 된다.

$F \propto q_1 q_2$이므로 $F_1 : F_2 = 2\times 6 : 2\times 2 = 3:1$이다.

답 3:1

1.5 좌표계로 표시한 쿨롬의 법칙

앞 절에서는 좌표계를 사용하지 않고 쿨롬의 법칙을 살펴 보았다. 이 절에서는 좌표계를 도입하여 쿨롬의 법칙을 자세히 학습한다.5)

공간에 놓인 대전체는 주변에 전계를 생성하며, 따라서 전기적인 힘을 발생시킨다. 주변 공간에 전기력을 발생하는 원인이므로 소스 (source; 근원, 원천)이라고 한다. 대전체는 그 보다 아주 작은 대전체들이 모여있는 것으로 취급하고, 아주 작은 대전체는 점전하 Q [C]로 간주할 수 있다.

> 진공 중에서 직선 거리 R [m] 떨어진 곳에 점전하 Q_1 [C]과 점전하 Q_2 [C]가 놓여 있다.
> 전하끼리 작용하는 힘(쿨롬 힘)을 구하여라.

---

5) 독특하게 설명하므로, 이 내용을 습득하면 향후 여러 곳에 매우 유용하게 응용할 수 있다.
[참조] 엄기홍, 알기쉽게 풀어쓴 전자기학, pp. 171-191, 복두출판사, 2016.

1. 점전하 Q_1을 소스로 선택하는 경우의 쿨롬 힘

전하끼리 작용하는 힘(쿨롬 힘)을 해석하기 위하여 직각좌표계 (x, y, z)를 도입하기로 한다.

(1) 소스 벡터(Source vector)

점전하 Q_1[C]를 주변공간에 전계를 발생시키는 원인, 근원, 또는 원천(소스, source)으로 선택한다. 따라서 점전하 Q_1[C]는 source charge이다. 좌표점을 source point라 하고 $P_1(x', y', z')$로 나타낸다. 소스 위치를 나타내는 위치벡터를 **source vector**

$$\mathbf{r}' = x'\hat{\boldsymbol{x}} + y'\hat{\boldsymbol{y}} + z'\hat{\boldsymbol{z}} \tag{1.8}$$

로 나타낸다.

(2) 필드 벡터(Field vector)

점전하 Q_2[C]는 결과를 나타내는 필드 전하(field charge) 관측 전하(observation charge)이다. 좌표점을 field point라 하고 $P_2(x, y, z)$로 나타낸다. 위치를 나타내는 위치벡터를 **field vector**

$$\mathbf{r} = x\hat{\boldsymbol{x}} + y\hat{\boldsymbol{y}} + z\hat{\boldsymbol{z}} \tag{1.9}$$

로 나타낸다.

(3) 소스-필드벡터 (Source-field vector)

Source point에서 field point까지 이어서 얻어지는 벡터를 source-field vector라고 한다.[6)]

$$\begin{aligned} \mathrm{R} = \mathbf{r} - \mathbf{r}' &= (x\hat{\boldsymbol{x}} + y\hat{\boldsymbol{y}} + z\hat{\boldsymbol{z}}) - (x'\hat{\boldsymbol{x}} + y'\hat{\boldsymbol{y}} + z'\hat{\boldsymbol{z}}) \\ &= (x - x')\hat{\boldsymbol{x}} + (y - y')\hat{\boldsymbol{y}} + (z - z')\hat{\boldsymbol{z}} \end{aligned} \tag{1.10}$$

6) 변위 벡터(diaplacement vector)라고도 한다. 저자는 물리적 현상을 알기 쉽게 나타내기 위하여 source-field vector라는 용어를 사용하겠다. 저자가 만든 용어이다.

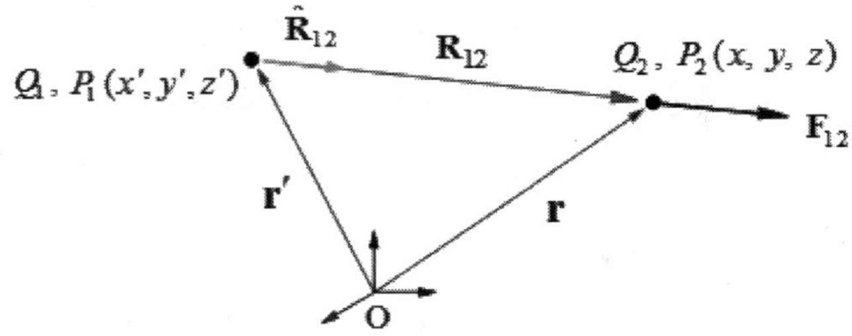

그림 1.7

벡터 쿨롬 힘 **F**는

$$\mathbf{F}_{12} = \frac{Q_1 Q_2}{4\pi\epsilon_0 R_{12}^2} \hat{\mathrm{R}}_{12} \quad [\mathrm{N}] \tag{1.11}$$

이다. 여기서

ϵ_0(epsilon) ; 진공의 **유전율(permittivity)**

$\hat{\mathrm{R}}$; 크기는 1이고 source-field vector **R** 방향의 단위벡터(unit vector)

이다. 단위벡터(unit vector) $\hat{\mathrm{R}}$은

$$\hat{\mathrm{R}}_{12} = \frac{\mathrm{R}_{12}}{R_{12}} \tag{1.12}$$

이므로, 달리 나타내면,

$$\mathbf{F}_{12} = \frac{Q_1 Q_2}{4\pi\epsilon_0 R_{12}^2} \frac{\mathrm{R}_{12}}{R_{12}} \quad [\mathrm{N}] \tag{1.13.a}$$

$$\mathbf{F}_{12} = \frac{Q_1 Q_2}{4\pi\epsilon_0 R_{12}^3} \mathrm{R}_{12} \quad [\mathrm{N}] \tag{1.13.b}$$

과 같다.

2. 점전하 Q_2를 소스로 선택하는 경우의 쿨롬 힘

전하끼리 작용하는 힘(쿨롬 힘)을 해석하기 위하여 직각좌표계 (x, y, z)를 도입하기로 한다.

(1) 소스 벡터(Source vector)

점전하 Q_2 [C]를 주변공간에 전계를 발생시키는 원인, 근원 또는 원천(source)으로 선택한다. 따라서 점전하 Q_2 [C]는 source charge이다. 좌표점을 source point라 하고 $P_2(x', y', z')$로 나타낸다. 소스 위치를 나타내는 위치벡터를 **source vector**

$$\mathbf{r}' = x'\hat{\boldsymbol{x}} + y'\hat{\boldsymbol{y}} + z'\hat{\boldsymbol{z}} \tag{1.14}$$

로 나타낸다.

(2) 필드 벡터(Field vector)

점전하 Q_1 [C]는 결과를 나타내는 필드전하(field charge) 관측전하(observation charge)이다. 좌표점을 field point라 하고 $P_1(x, y, z)$로 나타낸다. 필드의 위치를 나타내는 위치벡터를 **field vector**

$$\mathbf{r} = x\hat{\boldsymbol{x}} + y\hat{\boldsymbol{y}} + z\hat{\boldsymbol{z}} \tag{1.15}$$

로 나타낸다.

(3) 소스–필드벡터 (Source–field vector)

Source point에서 field point까지 이어서 얻어지는 벡터를 source-field vector라고 한다.

$$\begin{aligned} \mathrm{R} = \mathbf{r} - \mathbf{r}' &= (x\hat{\boldsymbol{x}} + y\hat{\boldsymbol{y}} + z\hat{\boldsymbol{z}}) - (x'\hat{\boldsymbol{x}} + y'\hat{\boldsymbol{y}} + z'\hat{\boldsymbol{z}}) \\ &= (x - x')\hat{\boldsymbol{x}} + (y - y')\hat{\boldsymbol{y}} + (z - z')\hat{\boldsymbol{z}} \end{aligned} \tag{1.16}$$

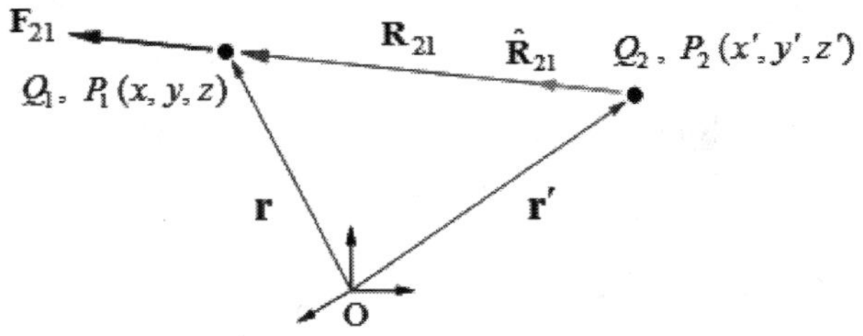

그림 1.8

벡터 쿨롬 힘 $\mathbf{F}$는

$$\mathbf{F}_{21} = \frac{Q_2 Q_1}{4\pi\epsilon_0 R_{21}^2}\hat{\mathbf{R}}_{21} \quad [\mathrm{N}] \tag{1.17}$$

이다. 여기서

ϵ_0(epsilon) ; 진공의 **유전율**(permittivity)

$\hat{\mathbf{R}}_{21}$; 크기는 1이고 source-field vector $\mathbf{R}_{21}$ 방향의 단위벡터(unit vector)

이다. 단위벡터(unit vector) $\hat{\mathbf{R}}_{21}$은

$$\hat{\mathbf{R}}_{21} = \frac{\mathbf{R}_{21}}{R_{21}} \tag{1.18}$$

이므로, 달리 나타내면,

$$\mathbf{F}_{21} = \frac{Q_2 Q_1}{4\pi\epsilon_0 R_{21}^2}\,\frac{\mathbf{R}_{21}}{R_{21}} \quad [\mathrm{N}] \tag{1.19a}$$

정리하면

$$\mathbf{F}_{121} = \frac{Q_1 Q_2}{4\pi\epsilon_0 R_{21}^3}\mathbf{R}_{21} \quad [\mathrm{N}] \tag{1.19b}$$

과 같다.

- 예제 1

소스 point와 필드 point가 각각 다음과 같다. 소스–필드 벡터와 그 크기를 구하여라.

(a) $P_1\,(x',\,y',\,z') = (2,\,0,\,0)$, $\quad P_2\,(x,\,y,\,z) = (7,\,0,\,0)$

(b) $P_1\,(x',\,y',\,z') = (0,\,0,\,0)$, $\quad P_2\,(x,\,y,\,z) = (0,\,5,\,0)$

(c) $P_1\,(x',\,y',\,z') = (0,\,0,\,5)$, $\quad P_2\,(x,\,y,\,z) = (0,\,0,\,0)$

(d) $P_1\,(x',\,y',\,z') = (-1,\,2,\,0)$, $\quad P_2\,(x,\,y,\,z) = (3,\,5,\,0)$

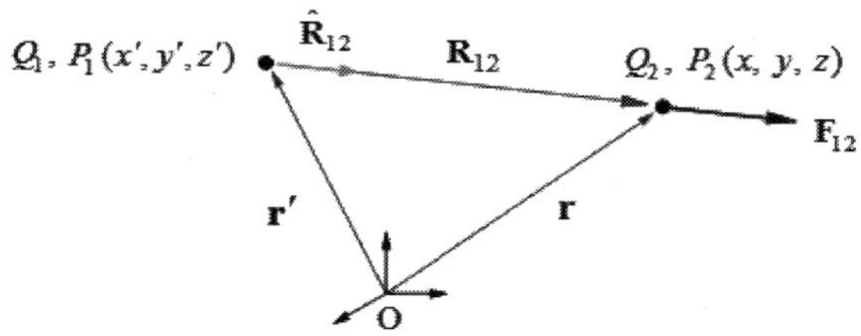

| 풀이 |

필드 벡터, 소스 벡터가

$$\mathbf{r}\ ,\ \ \mathbf{r}'$$

이므로, 소스-필드 벡터와 크기는 다음과 같다.

$$\mathbf{R}_{12} = \mathbf{r} - \mathbf{r}'\ , \quad R_{12}$$

(a) $\mathbf{r} = 7\,\hat{\boldsymbol{x}}\ ,\ \mathbf{r}' = 2\hat{\boldsymbol{x}}\ ,$

$\therefore\ \mathbf{R}_{12} = \mathbf{r} - \mathbf{r}' = (7-2)\hat{\boldsymbol{x}} = 5\hat{\boldsymbol{x}}\ ,\ R_{12} = 5$

(b) $\mathbf{r} = 5\,\hat{\boldsymbol{y}}\ ,\ \mathbf{r}' = 0,\quad \therefore\ \mathbf{R}_{12} = \mathbf{r} - \mathbf{r}' = \mathbf{r} - 0$

$\therefore\ \mathbf{R}_{12} = \mathbf{r} = 5\hat{\boldsymbol{y}}\ ,\quad R_{12} = 5$

(c) $\mathbf{r} = 0\ ,\ \mathbf{r}' = 5\hat{\mathbf{z}}\quad \therefore\ \mathbf{R}_{12} = \mathbf{r} - \mathbf{r}' = 0 - \mathbf{r}'$

$\therefore\ \mathbf{R}_{12} = -\mathbf{r}' = -5\hat{\mathbf{z}}\ ,\ R_{12} = 5$

(d) $\mathbf{r} = 3\,\hat{\boldsymbol{x}} + 5\,\hat{\boldsymbol{y}}\ ,\ \mathbf{r}' = -\hat{\boldsymbol{x}} + 2\,\hat{\boldsymbol{y}}$

$\therefore\ \mathbf{R}_{12} = \mathbf{r} - \mathbf{r}' = 4\hat{\boldsymbol{x}} + 3\,\hat{\boldsymbol{y}}\ ,\ R_{12} = \sqrt{4^2 + 3^2} = 5$

[주] 소스-필드 벡터와 크기가 모두 같으므로, 쿨롬 힘의 크기가 모두 같다.

답 풀이 참조

예제 2

점전하 $Q_1 = 25 \times 10^{-9}$[C]이 $P_1(x', y', z') = (2, 0, 0)$에, 점전하 $Q_2 = 1$[C] 가 $P_2(x, y, z) = (7, 0, 0)$에 놓여 있다. 점전하 Q_1 이 Q_2 에 작용하는 전기력을 구하여라.

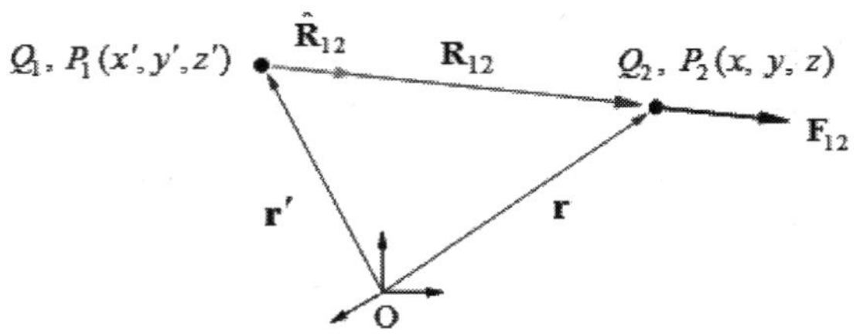

| 풀이 |

점전하 배치를 간단히 나타내면 다음과 같다.

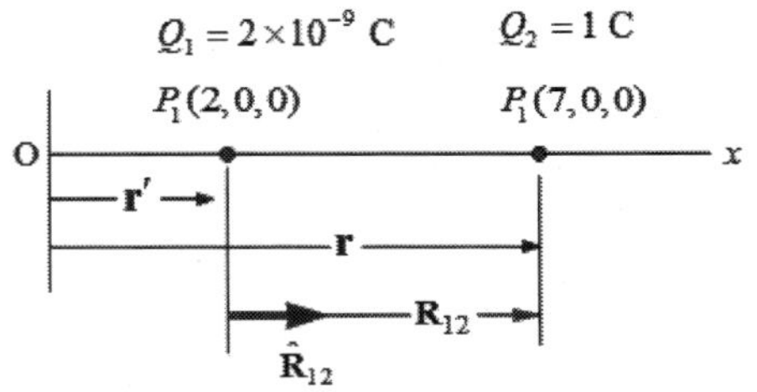

필드 벡터와 소스 벡터는 각각

$$\mathrm{r} = 7\hat{x} \quad , \quad \mathrm{r}' = 2\hat{x}$$

이므로, 소스-필드 벡터는

$$\mathrm{R}_{12} = \mathbf{r} - \mathbf{r}' = (7-2)\hat{x} = 5\hat{x} \quad , \quad R_{12} = 5$$

이다. 단위 벡터로 표시한 전기력은

$$\mathbf{F}_{12} = \frac{Q_1 Q_2}{4\pi\epsilon_0 R_{12}^2}\hat{\mathrm{R}}_{12} = 9\times10^9 \times \frac{(25\times10^{-9})(1)}{5^2}\hat{\mathrm{R}}_{12}$$

$$= 9\times10^9 \times \frac{25\times10^{-9}}{5^2}\frac{5\hat{x}}{5} = 9\hat{x}\ \mathrm{N}$$

[주] 필드 전하가 1 C에 작용하는 소스 전하의 힘을 전계(electric field, 단위: N/C) 라고 한다. 자세한 건 나중에 다룬다.

답 $\mathbf{F}_{12} = 9\hat{x}$ N

예제 3

점전하 $Q_1 = 25 \times 10^{-9}$[C]이 $P_1(x', y', z') = (-1, 2)$에, 점전하 $Q_2 = 1$[C]가 $P_2(x, y, z) = (3, 5)$에 놓여 있다. 점전하 Q_1이 Q_2에 작용하는 전기력을 구하여라.

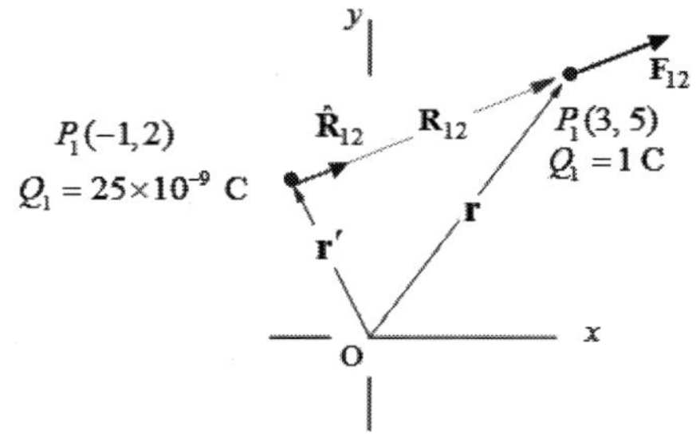

| 풀이 |

필드 벡터와 소스 벡터는 각각 다음과 같다.

$$\mathbf{r} = 3\hat{\boldsymbol{x}} + 5\hat{\boldsymbol{y}}\ ,\quad \mathbf{r}' = -\hat{\boldsymbol{x}} + 2\hat{\boldsymbol{y}}$$

소스-필드 벡터는

$$\mathrm{R}_{12} = \mathbf{r} - \mathbf{r}' = 4\hat{\boldsymbol{x}} + 3\hat{\boldsymbol{y}}\ ,\ R_{12} = \sqrt{4^2 + 3^2} = 5$$

이다. 단위벡터로 표시한 전기력은

$$\mathbf{F}_{12} = \frac{Q_1 Q_2}{4\pi\epsilon_0 R_{12}^2}\hat{\mathrm{R}}_{12} = 9 \times 10^9 \times \frac{(25 \times 10^{-9})(1)}{5^2}\hat{\mathrm{R}}_{12}$$

$$= 9 \times 10^9 \times \frac{25 \times 10^{-9}}{5^2}\,\frac{4\hat{\boldsymbol{x}} + 3\hat{\boldsymbol{y}}}{5} = 9 \times \frac{4\hat{\boldsymbol{x}} + 3\hat{\boldsymbol{y}}}{5}$$

단위벡터로 표시하지 않은 전기력은

$$\mathbf{F}_{12} = 7.2\hat{\boldsymbol{x}} - 5.4\hat{\boldsymbol{y}}\ \ \mathrm{N}$$

크기는

$$F_{12} = \sqrt{7.2^2 + (-5.4)^2} = \sqrt{81} = 9\ \mathrm{N}$$

답 풀이 참조

예제 4

점전하 $Q_1 = 25\times10^{-5}$[C] 이 $P_1(x', y', z') = (0, 3, 0)$ 에 놓여있고, 점전하 $Q_2 = 5\times10^{-4}$[C] 가 $P_2(x, y, z) = (4, 0, 0)$ 에 놓여있다. 점전하 Q_1 이 Q_2 에 작용하는 전기력을 구하여라.

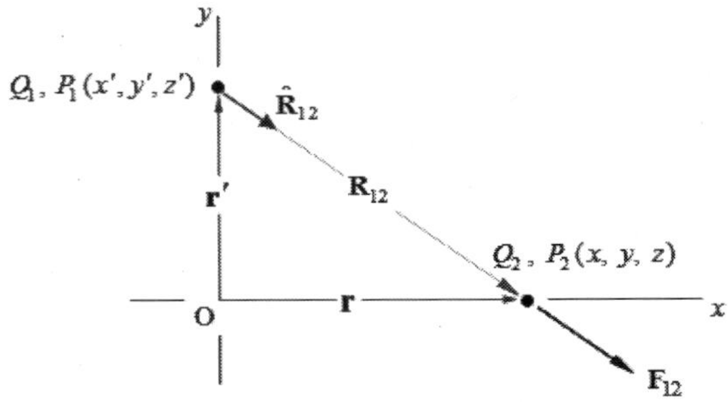

| 풀이 |

필드 벡터와 소스 벡터는 각각 다음과 같다.

$$\mathbf{r} = 4\,\hat{\boldsymbol{x}} + 0\,\hat{\boldsymbol{y}} + 0\,\hat{\boldsymbol{z}} \quad , \quad \mathbf{r}' = 0\,\hat{\boldsymbol{x}} + 3\,\hat{\boldsymbol{y}} + 0\,\hat{\boldsymbol{z}}$$

소스-필드 벡터는

$$\mathbf{R} = \mathbf{r} - \mathbf{r}' = 4\,\hat{\boldsymbol{x}} - 3\,\hat{\boldsymbol{y}}\,, \quad R = \sqrt{(4)^2 + (-3)^2} = 5$$

이다. 단위벡터로 표시한 전기력은

$$\mathbf{F}_{12} = \frac{Q_1 Q_2}{4\pi\epsilon_0 R_{12}^2}\hat{\mathbf{R}}_{12}$$

$$= 9\times10^9 \times \frac{(25\times10^{-5})(5\times10^{-4})}{5^2}\hat{\mathbf{R}}_{12}$$

$$= 9\times10^9 \times \frac{25\times10^{-5}\times5\times10^{-4}}{25} \times \frac{4\,\hat{\boldsymbol{x}} - 3\,\hat{\boldsymbol{y}}}{5}$$

$$\therefore \mathbf{F}_{12} = 45 \times \frac{4\,\hat{\boldsymbol{x}} - 3\,\hat{\boldsymbol{y}}}{5}$$

단위벡터로 표시하지 않은(성분으로 표시한) 전기력은

$$\mathbf{F}_{12} = 36\,\hat{\boldsymbol{x}} - 27\,\hat{\boldsymbol{y}} \text{ N}$$

답 풀이 참조

1.6 전기장(=전장= 전계)

공간에 전하가 놓여 있고, 그 전하의 주위에 전기력이 미치는 공간을 어떻게 나타내며, 또 그 크기는 어떻게 나타낼 수 있는가?

1. 대전체와 전하 사이의 힘

그림 1.9와 같이, 가벼운 대전체 A가 연직 방향으로 매달려 있다. 다른 대전체 B, C를 가까이하면 그림 (a)의 경우에는 반발력이 작용하고 그림 (b) 의 경우에는 인력이 작용한다.

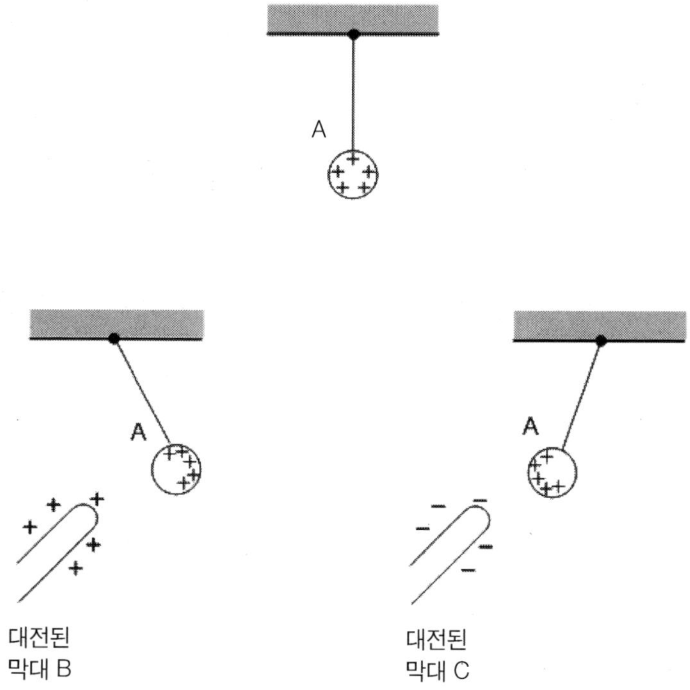

(a) 반발력 작용 (b) 흡인력 작용

그림 1.9 대전체와 전하 사이의 힘

이것은 대전체 B, C 가 주위의 공간에 있는 다른 대전체 A 에 전기력을 미치기 때문에 일어나는 현상이다. 전기력이 미치는 공간을 **전기장**, **전장** 또는 **전계**(electric field)라고 한다. 전기장은 크기와 방향을 갖는 벡터 물리량이다.

2. 전계의 정의

물리량 **전계 벡터(= 전계의 세기)**는 전기장 내에 놓인 단위 양전하 (시험전하) 즉, $+1$ [C]에 미치는 힘의 크기와 방향으로 정의한다.

유도해 보자.

진공 속의 어떤 고정점에 Q_1 전하를 먼저 놓는다. 다른 점전하 Q_t 를 천천히 이동시킨다면, Q_t 는 Q_1 에 의하여 힘을 받게 된다. 점전하 Q_t 를 시험전하(test charge)라고 부른다. Coulomb 법칙에 의하여 거리 R_{1t} 떨어진 곳의 시험전하기 받는 전기력은

$$\mathbf{F}_t = \frac{Q_1 Q_t}{4\pi\epsilon_0 R_{1t}^2} \hat{\mathbf{R}}_{1t} \quad [\mathrm{N}] \tag{1.20}$$

이 힘을 단위 전하가 받는 힘으로 나타내어 전계 벡터를 다음과 같이 정의한다.

$$\mathbf{E} = \frac{\mathbf{F}_t}{Q_t} = \frac{Q_1}{4\pi\epsilon_0 R_{1t}^2} \hat{\mathbf{R}}_{1t} \quad [\mathrm{N}] \tag{1.21}$$

시험전하 $Q_t = 1$ [C]로 정의하면,

$$\mathbf{E} = \mathbf{F}_t \tag{1.22}$$

즉, $Q_t = 1$ [C] 에 작용하는 힘이 전계이다. 식 (1.20)은 진공 중에서 점전하 Q_1 에서 거리 R_{1t} 만큼 떨어진 $Q_t = 1$ [C] 에 작용하는 힘을 나타낸다.

진공 중에서 점전하 Q에서 거리 R 만큼 떨어진 $Q_t = 1$ [C] 에 작용하는 힘은 다음과 같이 표현된다.

$$\mathbf{E} = \frac{Q}{4\pi\epsilon_0 R^2} \hat{\mathbf{R}} \quad [\mathrm{N/C}] \tag{1.23}$$

여기서, $\hat{\mathbf{R}}$ 은 거리 소스필드 벡터 $\mathbf{R}$ 방향의 단위벡터이다. 전계의 크기는

$$E = \frac{Q}{4\pi\epsilon_0 R^2} \quad [\mathrm{N/C}] \tag{1.24}$$

이다. 즉, 점전하 주위의 전계의 세기는 전하로부터의 거리의 제곱에 반비례한다. 중력장이 물체의 질량에 작용하는 것이라면 전계는 전하에만 작용한다.

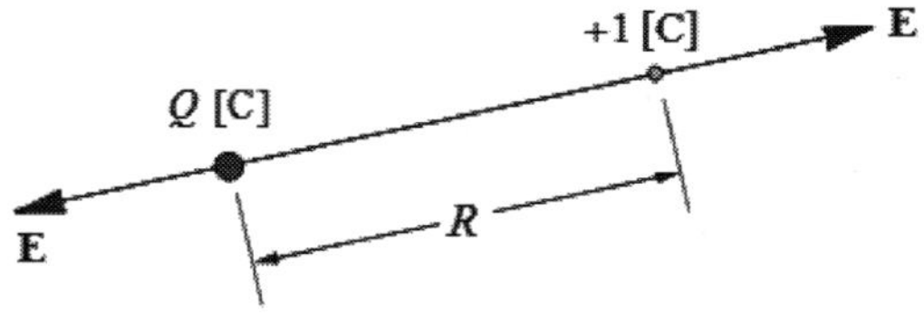

그림 1.10 전기장의 세기

점전하가 연속적으로 분포하면 선전하, 면전하, 또는 체적전하와 같은 대전체가 된다. 이러한 대전에 의하여 발생되는 전계를 구하기 위해서는 각각의 전하분포를 선적분, 면적분 또는 체적적분을 해야 한다.

예제 1

진공 속에 점전하 $Q = 25\times10^{-9}$[C]이 놓여있다. 거리 $R = 5$ [m]인 곳의 전계를 구하여라.

| 풀이 |

Coulomb 법칙에 의한 전계 벡터는

$$\mathbf{E} = \frac{Q}{4\pi\epsilon_0 R^2}\hat{\mathrm{R}}$$

윗 식에서 양변의 절대값을 구하면, 전계의 크기는

$$E = \frac{Q}{4\pi\epsilon_0 R^2}$$

이다. 대입하면

$$E = 9\times10^9\times\frac{25\times10^{-9}}{5^2} = 9\times10^9\times\frac{25\times10^{-9}}{5^2} = 9 \text{ N}$$

답 9 N

그림 1.11의 (a)에서, 중력장 벡터 $\boldsymbol{g}$ 내에 놓인 질량 m인 물체가 받는 힘은 $\mathbf{F} = m\boldsymbol{g}$ 이다. 중력장은

$$\boldsymbol{g} = \frac{\mathbf{F}}{m} \tag{1.25}$$

이므로, 중력장은 질량이 존재하는 경우, 질량에만 작용하는 힘이다.

그림 (b)에서 전기장 $\mathbf{E}$인 곳에 놓인 전하 $+Q$가 받는 힘은 $\mathbf{F} = Q\mathbf{E}$가 된다. 전기장은

$$\mathbf{E} = \frac{\mathbf{F}}{Q} \tag{1.26}$$

이므로 전기장은 전하가 존재하는 경우, 전하에만 작용하는 힘이다.

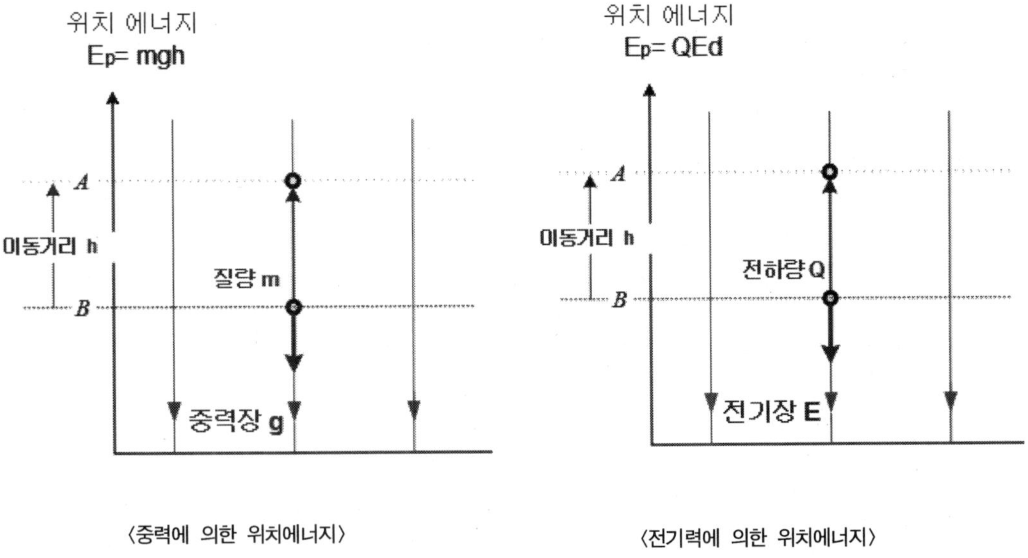

〈중력에 의한 위치에너지〉

- 위치에너지 $E_p = mgh$
- 중력 $F = mg$
- 중력장 $g = \dfrac{F}{m}$

〈전기력에 의한 위치에너지〉

- 위치에너지 $E_p = QEd$
- 전기력 $F = QE$
- 전기장 $E = \dfrac{F}{Q}$

(a) 지구 표면의 중력 (b) 전기장

그림 1.11 중력과 전기장의 비교

둘 이상의 점전하가 생성하는 합성 전기장을 구하기 위해서는 각각의 점전하에 의한 전기장을 벡터적으로 합성하여야 한다.

전기장 내에 + 1(C)전하를 놓으면 받는 힘에 의하여 직선 또는 곡선 경로를 따라 이동해 가는데, 이때 이동하는 경로를 가상하여 알기 쉽게 그린 선을 **전기력선**이라고 한다.

점전하가 만드는 전기장은 그림 1.12와 같이,

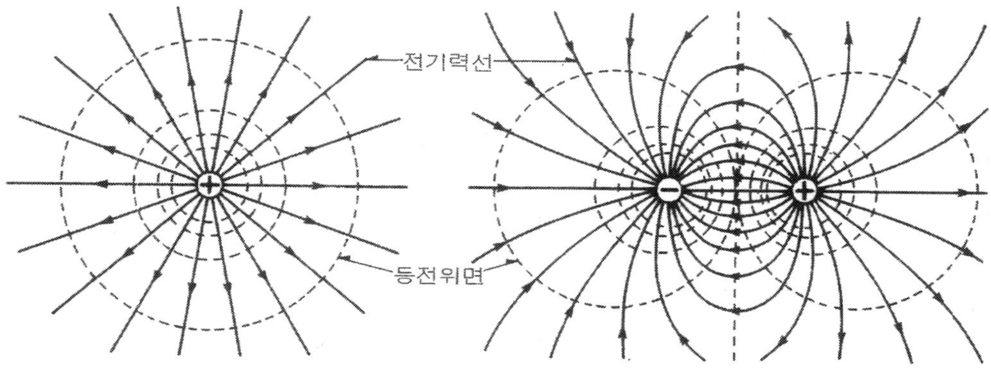

(a) 양(+) 점전하 주의의 전기장 (b) 양(+) 음(-) 점전하 주위의 전기장

그림 1.12 점전하에 의한 전기력선

양(+)전하의 주위에서는 점전하를 출발하여 방사선 모양으로, 전기력선이 밖으로 향하고, 음(−)전하의 주위에서는 점전하를 향하여, 전기력선은 안으로 향한다.

그림 1.13에서 보는 바와 같이, 전기력선 위의 한 점에서의 접선의 방향이 그 점에서의 전기장의 방향이 된다.

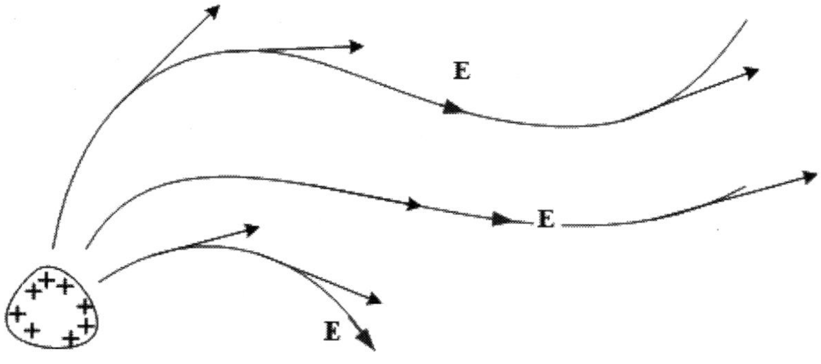

그림 1.13 양(+) 대전체가 발생하는 전기력선

또, 전기력선이 밀한 곳은 소한 곳보다 점전하에 가까운 곳이므로 전기장의 세기가 크다.

예제 2

그림과 같이 전기장에 놓여 있는 양(+)전하 q가 받는 힘의 방향을 나타내어라.

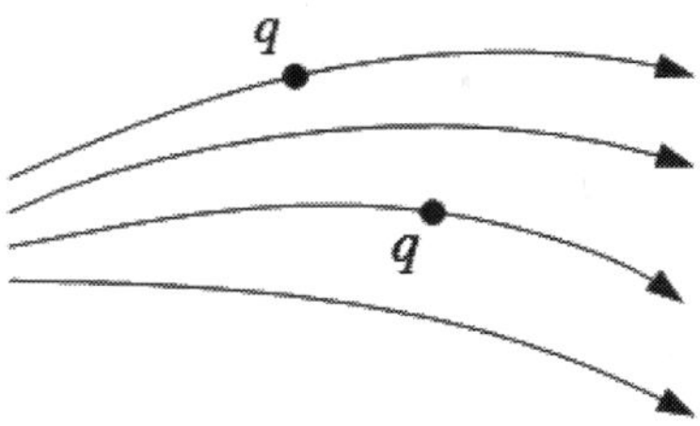

| 풀이 |

양전하는 전기력선의 접선 방향으로 힘을 받는다. 힘의 크기는 화살표의 길이로 나타낸다.

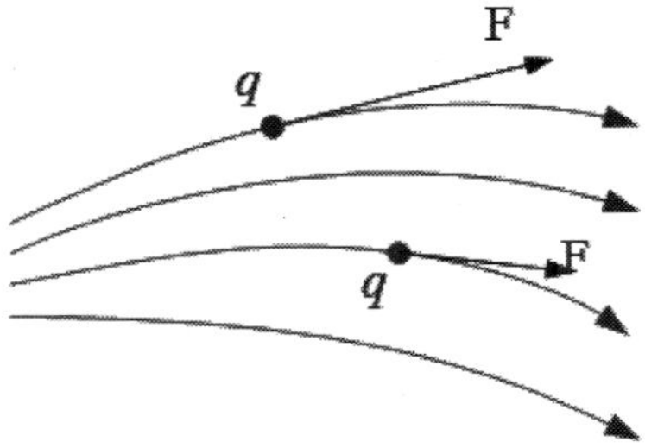

예제 3

어느 전기장 내에서 전하량 1.6×10^{-19} C의 전자가 3.2×10^{-16} N의 힘을 받고 있다. 이곳의 전기장의 세기는 몇 N/C인가?

| 풀이 |

전기장의 세기 E 는 $F=eE$ 에서

$$E=\frac{F}{e}=\frac{3.2\times10^{-16}\ \mathrm{N}}{1.6\times10^{-19}\ \mathrm{C}}=2.0\times10^{3}\ \mathrm{N/C}$$

이다.

답 2×10^{3} N/C

따라서 전계와 수직한 단위 면적 1 [m^2]을 관통하는 전기력선의 수를 **전기력선 밀도**라고 한다. 따라서 전기력선 밀도로 전계의 세기를 나타내기도 한다.

전기력선은 다음과 같은 성질을 갖는다.

(1) 전기력선은 (+)전하로부터 (−)전하로 향한다.
(2) 도중에 끊어지거나 서로 엇갈리지 않는다.
(3) 전기력선이 평행할 경우 그 곳의 전기장은 균일하다. 이때 전하에 작용하는 전기력의 크기와 방향은 어느 곳에서나 같다.

전기력선은 실제로 존재하지 않지만, 가시적으로 표시하면 전기장의 모양을 쉽게 이해할 수 있다. 전기력선의 분포 형태를 보면 전계의 모양과 상태를 알 수 있고, 전기력선의 밀도는 전기장의 세기를 정량적으로 표현할 수 있어서 편리한 점들이 많다.

전기장에 수직한 단위 단면적을 지나는 전기력선의 수가 곧 전기장의 세기이므로, 전기력선이 소(疏) 한 곳은 전기장의 세기가 약한 곳이고 전기력선이 밀(密) 한 곳은 전기장의 세기가 큰 곳이다.

예제 4

점전하 Q 로부터 거리 R 떨어진 위치에서 전기장의 세기가 E 이었다. 전하 $3Q$ 로부터 거리 $3R$ 떨어진 위치에서의 전기장의 세기는?

| 풀이 |

과거의 전계는

$$E = k\frac{Q}{R^2}$$

현재의 전계는

$$E' = k\frac{3Q}{(3R)^2} = k\frac{3Q}{(3R)^2} = \frac{1}{3}k\frac{Q}{R^2} = \frac{1}{3}E$$

답 $E' = \frac{1}{3}E$

예제 5

점전하 Q로부터 r 만큼 떨어진 곳의 전기장의 세기가 E 이었다. 점전하로부터 거리를 $3\,r$로 할 때, 전기장의 세기는?

| 풀이 |

과거 전계 $E = k\dfrac{q}{r^2}$ 이므로

현재 전계

$$E' = k\frac{q}{(3\,r)^2} = k\frac{q}{9\,r^2} = \frac{1}{9}\,E$$

답 $E' = \dfrac{1}{9}E.$

예제 6

아래 그림과 같이 $4\,\mathrm{C}$, $1\,\mathrm{C}$의 전하가 $3\,\mathrm{m}$ 떨어져 놓여 있을 때, 전기장이 0이 되는 위치는 어느 점인가?

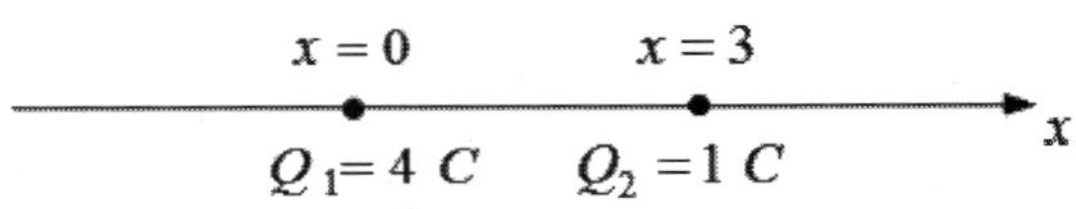

| 풀이 |

4 C과 1 C의 전하 사이에 단위 양전하를 놓으면 각각의 반발력이 같은 점에서 전기장의 세기는 0이 된다.

$$k\frac{4}{x^2} = k\frac{1}{(3-x)^2},\ \ \frac{4}{x^2} = \frac{1}{(3-x)^2},\ \ 6-2x = x,\ \ x = 2$$

$\therefore\ x = 2\,\mathrm{m}$

답 $x = 2\,\mathrm{m}$

1장 연습문제

01 음(−)으로 대전된 PVC 막대를 검전기의 금속판에 가까이 가져가면 금속박이 열리게 된다. 이때 금속판과 금속박에 대전된 전하의 종류를 말하여라.

02 금속 막대를 손으로 잡은 채로 마찰하면 잘 대전되지 않는다. 왜 그럴까? 그리고 어떠한 방법으로 금속 막대를 대전시킬 수 있는가?

03 두 물체를 마찰시켜서 한 쪽 물체에서 다른 쪽을 n개의 전자가 이동하였다. 두 물체를 거리 r만큼 떼어 놓았을 때 작용하는 힘의 종류와 크기는? (단, 전자의 전하량은 e이고 상수는 k이다.)

답 인력, $k\dfrac{n^2e^2}{r^2}$

04 같은 크기로 대전된 3개의 대전구가 그림과 같이 놓여 있다. 이때 A가 B에 작용하는 전기력이 4×10^{-6} N이었다. 구 C가 B에 작용하는 전기력은 몇 N인가?

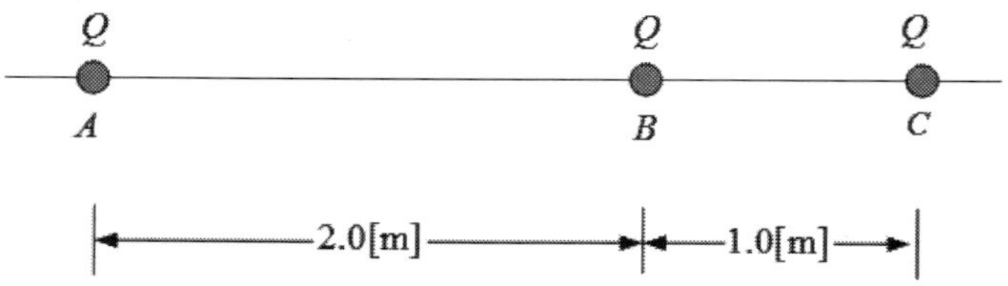

답 16×10^{-6} N

05 진공으로 된 유리관 속에 질량이 $10\,g$, 전하량이 $1.0\times10^{-6}\,C$인 두 개의 구가 있다. 이 유리관을 연직으로 세우면 아래 구는 유리관의 밑면에 닿고 위쪽 구는 공간에 뜨게 된다. 이때 두 구 사이의 거리를 구하여라.(단, 지구 중심방향의 중력 가속도는 $10\,m/s^2$이다.)

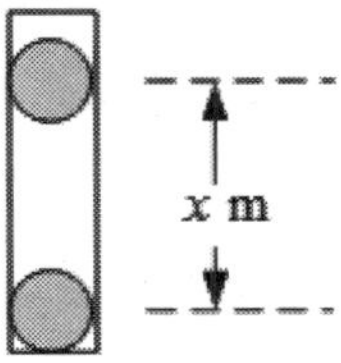

답 $x=3\,m$

06 진공 중에서 $0.03\,m$만큼 거리를 두고 있는 전하량이 같은 두 양(+)전하 사이에 $4.0\times10^{-5}\,N$의 반발력이 작용하였다. 전하 한 개가 가진 전하량은 몇 C인가?

답 $q=2\times10^{-9}\,C$

07 진공 중에서 $+6.0\times10^{-6}\,C$으로 대전된 작은 금속구와 $-2\times10^{-6}\,C$으로 대전된 반지름이 같은 두 금속구가 있다. 다음 물음에 답하여라.

(a) 이들 금속구를 $0.3\,m$ 떼어 놓았을 때 어떤 힘이 얼마나 작용하는가?

(b) 두 금속구를 접촉시켰다가 다시 $0.3\,m$ 떼어 놓았을 때는 어떤 힘이 얼마나 작용하는가?

답 (a) $1.2\,N$의 인력, (b)$0.4\,N$의 척력

08 길이 $1\,\mathrm{m}$인 실 끝에 질량 $1\,\mathrm{kg}$인 작은 공을 매단 줄이 2개 있다. 각각의 공에 (+)q의 전하를 주어서 한 점에 매달 경우 벌어지다가 60° 각으로 정지하였다. 이 공이 가지는 전하량 q는 몇 C인가? (단, 지구 중심으로 향하는 중력 가속도의 크기는 $10\,\mathrm{m/s^2}$이다.)

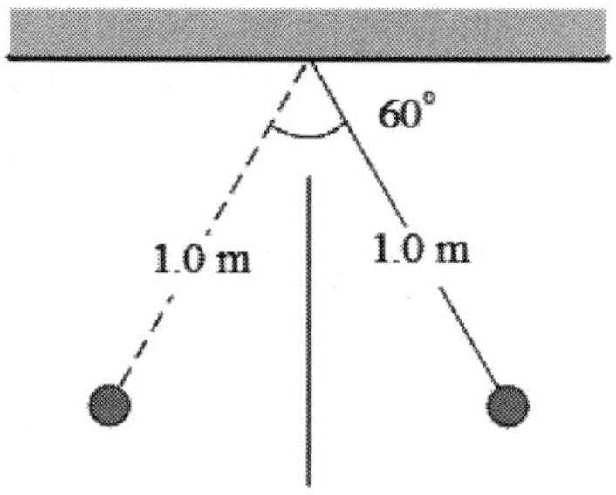

답 $2.5\times10^{-5}\,\mathrm{C}$

09 다음 그림과 같이 $4\,\mathrm{C}$과 $-1\,\mathrm{C}$의 두 점전하가 놓여 있는 직선상의 점 A에서 전기장의 세기는? (단, 쿨롱의 법칙의 비례 상수는 $9\times10^9\,\mathrm{N\cdot m^2/C^2}$이다.)

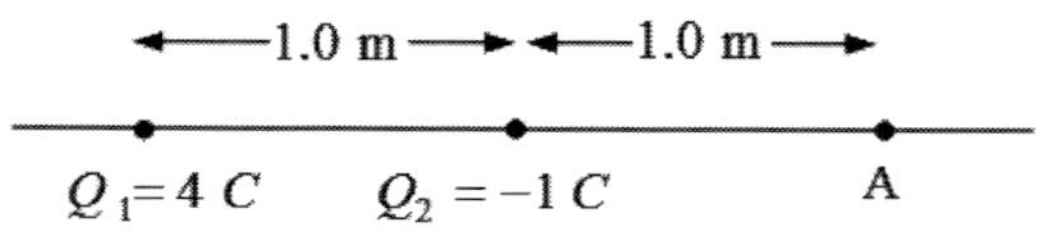

답 $E=0\,\mathrm{N/C}$

10 그림과 같이 $3\,\mathrm{m}$ 떨어진 두 점 A, B에 각각 $+16\,\mathrm{C}$, $-4\,\mathrm{C}$의 점전하가 있다. 전기장의 세기가 0이 되는 지점은?

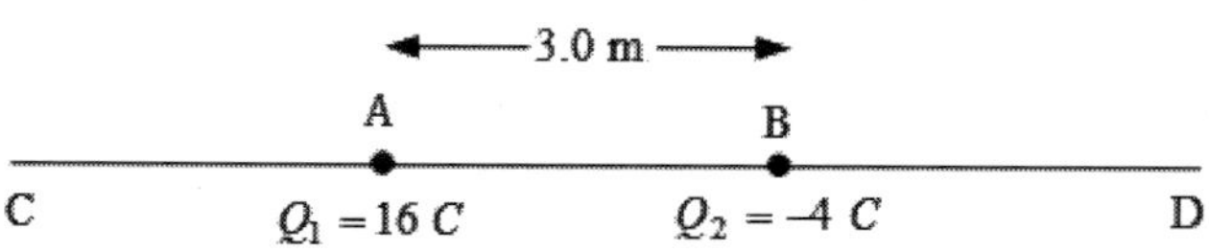

답 B에서 D쪽으로 $3\,\mathrm{m}$ 되는 점

11 그림에서 두 점 A, B는 9 m 떨어져 있다. 점 A에 1 C, 점 B에는 4 C의 전하가 놓여 있다. 두 점 A, B사이의 직선상에서 전계의 세기가 0이 되는 점 C는 점 A에서 몇 m인 곳인가?

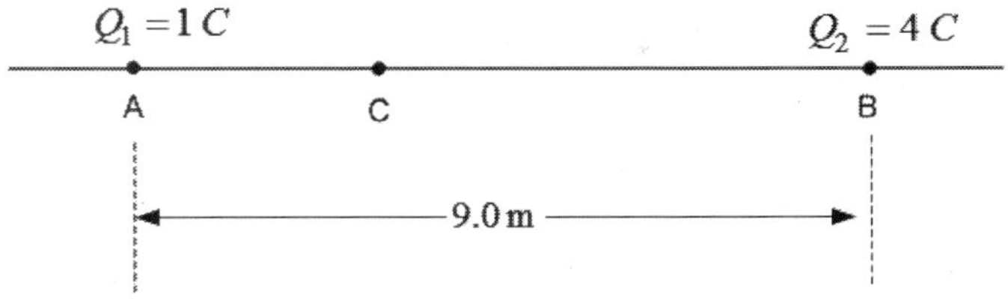

답 3 m

12 전하량 1.0×10^{-6} C의 양전하 A와 전하량 2.0×10^{-6} C의 음전하 B가 0.5 m 떨어져 있다. 두 전하의 중간점에서의 전기장의 세기와 방향은 어느 방향인가?

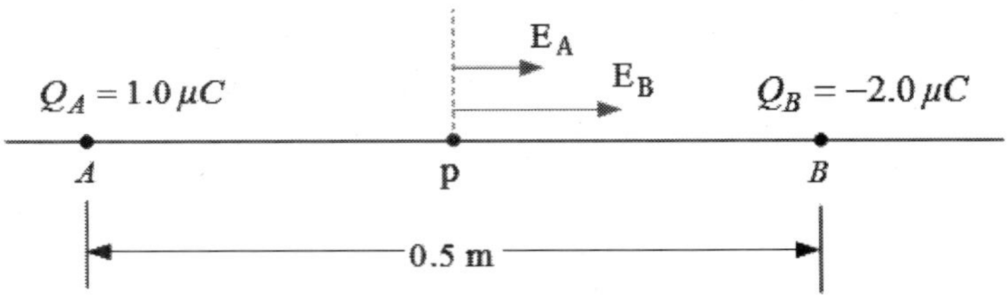

답 4.3×10^5 N/C, A에서 B로 향함

13 점전하 Q로부터 거리 2 m 떨어진 위치에서 전기장의 크기가 E이었다. 전하를 $3Q$로 하고 거리를 5 m 증가한 경우의 전기장의 크기는 몇 배 증가하느냐?

답 $\frac{12}{25}$ 배

14 점전하 $Q_1 = 15 \times 10^{-8}$[C]이 $P_1(x', y', z') = (2, 1, 5)$에, $Q_2 = 1$[C]가 $P_2(x, y, z) = (-2, 3, 0)$에 놓여 있다. 점전하 Q_1이 Q_2에 작용하는 전기력을 구하여라.

답 $\mathbf{F}_{12} = 2\sqrt{5} \times (-4\hat{\boldsymbol{x}} + 2\hat{\boldsymbol{y}} - 5\hat{\boldsymbol{z}})$ N

15 점전하 $Q_1 = 25 \times 10^{-5}$[C]이 $P_1(x', y', z') = (0, -3, 0)$에, $Q_2 = 5 \times 10^{-4}$[C]가 $P_2(x, y, z) = (4, 0, 0)$에 놓여 있다. 점전하 Q_1이 Q_2 작용하는 전기력을 구하여라.

답 $\mathbf{F}_{12} = 36\hat{\boldsymbol{x}} + 27\hat{\boldsymbol{y}}$ N

16 점전하 $Q_1 = 25 \times 10^{-5}$[C]이 $P_1(x', y', z') = (0, 3, 0)$에, $Q_2 = 5 \times 10^{-4}$[C]가 $P_2(x, y, z) = (4, 0, 0)$에, $Q_3 = 25 \times 10^{-5}$[C] 이 $P_1(x', y', z') = (0, -3, 0)$에 각각 놓여 있다. 두 점전하 Q_1, Q_3이 Q_2에 작용하는 전기력을 구하여라.

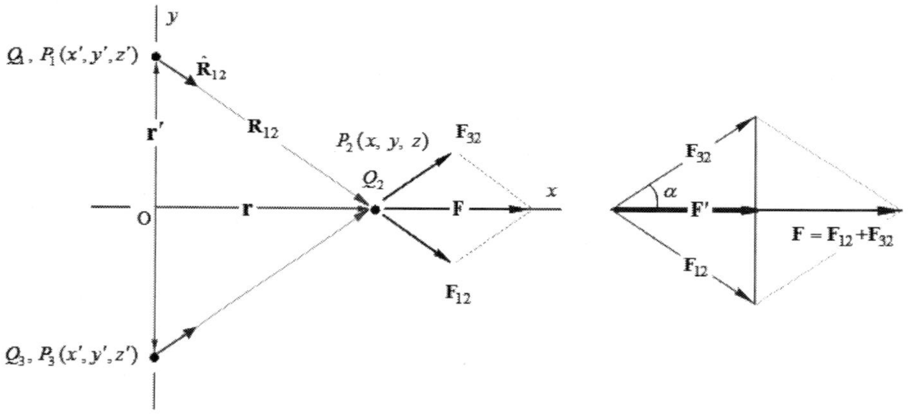

답 $\mathbf{F}_{12} = 36\hat{\boldsymbol{x}} + 27\hat{\boldsymbol{y}}$ N

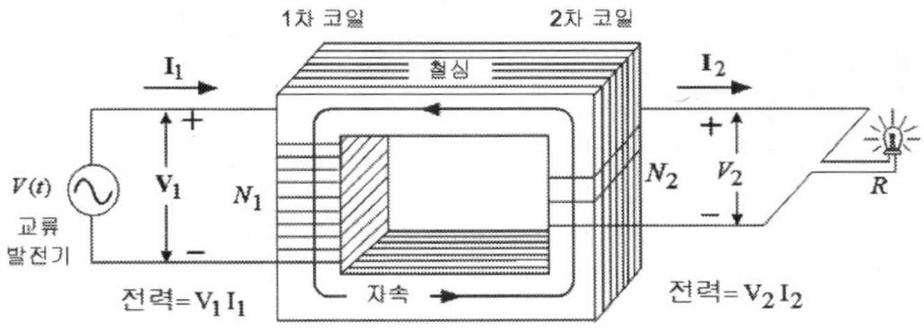

Chapter 2

전위

중력장 내에서는 물체의 중력에 의한 위치 에너지를 사용하여 물체의 운동을 설명할 수 있다. 이와 마찬가지로, 전기장 내에서는 전하의 전기적 위치 에너지를 사용하여 전기 현상을 편리하게 설명할 수 있다. 여기서는,

1. 전기장 내에 놓여 있는 전하가 전기장에 의하여 힘을 받아 움직이는 현상
2. 전기를 저장하는 장치인 커패시터

에 대하여 알아보기로 하자.

2.1 전위의 정의

전기장 내에 놓인 점전하를 다른 곳으로 이동하기 위해서는 일을 해 주어야만 한다.

필요한 일을 어떻게 나타낼 수 있을까? 전기장 내에 놓여 있는 점전하는 전기장에 의하여 힘을 받아 움직이므로 전기장은 점전하에게 일을 해 주어야 한다.

(1) $+Q(\mathrm{C})$ 전하는 전기장의 방향과 같은 방향으로 이동한다.
(2) $-Q(\mathrm{C})$ 전하는 전기장의 방향과 반대 방향으로 이동한다.

그러므로 $+Q(\mathrm{C})$ 전하를 전기장의 반대 방향으로 이동시키려면 전기장에 항거하여 외부에서 일을 해 주어야 한다[7].

그러므로 전계 내의 한 위치로부터 다른 위치까지 전하를 옮기는 일이 필요하고, 이 일은 옮겨진 전하의 전기적인 위치 에너지로 저장된다. 이와 같이, 전계 내에 놓인 전하는 전기적 위치에너지를 가진다. 전계 내의 한 위치에서 "단위 양(positive) 전하" 즉, "$+1(\mathrm{C})$의 전하"가 갖는 위치 에너지를 **전위**(electric potential)라고 한다.

전위의 단위는 **볼트(V)**를 사용하며, 전위의 기준점은 전기력이 0이 되는 **무한원(무한대로 먼) 지점**을 원점으로 잡는다. 즉, 전계 내의 기준점으로부터 어떤 점까지 "$+1(\mathrm{C})$의 전하"를 옮기는 데 필요한 일의 양을 그 점에서의 전위라고 하고, 이 전위는 단위(+)전하가 가지는 위치 에너지다.

전위는 전기장 내의 두 지점 사이의 전기적 위치 에너지를 정의하므로, 어느 지점을 기준점으로 선택할지는 상황에 따라 다르다[8].

그림 2.1과 같이, 점전하 $+q(\mathrm{C})$에 의하여 생성된 전기장 내에 단위 양전하 $+1(\mathrm{C})$을 위치 A에 놓자[9]. 이 전하는 반발력을 받아서 점전하 $+q(\mathrm{C})$로부터 멀어지는 방향으로 밀려나게 될 것이다.

---

7) 이것은 마치 중력장에서 높은 곳에 있는 물체가 아래로 떨어질 때는 중력장이 일을 하고, 반대로 낮은 곳에 있는 물체를 높은 곳으로 운반하려면 중력장에 항거하여 위치 에너지의 증가만큼 일을 해 주어야 하는 것과 같다.

8) 만약, 지면을 기준점으로 정하는 경우라면, 이것은 중력을 받고 있는 물체의 위치 에너지를 구할 때 편의상 지구의 표면을 기준점으로 잡는 것과 같다고 생각할 수 있다.

9) 단위 양전하를 시험전하(test charge)라고 정의한다.
인용 : p.509, Cutnell, J. D. and Johnson, K. W., Physics 2nd ed. John Wiley & Sons, Inc., New York 1989.

$$1\,\mathrm{N/C} = \left(1\ \frac{\mathrm{N}}{\mathrm{C}}\right)\cdot\left(1\ \frac{\mathrm{V\cdot C}}{1\,\mathrm{J}}\right)\cdot\left(\frac{1\,\mathrm{J}}{1\,\mathrm{N\cdot m}}\right) = 1\,\mathrm{V/m}$$

시험전하는 속도를 가지면서 운동하므로 운동 에너지를 가지게 된다. 이 운동 에너지는 시험전하가 점 A에 있을 때 이 전기장 내에서 가지고 있던 위치 에너지가 변하여 운동에너지로 변환된 에너지이다.

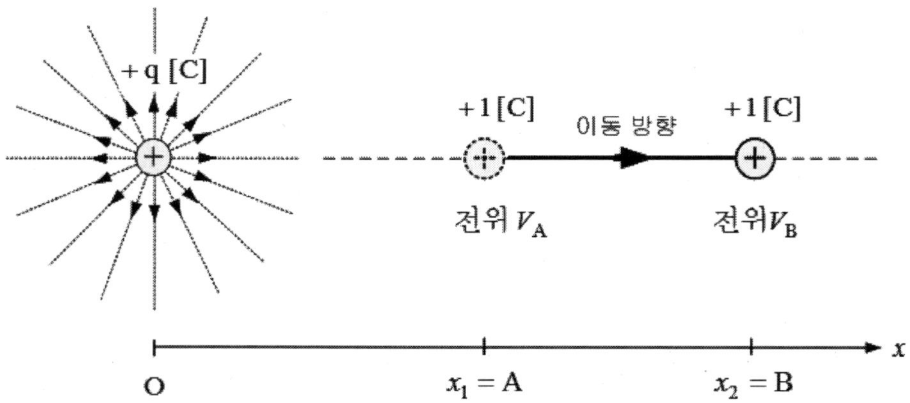

그림 2.1 두 점 사이의 전위차 $V = V_A - V_B$

단위 양전하 즉, (+1 C), 를 점 B에 놓았다 하더라도 점 A에 놓았을 때와 같은 현상이 일어난다. 즉, 전하가 점 A에 놓여 있을 때 전위는 단위 양전하가 가지는 그 점에서의 위치 에너지이며, 점 B에 있을 때의 경우도 마찬가지이다.

점 B에 있던 시험 전하를 점 A로 옮기려면 외부에서 전하에 힘을 가해 주어야 한다. 전하에 힘을 가해서 이동시켜야 하므로 점 A는 점 B보다 전위가 높다고 하고, 점 B를 기준으로 했을 때, 점 A이 갖는 전위의 차이를 **전위차**(voltage difference) 또는 **전압**(voltage)이라고 한다.

즉, 점 A와 점 B 사이의 전위차는 점 B 에 놓인 시험전하, +1 C를 점 A까지, 외력(external force)이 이동시키는 데 필요한 일이다.

따라서 전기장 내의 점 A의 전위를 V_A, 점 B 의 전위를 V_B 라고 하면 두 점 A,B 사이의 전위차 V는

$$V = V_A - V_B \tag{2.1}$$

이다. 전위차 V는 단위 전하를 점 B에서 점 A까지 옮기기 위하여 필요한 일로 나타낸다. 즉, 전기장 내에서 임의의 두 점 사이의 전하 Q를 옮기는 데 W의 일이 필요하다면, 그 두 점 사이의 전위차 V는 다음과 같다.

$$V = \frac{W}{q} \quad (1\,\mathrm{V} = 1\,\mathrm{J/C}) \tag{2.2}$$

전위차와 전위의 단위는 1 J/C이며 이 단위를 1 V(볼트)라고 정의한다.

$$1\,\mathrm{V} \equiv \frac{1\,\mathrm{J}}{1\,\mathrm{C}} \tag{2.3}$$

따라서 + 1(C) 전하를 옮기는 데 1 J의 일이 필요할 때 이 두 점 사이의 전위차를 1 V라고 한다.

그리고 전하량 Q인 전하를 전위차 V인 두 점 사이를 옮기는 데 필요한 일 W는

$$W = QV \tag{2.4}$$

이다.

그림 2.2와 같이 전위가 같은 점들로 이루어진 면을 등전위면이라고 한다. 등전위면 위의 모든 점에서는 전위가 같으므로 두 점 사이의 전위차가 없다[10].

따라서 등전위면에서 임의의 경로를 따라서 전하를 옮길 때는 일이 필요하지 않다. 전하가 전계로부터 받는 힘의 방향은 등전위면에 대하여 수직이다.

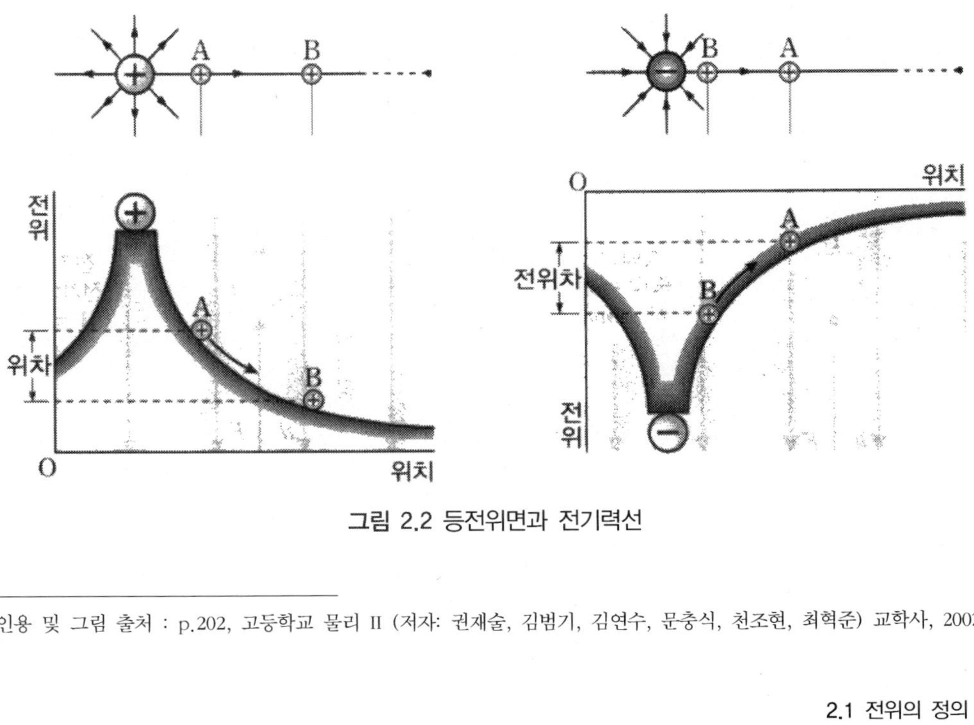

그림 2.2 등전위면과 전기력선

10) 인용 및 그림 출처 : p.202, 고등학교 물리 II (저자: 권재술, 김범기, 김연수, 문충식, 천조현, 최혁준) 교학사, 2002

그림 2.3과 같이, 두 평행 전극판 사이에서 형성되는 전기장은 균일한 전기장이다.

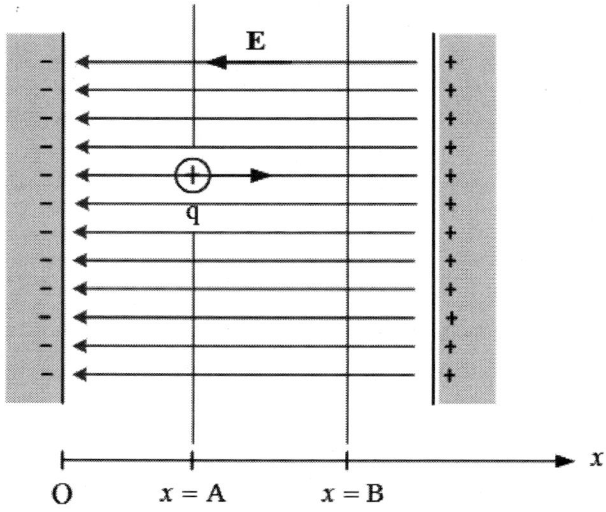

그림 2.3 균일한 전기장 속의 전위

균일한 전기장 $\mathbf{E}$ 내에서 전하 $+q$(C)가 받는 힘은

$$\mathbf{F} = q\mathbf{E} \tag{2.5}$$

이므로, 전하 $+q$를 (−)극판 쪽에서 (+)극판 쪽으로 거리 d만큼 옮기는 데 필요한 일 W는

$$W = Fd = qEd \tag{2.6}$$

로 주어진다.

두 평행 전극 사이의 전위차를 V라고 하면, $+q$의 전하를 전위가 낮은 (−)극으로부터 전위가 높은 (+)극까지 이동하는 데 외력이 해주어야 할 일 W는

$$W = qV \quad [\mathrm{J}] \tag{2.7}$$

이다. 따라서 (2.6)에 의하여 전기장의 세기와 전압 사이에는

$$V = Ed, \quad E = \frac{V}{d} \ [\mathrm{V/m}] \tag{2.8}$$

의 관계가 성립된다. 여기서 E를 **전계의 크기**(또는 **전위 기울기의 크기**)라고 하고, 단위는 **볼트/미터**(V/m)를 사용한다[11].

예제 1

그림과 같이 두 평행한 사이에 30 N/C의 균일한 전계가 형성되었다.

(a) 두 판 사이의 전위차($V_A - V_B$)는 얼마인가?

(b) 0.4 C의 전하를 띤 입자가 극판 A에서 극판 B로 움직여 간다면 운동에너지는 얼마만큼 증가하는가?

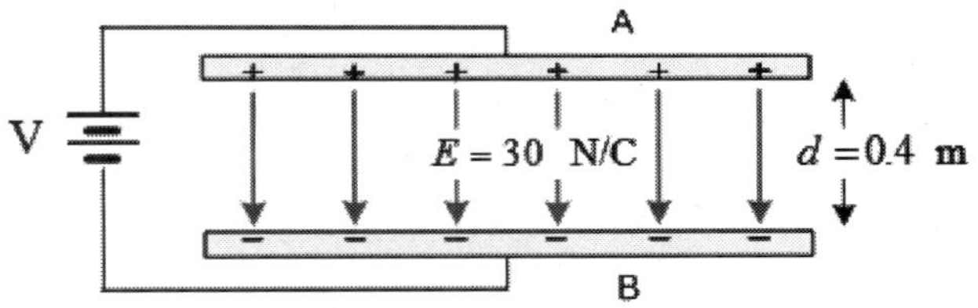

| 풀이 |

(a) $V = Ed = 30 \times (0.4) = 12\ \mathrm{V}$

(b) 전기적 위치 에너지 qV가 운동에너지로 변환된다.

$$qV = 0.4\mathrm{C} \times 12\mathrm{V} = 4.8\ \mathrm{J}$$

답 (a) 1.2V; (b) 4.8 Joule

11) 단위는 볼트 퍼 미터(V/m) 이외에 뉴턴 퍼 미터 N/C로도 표시된다.

$$1\ \mathrm{N/C} = \left(1\ \frac{\mathrm{N}}{\mathrm{C}}\right)\cdot\left(1\ \frac{\mathrm{V\cdot C}}{1\mathrm{J}}\right)\cdot\left(\frac{1\mathrm{J}}{1\mathrm{N\cdot m}}\right) = 1\ \mathrm{V/m}$$

인용 : p.711, Halliday, D., Resnick, R., and Walker, J. Fundamentals of Physics 4th ed. John Wiley & Sons, Inc., New York 1974.

예제 2

전계 내의 한 점으로부터 다른 점까지 2 C의 전하를 옮기는 데 5 J의 일이 필요하였다. 이 두 점 사이의 전위차는?

| 풀이 |

$$W = qV, \quad V = \frac{W}{q} = \frac{5\,\mathrm{J}}{2\,\mathrm{C}} = 2.5\,\mathrm{V}$$

답 2.5 V

예제 3

전하 0.5 C인 입자가 전계 속으로 입사되어 전위가 6 V인 곳으로부터 2 V인 곳으로 움직여 갔을 때, 입자의 운동 에너지는 어떻게 변하였는가?

| 풀이 |

전기적 위치 에너지가 감소한 만큼 운동 에너지는 증가한다.

$$W = qV = 0.5 \times (6-2) = 2\,\mathrm{J}$$

답 2 J 증가

예제 4

전기력선이 그림과 같을 때 전기장 내의 두 점 A, B의 전계의 크기를 E_A, E_B라 하고 전위를 V_A, V_B라 한다. 이들 사이의 대소관계를 나타내어라.

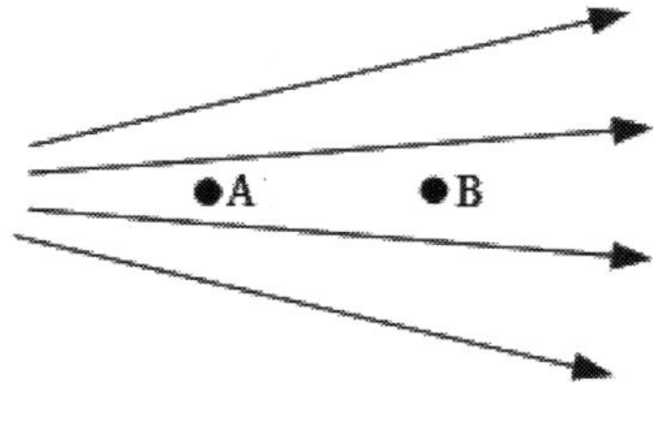

| 풀이 |

전기력선의 밀도가 클수록 전기장의 세기가 세다. 기력선의 방향은 높은 전위에서 낮은 전위로 향한다.

답 $E_A > E_B$, $V_A > V_B$

예제 5

그림과 같이 세기가 10 V/m인 균일한 전계가 있다. 점 A에서 C점까지 1 C의 전하를 옮기는 데 필요한 일은? (단, $AB = 3$ m, $BC = 4$ m이다.)

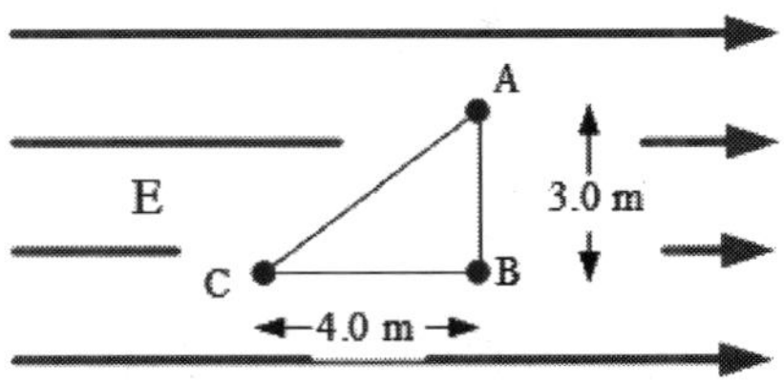

| 풀이 |

전기장과 수직으로 전하를 옮기는 데는 일이 필요하지 않다.

$$W = qV = q \cdot Ed = 1 \times 10 \times 4 = 40\ \mathrm{J}$$

답 $W = 40$ J

예제 6

점 A에 정지해 있던 질량 1 kg, 전하량 1 C의 물체가 점 A보다 전위가 2 V 낮은 점 B로 전위차에 의해서 가속되었다. 점 B에 도달하는 순간 물체가 갖는 속력은?

| 풀이 |

전기적 위치 에너지가 운동 에너지로 전환된다.

$$qV = \frac{1}{2}mv^2,\ 1 \times 2 = \frac{1}{2} \times 1 \times v^2,\ v = 2\ \mathrm{m/s}$$

답 $v = 2$ m/s

2.2 커패시터

커패시터는 전기(또는 전하)를 저장하는 도구이다. 대전시킨 한 개의 금속구나 한 장의 금속판에 존재하는 전하들끼리는 서로 반발하는 힘이 작용하여 표면으로 밀려가서 흩어지므로 많은 양의 전하를 한 곳에 모아 둘 수 없다. 그러면 전기를 한 곳에 많이 모아 둘 수 있는 방법이 있을까? 고립된 도체를 대전시키면 도체의 전위는 어떻게 되겠는가? 물통에 물을 부으면 수위가 높아지는 것과 같이, 도체를 대전시키면 이 도체의 전위는 대전된 전기량에 비례하여 높아진다. 도체에 전하가 모이면 서로 반발하여 전하가 도체 주위로 흘러가 버리므로, 전기를 많이 모으려면 전기를 주어도 전위가 그다지 높아지지 않는 도체를 써야 한다. 이것은 밑면이 넓은 물통을 사용하면 같은 양의 물을 넣어도 수위가 그다지 높아지지 않는 것에 비유할 수가 있다. 그림 2.4는 여러 가지 형태를 갖는 커패시터를 보여 준다.[12]

그림 2.4 여러 가지 커패시터(capacitor)

물질의 상태(고체, 액체, 기체)와 용도에 따라 보관이나 저장을 다르게 한다. 고체는 비교적 편리하게 저장할 수 있으므로, 고체를 담기 위한 용기는 가장 흔히 볼 수 있다. 액체는 그릇이나 병에 담아 보관하며, 기체는 풍선이나 밀폐된 용기에 담아 저장할 수 있다. 물질을 담아두기 위한 저장 용기는 공간에서의 부피가 클수록(즉, 용량이 클수록) 액체나 기체를 많이 담아 둘 수 있다. 필요할 때마다 사용하기 위해 물을 저장해 두기 위해 저수지나 댐을 건설한다. 주요소에서는 경유를 저장해 두기 위해 탱크를 사용한다. 가정에서는 냉장고를 사용하여 음식물을 저장하

12) 그림출처 : http://www.rfcafe.com/references/electrical/capacitance.htm

고, 여러 가지 생활품을 저장하기 위해 창고를 사용한다. 이와 같이 주변에서는 물건을 저장해 두기 위해 여러 가지 종류와 형태의 저장소를 만들어두고 유용하게 사용하고 있다. 고체도, 액체도, 기체도 아닌 전기는 어떻게 저장할 수 있을까? 전기적 성질을 띠는 물리량으로서 전하(electric charge)를 어떻게 저장할 수 있는지를 알아보자.

전기 에너지(즉, 전하)를 저장해 두었다가 필요할 때 꺼내 수 있도록 저장하기 위해 제작한 장치를 **커패시터(capacitor)**라고 한다.[13] 커패시터의 용량 단위는 F(패럿: Farad)이며 이것은 물리학자 마이클 패러데이(Faraday, Michael [1791～1867])의 이름을 딴 단위이다.

커패시터는 전하를 정해진 용량만큼 담아 두고[저장하고, 충전], 필요할 때 다시 이 전하를 꺼내 쓰는 [방출, 방전하는] 동작을 한다. 직류 차단과 교류 통과, 라디오나 텔레비전의 주파수 동조, 정류기의 필터, 사진기의 플래시 등등 여러 곳에 이용되고 있다.

이 단원에서 커패시터를 사용하여 전하들을 저장하는 원리에 대해 알아보자.

전하를 저장해 두기 위하여 한 개의 도체에 전하를 저장해 두면 같은 종류의 전하 사이에는 서로 반발하여 표면으로 흩어져서 분포하므로 많은 양의 전하를 저장해 두기가 어렵다. 그러나 두 도체를 가까이 두고, 중간에 절연체를 두면 전하들이 인력에 의하여 모여들기 때문에 비교적 많은 양의 전하를 저장해 둘 수 있다. 가장 간단한 형태의 커패시터는 **평행판 커패시터**이다. 평행판 커패시터의 동작 원리를 이론적으로 살펴보자.

그림 2.5와 같이,

(a) 두 개의 도체판을 일정 거리만큼 띄어 두고, 그 사이에 절연체(공기, 종이 파라핀 등)를 넣어둔다. 두 장의 금속판 A, B 를 전지에 연결한다.
(b) 스위치 S를 닫으면, 두 금속판 사이의 전위차가 전지의 전압과 같아질 때까지 전하가 이동하여 금속판 A와 금속판 B에 같은 양의 (+), (−)전하가 모인다. 두 금속판이 가지고 있는 전하들은 크기는 같고 극성만 (+) (−) 반대이므로 인력이 작용하고 있다.
(c) 스위치를 열어도 금속판의 전하들은 인력에 의하여 고정되어 있으므로, 다른 곳으로 이동하지 못하고 극판에 그대로 남아 있게 되어 두 극판 사이의 전기장은 변함없이 그대로 유지된다.

13) 전기용량기, 정전용량기, 용량기(容量器), 커패시터(蓄電器), 또는 **콘덴서(condenser)**라고도 부른다. 콘덴서(condenser, 응축기)라는 이름은 전기를 압축·응축 (condense)한다는 의미에서 붙은 명칭이다.

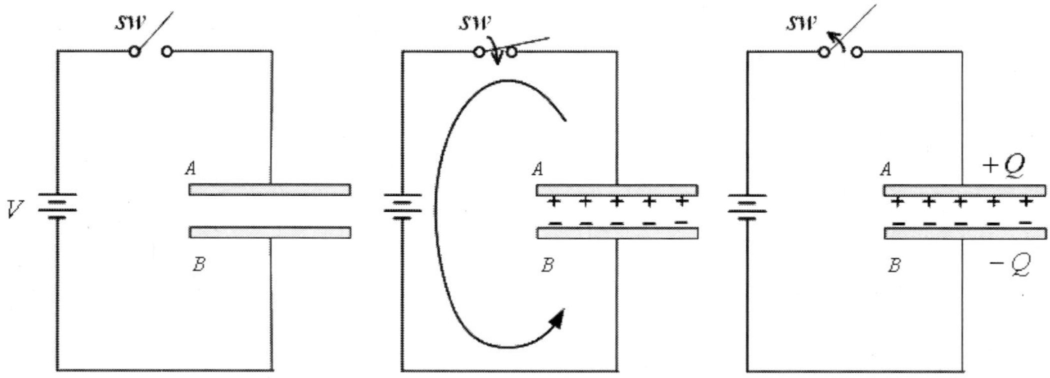

(a) 전지 연결, 스위치 닫기 전　　(b) 스위치 닫는 경우　　(c) 스위치 연 경우

그림 2.5 평행판 커패시터의 동작 원리

이와 같은 원리를 이용하여 전하를 저장할 수 있도록 만든 장치가 커패시터이며, 커패시터에 전하를 축적하는 것을 **충전**(charging)이라 하며, 축적된 전하를 방출하는 것을 **방전**(discharging)이라 한다. 물통에 저장할 수 있는 물의 양은 용기의 밑넓이와 높이에 비례한다. 그림 2.6과 같이 용기 속의 물의 양은 용기의 밑넓이와 높이에 비례한다. 커패시터에 저장할 수 있는 전하의 양은 전기용량(capacitance)과 전압(voltage)에 비례한다.

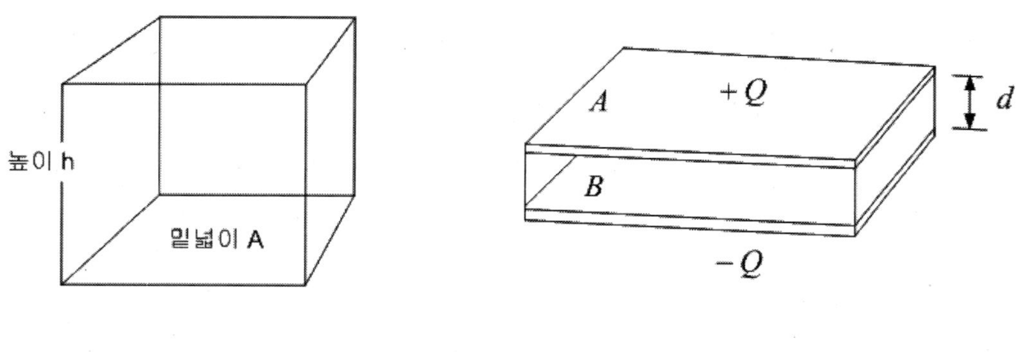

(a) 용기의 체적　　(b) 커패시터의 용량

그림 2.6 용기와 평행판 커패시터의 유사성

커패시터와 커패시터를 비교하여 [표 2.1]에 나타내었다.

전기 용량을 나타내기 위한 SI 단위로는 **패럿**[F]을 사용하는데, 1F은 두 극판 사이에 1V의 전위차를 줄 때 1C의 전하량이 담기는[충전되는] 커패시터의 전기 용량이다. 커패시터 정의식에 의하면,

$$\text{Farad} = \text{Coulomb/Volt}$$

임을 알 수 있다.

표 2.1 용기와 커패시터

	물을 저장하는 용기	전하를 저장하는 커패시터
무엇을 저장하느냐?	물	전하 Q
왜 저장하느냐?	필요할 때 꺼내서 사용	필요할 때 꺼내서 사용
얼마나 저장하느냐?	$V = Ah$ (부피 = 밑넓이 × 높이)	$Q = CV$

전기 용량의 단위는 **쿨롬/볼트** [C/V]이며, 이것을 **패럿**[F]이라고 정의한다.

$$\mathrm{F} = \frac{\mathrm{C}}{\mathrm{V}} \tag{2.9}$$

전기용량(capacitance)으로 사용하는 1F는 실용적으로 사용하기에는 너무 크므로,

1F의 10^{-6} 배인 마이크로패럿 [μF]

1F의 10^{-9} 배인 나노패럿 [nF]

1F의 10^{-12} 배인 피코패럿 [pF]

등과 같은 작은 단위가 주로 쓰인다.

- 예제 1

전기 용량이 $2\,\mu F$인 커패시터의 양단간의 전위차가 $100\,V$가 되도록 하려면 몇 C의 전하량이 필요한가?

| 풀이 |

커패시터의 전하량 Q는

$$Q = CV = (2\times 10^{-6}\,F)\times(100\,V) = 2\times 10^{-4}\,C$$

이다.

답 $2\times 10^{-4}\,C$

- 예제 2

전기 용량이 $40\,pF$인 평행판 커패시터에 충전된 전하가 $10\times 10^{-10}\,C$일 때 커패시터의 두 도체판 사이의 전압은 몇 V인가?

| 풀이 |

$$V = \frac{Q}{C} = \frac{10\times 10^{-10}\,C}{40\times 10^{-12}\,F} = 25\,V$$

답 $25\,V$

1. 절연체를 넣은 평행판 커패시터

그림 2.7과 같이 평행판 **커패시터**의 두 극판 사이에 자유 공간(free space) 이외의 절연체를 넣으면 전하를 담을 수 있는 능력 [전기 용량, capacitance] 이 증가한다. 유전체를 넣으면 이 유전체에 유전 분극이 생겨서 극판에 더 많은 전하를 모을 수 있는 효과를 내기 때문에, 실제로 사용되는 커패시터에서는 두 도체판 사이에 운모, 기름종이 등의 부도체(유도체)를 채워서 사용한다.

극판 사이에 부도체를 넣으면 부도체의 표면에 극판의 전하와 반대 부호의 전하가 유도되므로 극판 사이의 전기장의 세기가 줄어들게 된다. 극판 사이의 전기장의 세기가 줄어들게 된다. 전기장이 작아지면 극판 사이의 전위차가 작아지고 전위차가 작아지면 $Q = CV$에서 전기 용량이 커진다. **따라서 유전율이 큰 물질을 사용하면 커패시터의 크기는 작아지더라도 전기 용량이 크도록 할 수 있다.**

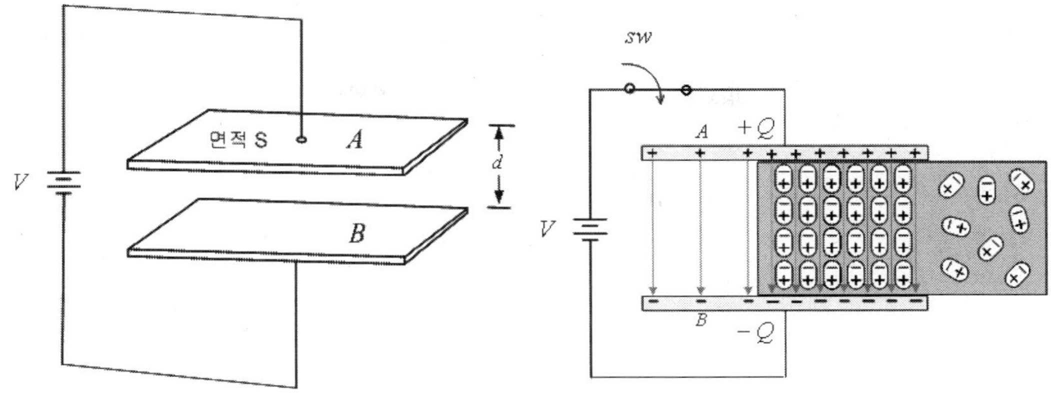

그림 2.7 절연체를 넣은 평행판 커패시터

두 극판 사이에 진공일 때의 전기 용량 C_0, 유전체가 들어 있을 때의 전기 용량 C라고 하면, 두 전기용량을 비교한 비, 즉 C와 C_0와의 비는 **유전 상수**와 같게 된다.

$$\epsilon_r = \frac{C}{C_0} \tag{2.10}$$

또 $\varepsilon = \chi\varepsilon_0$를 그 부도체의 **유전율**이라 부른다. 따라서 절연체를 넣은 평행판 커패시터에서 전기 용량 C는 극판의 넓이 S에 비례하고, 극판 사이의 거리 d에 반비례하므로

$$C = \epsilon \frac{S}{d} \ [\mathrm{F}] \tag{2.11}$$

와 같이 나타낼 수 있다. 여기서 ϵ(엡실론)은 두 극판 사이에 끼워 넣은 유전체의 **유전율**(permittivity) 또는 **유전 상수**(dielectric constant)라고 한다.

유전율(또는 유전 상수)은 절연체의 종류에 따라 정해지는 고유한 값을 갖는다. 모든 물질의 유전율은 $\epsilon = \epsilon_0 \epsilon_r$의 관계가 있다. 여기서 ϵ_0는 자유공간(또는 진공)의 유전율로서

$$\epsilon_0 = 8.854 \times 10^{-12} \ [\mathrm{F/m}] \tag{2.12}$$

의 값을 갖는다. 또 ϵ_r은 유전체의 **비유전율**(relative permittivity)이라고 한다. 자유 공간의 비유전율 값은 1 ($\epsilon_r = 1$), 공기는 약 1 ($\epsilon_r \approx 1$), 그 외의 유전체들은 유전율 $\epsilon_r > 1$ 의 값을 갖는다.

정의식에 의하면 평행판 커패시터의 전기용량 C를 증가시키는 방법은 다음과 같다.

(1) 극판이 넓이 $S\,[\mathrm{m}^2]$를 크게 한다.
(2) 극판 사이의 거리 $d\,[\mathrm{m}]$는 짧게 한다.
(3) 극판 사이에 유전율 $\epsilon\,[\mathrm{F/m}]$이 큰 물질을 넣는다.

표 2.2는 여러 가지 물질의 비유전율을 나타낸 것이다.

[표 2.2] 여러 가지 물질의 비유전율

물질	비유전율	물질	비유전율
건조한 흙	2.5~4.0	에보나이트	2.7~2.9
게르마늄	16	에틸 알코올	25
고무	2.5~4.0	운모	5~8
공기	1.0005	유리	4~10
나일론	3.5	이산화탄소	1.001
메틸 알코올	33.64	종이	2~2.5
물	80	종이	3
바닷물	4.74	증류수	80
바륨	1.000065	진공	1
산소	1.000495	질소	1.000548
석유	2.1~2.2	테플론	2.1
실리콘	11.8	파라핀	1.9~2.4
암모니아	21~23	폴리에틸렌	2.26
얼음	4.2	플렉시글래스	3.4

- 예제 1

평행한 커패시터 A, B가 있다. A에는 유전율 3인 기름, B 에는 유전율 2인 파라핀이 들어있다. 용량과 판의 넓이가 같다면 B 의 두 판 사이의 거리는 A의 두 판 사이의 거리의 몇 배인가?

| 풀이 |

$C=\dfrac{\epsilon\cdot S}{d}$ 에서

$$\frac{3\,S}{d_1}=\frac{2\,S}{d_2},\ \frac{d_2}{d_1}=\frac{2}{3}$$

답 $\dfrac{2}{3}$ 배

- 예제 2

전기용량이 $0.2\ \mu$F 인 평행판 커패시터를 200 V 의 전원에 연결하여 충전하였다.

(a) 이 커패시터에 담긴[저장된] 전하량은 몇 C 인가?

(b) 극판 사이의 거리를 2배로 떼어 놓으면 극판 사이의 전위차는 몇 V 인가?

| 풀이 |

(a) 저장된 전하량 Q는

$$Q=CV=0.2\times 100^{-6}\text{F}\times 200\text{V}=4\times 100^{-5}\ \text{C}$$

(b) $C=\epsilon\dfrac{s}{d}$ 에서 $d\rightarrow 2$배이면 $C\rightarrow 1/2$배로 된다. 따라서, $Q=CV$ 에서 "Q=일정" 이므로 $C\rightarrow 1/2$배이면 $V\rightarrow 2$배로 된다. ∴ 400 V로 된다.

답 (a) 4×10^{-5} C ; (b) 400 V

예제 3

진공 속에서 0.02 m 떨어져 있는 넓이 0.4 m^2의 두 평행한 금속판으로 된 커패시터의 전기용량을 구하면 얼마인가? (단, 진공의 유전은 8.6×10^{-12}F/m이다)

| 풀이 |

$$C=\epsilon\frac{s}{d}=8.854\times10^{-2}\ \mathrm{F/m}\times\frac{0.4\ \mathrm{m}^2}{2\times10^{-2}\ \mathrm{m}}=1.72\times10^{-10}\ \mathrm{F}$$

답 1.72×10^{-10} [F]

커패시터에 한계값 이상의 전압이 걸리게 되면, 두 극판 사이의 절연이 파괴되어 전류가 흘러버린다. 이 현상은 바람직하지 못한 현상이다. 절편 파괴가 되기 직전의 한계를 나타내는 최대 전압을 내전압이라고 한다.

2. 커패시터의 연결

1개의 커패시터는 전기 용량이 한정되어 있으므로 여러 개의 커패시터를 연결하여 필요한 크기의 내전압을 얻을 수 있다.

(1) 직렬연결

둘 이상의 커패시터를 그림 2.8과 같이 일렬로 연결하는 방법을 **직렬연결**이라고 한다. 직렬연결에서는 극판 사이의 거리가 멀어진 효과를 나타내는 것과 같으므로 전기 용량은 감소하게 된다.

전류가 같고, 전압이 분배되도록 3개의 커패시터를 그림(a)와 같이 직렬로 연결하였다.

그림(b)와 같이 등가 전기 용량을 구해 보자. 전기 용량이 각각 C_1, C_2, C_3인 3개의 커패시터를 직렬로 연결하고 전압이 V인 전지를 연결시키면 각 커패시터는 같은 양의 전하 Q가 담긴다(충전된다). 각 커패시터에 걸린 전압을 V_1, V_2, V_3라고 하면,

$$V=V_1+V_2+V_3 \tag{2.13}$$

이고, 합성 용량을 C라고 하면

$$V=\frac{Q}{C},\quad V_1=\frac{Q}{C_1},\quad V_2=\frac{Q}{C_2},\quad V_3=\frac{Q}{C_3} \tag{2.14}$$

이다. 따라서 전기 용량이 C_1, C_2, C_3인 커패시터를 직렬로 연결할 때의 합성 용량 C는

$$\frac{1}{C}=\frac{1}{C_1}+\frac{1}{C_2}+\frac{1}{C_3} \tag{2.15}$$

로 구할 수 있다. 즉, 직렬 연결한 커패시터의 합성 전기 용량은 각 커패시터 중에서 가장 작은 용량보다 더 작다.

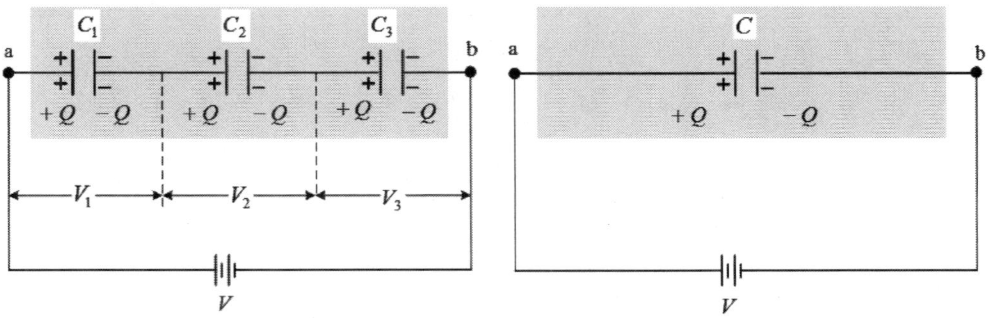

(a) 직렬 연결한 세 커패시터 (b) 등가 커패시터

그림 2.8 커패시터의 직렬연결

예제 1

그림과 같이 1 μF, 3 μF의 커패시터를 직렬로 연결하였다. 각각의 커패시터에 걸리는 전압을 V_1, V_2, 담기는 전기량을 Q_1, Q_2라고 하자. 다음 물음에 답하여라.

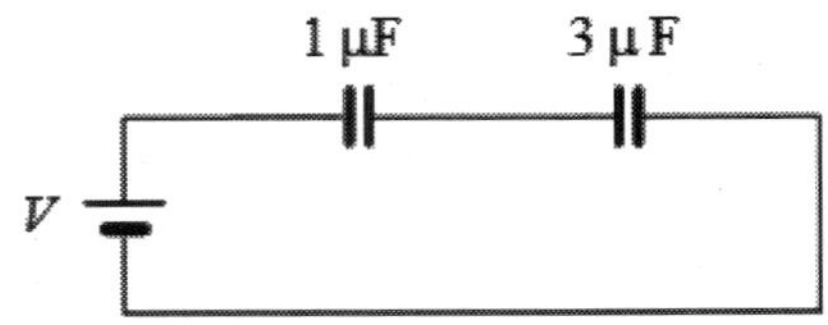

(a) $V_1 : V_2$는 얼마인가? (b) $Q_1 : Q_2$는 얼마인가?

| 풀이 |

(a) $Q=CV$ $\therefore V\propto\frac{1}{C}$ 따라서 3:1이다.

(b) 직렬연결에서는 각각의 커패시터에 담기는 전기량이 같으므로 1:1이다.

답 (a) 3:1; (b) 1:1

(2) 병렬연결

전기 용량이 C_1, C_2, C_3인 커패시터를 그림 2.9와 같이 전류가 분배되고, 전압이 같도록 연결하는 방법을 **병렬연결**이라고 한다.

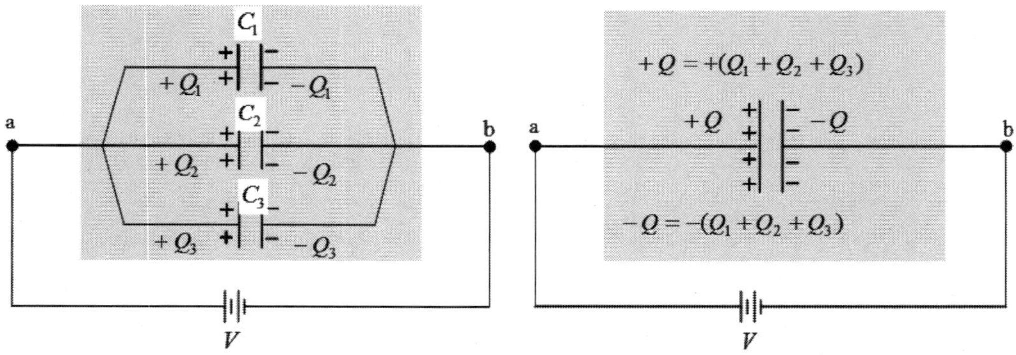

(a) 병렬 연결한 세 커패시터　　(b) 등가 커패시터

그림 2.9 커패시터의 병렬연결

병렬연결에서 각 커패시터의 좌측 단자의 전압끼리 같으며, 우측 단자의 전압끼리 같다. 마주보는 극판의 면적이 넓어진 결과가 되므로 전기 용량은 증가된다.

전압이 같고, 전류가 분배되도록 3개의 커패시터를 그림(a)와 같이 병렬로 연결하였다. 그림(b)와 같이 등가 전기 용량을 구해 보자.

병렬 연결한 커패시터의 입력단에 전압 V를 인가할 때 각 커패시터에 축전된 전하량을 각각 Q_1, Q_2, Q_3라고 하면, 각 커패시터에는 전기 용량에 비례하는 전하량이 담긴다(저장된다). 전체 전하량을 Q라고 하면

$$Q = Q_1 + Q_2 + Q_3 \tag{2.16}$$

이고, 합성 용량을 C라고 하면

$$Q = CV,\ Q_1 = C_1 V,\ Q_2 = C_2 V,\ Q_3 = C_3 V \tag{2.17}$$

이다. 따라서 전기 용량이 C_1, C_2, C_3인 커패시터를 병렬로 연결할 때의 용량 C는

$$C = C_1 + C_2 + C_3 \tag{2.18}$$

로 구할 수 있다.

따라서 병렬로 연결한 커패시터의 합성 전기 용량은 각각의 전기 용량의 합이 된다.

예제 1

다음의 회로에서 두 커패시터에 저장되는 전기량의 합$(Q_1 + Q_2)$은 얼마인가?

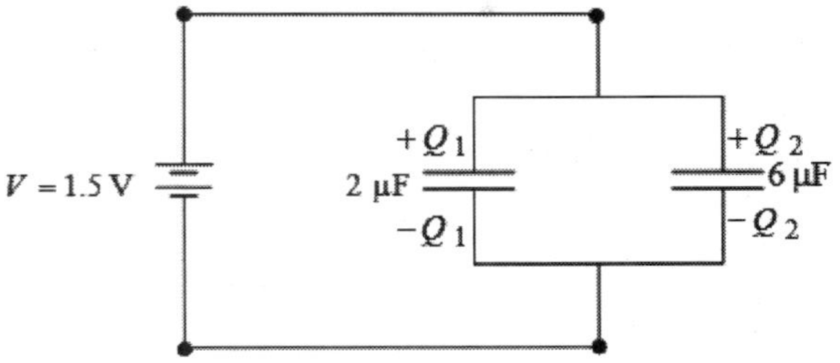

| 풀이 |

병렬연결이므로 $V_1 = V_2 = 1.5\,\text{V}$

$$Q = Q_1 + Q_2 = C_1 V_1 + C_2 V_2 = (C_1 + C_2)\,\text{V}$$
$$= (2 \times 10^{-6} + 6 \times 10^{-6}) \times 1.5 = 12 \times 10^{-6}\ \text{C}$$

답 $12 \times 10^{-6}\,\text{C}$

예제 2

전기 용량이 각각 $3\mu\text{F}$와 $6\mu\text{F}$인 두 커패시터를 직렬로 연결할 때와 병렬로 연결할 때의 합성 전기 용량은 각각 얼마인가?

| 풀이 |

직렬 연결할 때 : $\dfrac{1}{C} = \dfrac{1}{C_1} + \dfrac{1}{C_2} = \dfrac{1}{3\mu\text{F}} + \dfrac{1}{6\mu\text{F}} \quad \therefore\ C = 2\,\mu\text{F}$

병렬 연결할 때 : $C = C_1 + C_2 = 3\,\mu\text{F} + 6\,\mu\text{F} \quad \therefore\ C = 9\,\mu\text{F}$

답 직렬연결 $2\mu\text{F}$, 병렬연결 $9\mu\text{F}$

(3) 혼합연결

병렬 연결된 커패시터를 하나로 묶어서 생각하고, 다른 커패시터와 직렬연결하든지 직렬 연결된 커패시터를 하나로 묶어서 생각하고, 다른 커패시터와 병렬 연결하는 경우이다.

- 예제 1

커패시터 6개를 아래 그림과 같이 연결하였을 때의 합성용량 C_{ab}를 구하여라.

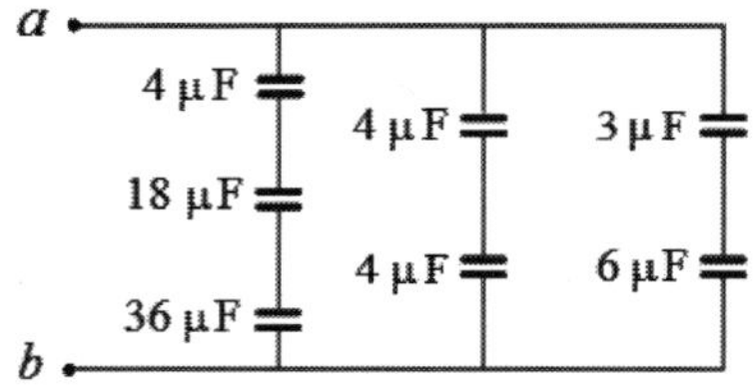

| 풀이 |

각 가지(branch)의 전기용량을 구하면,

$$C_1 = \left(\frac{1}{4} + \frac{1}{18} + \frac{1}{36}\right)^{-1} = \left(\frac{9+2+1}{36}\right)^{-1} = 3\ \mu\text{F}$$

$$C_2 = \left(\frac{1}{4} + \frac{1}{4}\right)^{-1} = \left(\frac{2}{4}\right)^{-1} = 2\ \mu\text{F}$$

$$C_3 = \left(\frac{1}{3} + \frac{1}{6}\right)^{-1} = \left(\frac{2+1}{6}\right)^{-1} = 2\ \mu\text{F}$$

가 된다. 단자 ab 사이에는 커패시터 3개가 병렬 연결되었으므로 합성 용량은

$$C_{ab} = 3 + 2 + 2 = 7\ \mu\text{F}$$

답 $C_{ab} = 7\ \mu\text{F}$

예제 2

용량이 $C_1 = 3\ \mu\text{F}$, $C_2 = 2\ \mu\text{F}$, $C_3 = 4\ \mu\text{F}$인 세 개의 커패시터를 그림과 같이 연결하고 노드 a, c에 $V = 30\ \text{V}$의 전압을 걸어 주었다(노드(node)는 둘 이상 소자들이 연결되어 있는 접속점이다).

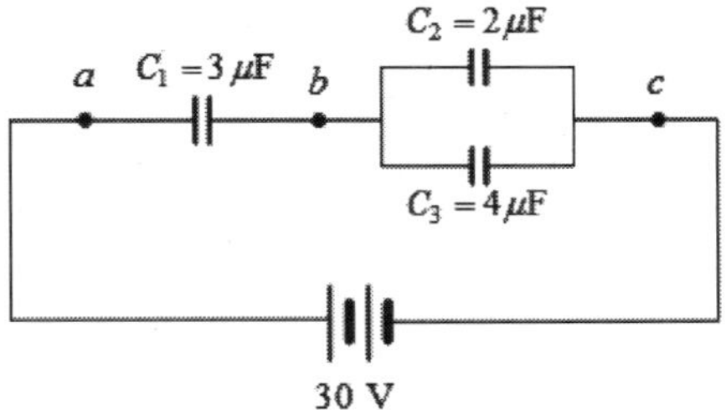

(a) 노드 a, c에서의 합성 용량을 구하여라.

(b) 노드 a와 b사이의 전압 V_{ab}를 구하여라.

(c) 노드 b와 c사이의 전압 V_{bc}를 구하여라.

(d) 각 커패시터에 담기는 전하량을 구하여라.

| 풀이 |

(a) 용량 C_2와 C_3는 병렬연결이라서 용량이 최대 것보다도 커진다.

$$C_2 + C_3 = 2\mu\text{F} + 4\mu\text{F} = 6\mu\text{F}$$

합성용량 C는 용량 C_1와 $C_2 + C_3$는 직렬연결이라서 용량이 최소 것보다도 작아진다.

$$\frac{1}{C} = \frac{1}{C_1} + \frac{1}{6},\ C = \frac{C_1 \times 6}{C_1 + 6} = \frac{3 \times 6}{3 + 6} = 2\ \mu\text{F}, \quad \therefore\ C = 2\ \mu\text{F}$$

(b) 커패시터의 직렬 또는 병렬연결의 특성에 의하여

노드 a, b 사이에 저장되는 전하량을 Q_1,
노드 b, c 사이에 저장되는 전하량을 $Q_2 + Q_3$,
노드 a, c 사이에 저장되는 전체 전하량을 Q

라고 하면, 이 셋은 값이 같다. 전체 전하량 Q는

$$Q = CV = 2\mu\text{F} \times 30\ \text{V} = 60\mu\text{C}$$

이므로, 노드 a와 b 사이의 전압 V_{ab}는

$$\therefore V_{ab} = \frac{Q_1}{C_1}$$

이다. 이 식에

$$Q_1 = 60\,\mu\text{C}, \quad C_1 = 3\,\mu\text{F}$$

을 대입하면,

$$\therefore V_{ab} = \frac{Q_1}{C_1} = \frac{60\,\mu\text{C}}{3\mu\text{F}} = 20\text{ V}$$

(c) 노드 b, c 사이에 전압은 V_{bc}이다. 따라서 $V_{bc} = V_{ac} - V_{ab} = 30 - 20 = 10\text{ V}$이다.

C_2에 저장되는 전하량 Q_2이다. $\therefore Q_2 = C_2 V_{bc} = 2\,\mu\text{F} \times 10\text{ V} = 20\ \mu\text{C}$
C_3에 저장되는 전하량 Q_3이다. $\therefore Q_3 = C_3 V_{BC} = 4\ \mu\text{F} \times 10\text{ V} = 40\,\mu\text{C}$

답 (a) $2\,\mu\text{F}$; (b) 20 V; (c) 10 V ;
(d) $Q_1 = 60\,\mu\text{C}$, $Q_2 = 20\,\mu\text{C}$, $Q_3 = 40\,\mu\text{C}$

3. 커패시터의 내전압

커패시터에 너무 높은 전압을 걸어 주면 두 극판 사이에 있던 절연체 전기저항이 감소되어 파괴되고, 전기적인 성질을 상실하게 되어 전류가 많이 흘러버린다. 이러한 바람직하지 못한 현상을 절연 파괴(dielectric breakdown)라고 한다.

절연이 파괴되면 커패시터는 망가져서 더 이상 사용할 수가 없게 된다. 절연체가 파괴되지 않고 외부 인가 전압을 견딜 수 있는 최대 전압을 커패시터의 **내전압**이라고 한다.

- 예제 1

내전압이 모두 200 V, 전기 용량이 각각 $C_1 = 2\ \mu F, C_2 = 4\ \mu F, C_3 = 8\ \mu F$ 인 커패시터를 직렬로 연결하였다.

(a) 합성 전기용량은 얼마인가?

(b) 전체 내전압은 얼마인가?

| 풀이 |

커패시터를 직렬로 연결하면, 합성 전기 용량은 작아진다.

(a) 합성 전기용량 C는

$$\frac{1}{C} = \frac{1}{C_1} + \frac{1}{C_2} + \frac{1}{C_3} = \frac{1}{2} + \frac{1}{4} + \frac{1}{8} = \frac{4+2+1}{8} = \frac{7}{8}$$

$$\therefore\ C = \frac{8}{7} = 1.143\,\mu F$$

(b) 커패시터의 직렬연결에서 전하량 Q는 일정하므로 $V \propto \frac{1}{C}$ 이다. 따라서

$$V_1 : V_2 : V_3 = 4\ :\ 2\ :\ 1$$

전위차를 증가시키면 C_1이 가장 빨리 내전압이 300V에 도달하므로,
$V_1 = 200$ V, $V_2 = 100$ V, $V_3 = 50$ V가 되어, $V = 200 + 100 + 50 = 350$V 이다.

답 (a) 1.143 μF; (b) 350 V

- 예제 2

내전압이 모두 500 V, 전기 용량이 1 μF, 2 μF, 4 μF인 세 커패시터가 있다.

(a) 셋을 직렬로 연결하면 합성 전기 용량은 얼마인가?

(b) 셋을 직렬로 연결하면 전체 내전압은 얼마인가?

| 풀이 |

(a) 합성 전기 용량 C는

$$\frac{1}{C}=\frac{1}{1}+\frac{1}{2}+\frac{1}{4}=\frac{4}{7} \quad \therefore C=\frac{4}{7}=0.57\ \mu\text{F}$$

(b) 전하량 Q는 일정하므로

$$V \propto \frac{1}{C}$$

에서, $V_1 : V_2 : V_3 = 4 : 2 : 1$이다.

전체 전위차를 증가시키면 V_1이 가장 빨리 내전압이 500 V에 도달하므로

$$V_1 = 500\ \text{V},\ \ V_2 = 250\ \text{V},\ \ V_3 = 125\ \text{V}$$

가 되어

$$V = 500 + 250 + 125 = 875\ \text{V}$$

답 (a) 0.57 μF; (b) 875 V

4. 커패시터에 저장되는 전기 에너지

그림 2.10과 같이, 전기용량이 C [F]인 커패시터가 충전을 시작하여 Q [C]의 전하량을 주어 전위차가 V가 되었다면 이때 전하량은 $Q = CV$이므로 그래프와 같이 원점을 지나는 직선이 된다.

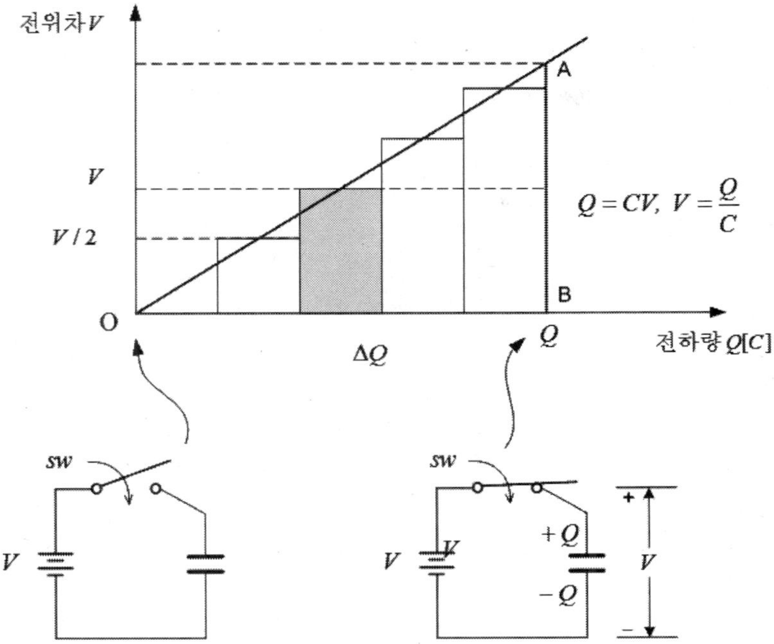

(a) 스위치 닫기 전 (b) 스위치 닫은 후

그림 2.10 커패시터에 저장되는 전기 에너지

이때 커패시터에 인가되는 전압이 0 (V)에서 일정하게 증가하여 V (V)로 되었다면 평균 전압은

$$\frac{1}{2}V \ [\mathrm{V}] \tag{2.19}$$

가 되므로, 커패시터에 저장된 전기 에너지 W는

$$W=\frac{1}{2}VQ=\frac{1}{2}CV^2=\frac{1}{2}\frac{Q^2}{C} \quad [\mathrm{J}] \tag{2.20}$$

이다.

그림에서 △OAB의 넓이는 이 커패시터에 저장된 전기 에너지이며, 방전할 때는 열에너지 또는 전자기파 에너지로 전환된다.

예제 1

전기 용량이 $2\,\mu\mathrm{F}$인 커패시터에 전압 $200\,\mathrm{V}$를 걸어서 충전하였다. 이 커패시터에 저장된 에너지는 얼마인가?

| 풀이 |

$$W=\frac{1}{2}CV^2=\frac{1}{2}\times(2\times10^{-6}\mathrm{F})\times(200\,\mathrm{V})^2=4\times10^{-2}\,\mathrm{J}$$

답 $4\times10^{-2}\mathrm{J}$

예제 2

아래 그래프는 일정한 용량을 갖는 커패시터에 대전된 전하량(Q)과 두 극판 사이의 전압(V)의 관계를 나타낸 것이다. 다음 중 틀린 것은?

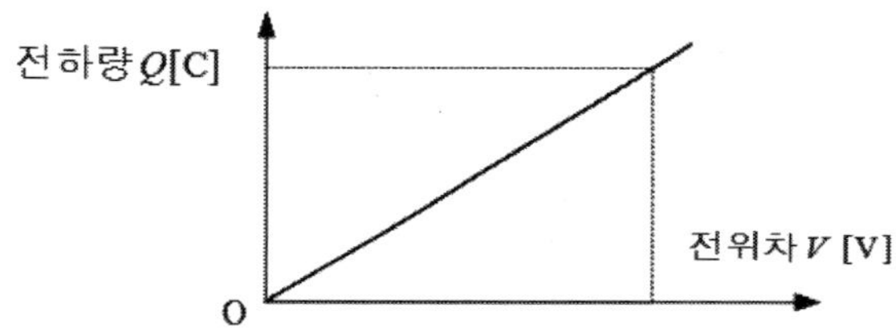

(a) 기울기는 커패시터의 전기용량이다.

(b) 축전된 전하량은 전압에 비례한다.

(c) 색칠한 부분의 넓이는 커패시터에 저장된 전기 에너지이다.

(d) 커패시터에 저장된 전기 에너지는 두 극판의 전압에 비례한다.

| 풀이 |

$$W=\frac{1}{2}QV=\frac{1}{2}CV^2$$에서 C가 일정한 경우, $W\propto V^2$이다.

따라서 전압의 제곱에 비례한다.

답 (d)

-예제 3

전압 6 V로 충전할 수 있고, 전기 용량이 500 μF인 커패시터가 들어있다. 이것을 충분히 충전하면 발광할 때 몇 J의 에너지가 방출되는가?

| 풀이 |

$$W = \frac{1}{2}CV^2$$
$$= \frac{1}{2} \times (500 \times 10^{-6}\,\mathrm{F}) \times (6\,\mathrm{V})^2 = 9 \times 10^{-3}\,\mathrm{J}$$

답 9×10^{-3} J

5. 전기용량의 유도

유전체를 극판사이에 넣었을 때, 커패시터의 전기용량(capacitance)을 유도해 보자.

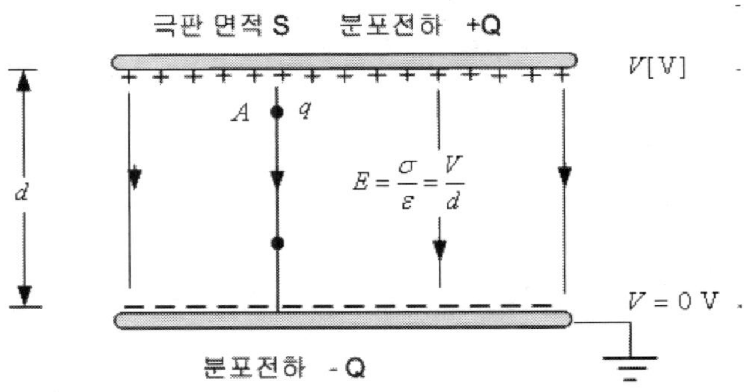

그림 2.11

도체판 사이에 분포하고 있는 유전체의 유전율을 $\epsilon = \epsilon_0 \epsilon_r$, 도체판에 분포하고 있는 전하의 표면전하 밀도를 σ [coulomb/m^2] 라고 하면

$$\sigma = \frac{Q}{S} \quad [\mathrm{coulomb/m^2}] \tag{2.21}$$

이다. 두 극판 사이의 전계는

$$E = \frac{\sigma}{\epsilon} \tag{2.22}$$

이다. 극판 사이의 전위차는 시험 전하를 음극판에서 양극판까지 이동시켰을 때의 일로 정의한다.

$$V = \frac{\text{시험전하에 해준 일}}{\text{전하}} = \frac{Fd}{q} = \frac{F}{q}d = Ed \qquad (2.23)$$

커패시턴스의 정의에 의하여 다음과 같다.

$$C = \frac{Q}{V} = \frac{Q}{Ed} = \frac{Q\epsilon}{\sigma d} = \frac{QS\epsilon}{Qd} = \epsilon\frac{S}{d} \qquad (2.24)$$

2장 연습문제

01 전기장의 세기가 $500\ \mathrm{V/m}$인 균일한 전기장 내에서 $+0.01$ 쿨롬(C)으로 대전된 입자가 정지 상태로부터 전기력에 의해서 전기장 방향으로 가속되어 $0.1\ \mathrm{m}$만큼 이동했을 때 이 입자의 운동 에너지는 몇 줄(J)인가? (단, 전기력 이외의 다른 힘은 무시한다.)

답 $0.5\ \mathrm{J}$

02 진공 중에서 그림과 같이 무한히 크고 수평인 두 평행 도체판 사이에 질량 $1\ \mathrm{g}$, 전하 $9.8\times10^{-8}\ \mathrm{C}$인 물체가 정지하고 있다. 대전된 두 도체 평면 사이의 간격을 $10\ \mathrm{cm}$라 할 때, 두 도체 간의 전위차는 몇 볼트인가? (단, 지구 중심방향의 중력 가속도는 $9.8\ \mathrm{m/s^2}$이다.)

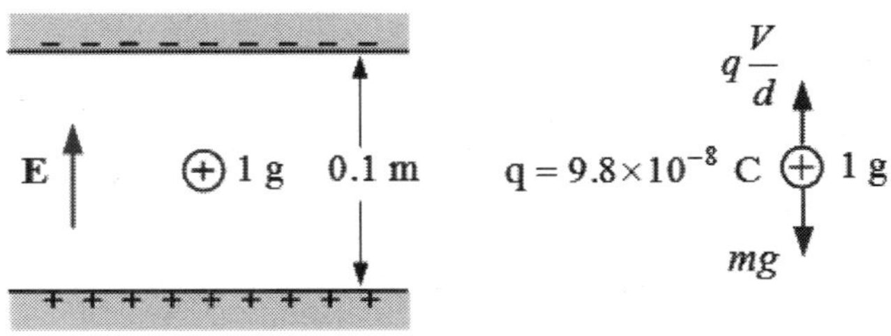

답 $V=1\times10^{4}\ \mathrm{V}$

03 균일한 전기장이 있는 어느 공간에 질량이 M이고, 전기량이 e인 양성자를 놓았더니 가속도 a를 가지고 운동을 시작했다. 만일 이 위치에 질량이 $4M$이고 전기량이 $2e$인 알파 입자를 놓으면 이것이 받게 될 가속도는?

답 $a' = \frac{1}{2}a$

04 그림과 같은 회로에서 5 Ω 의 도선에 화살표 방향으로 3 A 의 전류가 흐르고 있다. 10 Ω 의 도선에 흐르는 전류는 몇 A 이고, 점 C 의 전위는 몇 V 인가?

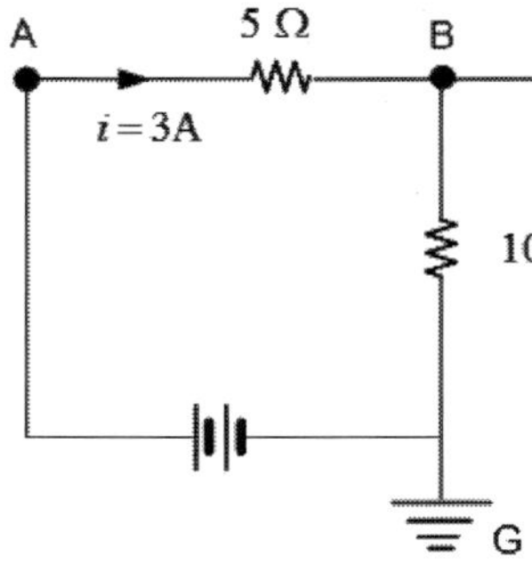

답 3 A, 30 V

05 전기장의 세기가 100 V/m인 균일한 전기장 내에서, +0.01 C으로 대전된 입자가 정지 상태로부터 전기력에 의해서 전기장의 방향으로 가속되어 0.2 m 만큼 이동했을 때 이 입자의 운동 에너지는 몇 줄(J)인가?

답 0.2 J

06 전기장 내의 한 점 A에서 다른 한 점 B 까지 0.5 C의 양전하를 이동시키는데 50 J의 일이 필요하였다.

(a) 두 점 사이의 전위차를 구하여라. (b) 어느 점의 전위가 높은가?

답 (a) $V = 100$ V; (b) B점의 전위가 높다.

07 그림과 같이 커패시터와 저항이 연결된 회로에서 두 점 a, b 의 전위는 어느 점이 얼마만큼 낮은가?

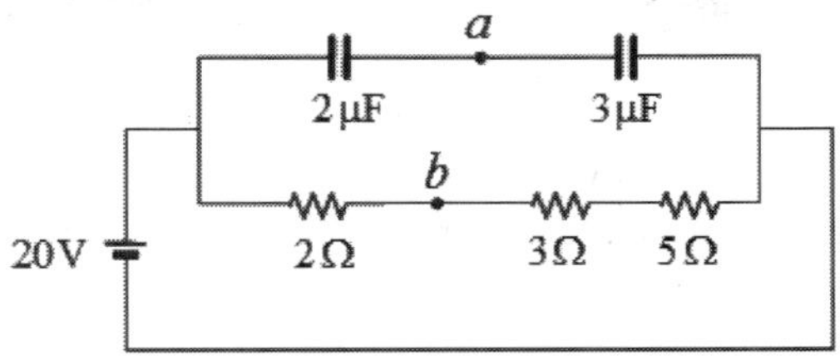

답 점 a가 점 b보다 전위 $4\,\mathrm{V}$ 낮다.

08 그림과 같이, 기전력이 $E_1 = 10\,\mathrm{V}$이고 내부저항 $r_1 = 1\,\Omega$인 전지와, 기전력이 $E_2 = 30\,\mathrm{V}$이고 내부저항 $r_2 = 1\,\Omega$인 전지가 있다. 이 전지를 사용하여 그림의 회로를 설계하였다. 두 점 A, B간의 전압(전위차)은 몇 V이고 B의 전위는 몇 V인가?

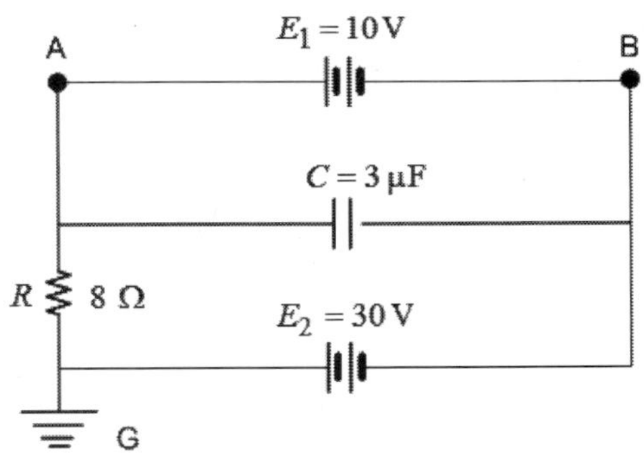

답 $V_A = -16\,\mathrm{V}$, $V_B = -28\,\mathrm{V}$

09 진공 속에서 20 cm 떨어져 있는 A, B 두 평행 금속판 사이의 전위차가 100 V일 때 A, B 사이의 균일한 전기장이라면 두 금속판 사이의 전기장의 세기는 몇 N/C인가?

답 500 N/C

10 균일한 전기장에서 전기장의 방향으로 20 cm 떨어진 두 점 A, B사이의 전위차가 100 V 라면, 이 전기장에 놓인 4×10^{-6} C의 (+)전하가 받는 힘은 몇 N인가? 그리고 이 양(+) 전하를 점A에서 점 B까지 옮기는데 전기력이 한 일은 몇 J인가?

답 2×10^{-3} N, 4×10^{-4} J

11 전기장 안에서 한 지점에 놓인 0.5 C의 전하를 다른 지점까지 이동시키는 데 60 J의 일이 필요하다면 두 지점 사이의 전위차는 몇 V인가?

답 120 V

12 그림과 같이 두 판 사이의 간격이 d 인 평행판 커패시터에 전압 V를 걸어주었다. 이때 커패시터 내부에 생기는 전기장을 나타내는 전기력선을 그리고 전기장의 세기 E를 V와 d로 나타내어라.

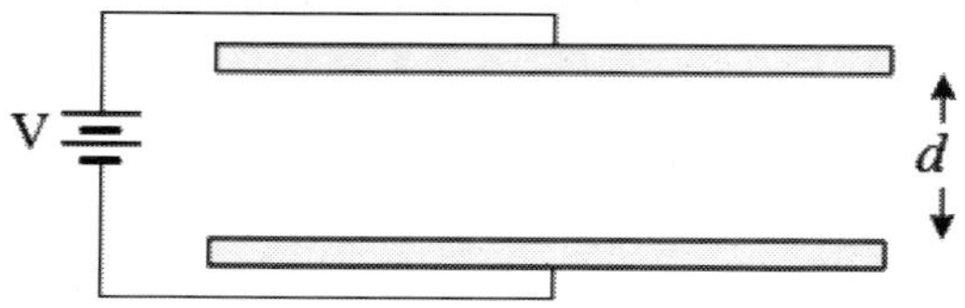

답 $E=\frac{V}{d}$ [V/m]

13 전기 용량이 20 μF인 커패시터에 100 V의 전압을 걸어주면 커패시터에 충전되는 전기량(=전하량)은 얼마인가?

답 2×10^{-3} C

14 공기 중에서 평행판 커패시터에 전압 V를 걸어서 전하량 Q를 충전하였다. 두 평행판 사이에 유전율이 공기의 2배가 되는 부도체를 넣어 같은 전압으로 같은 전하량을 충전시키려면 두 극판 사이의 거리는 몇 배로 하여야 하는가?

답 2배

15 유전율 4.5×10^{-11} F/m인 기름 속에 1000 cm^2인 동판 2개를 3 mm 간격으로 평행하게 놓았다.

(a) 이 동판의 전기용량은 몇 μF인가?

(b) 2000 V의 전압으로 충전하였을 때 충전되는 전하량은 얼마인가?

(c) 또 이 커패시터에 축전되는 전기에너지는 얼마인가?

답 (a) 1.5×10^{-9} F ; (b) 3×10^{-6} C ; (c) 3×10^{-3} J

16 커패시터의 전기용량 C_1, C_2, C_3는 각각 1 pF, 2 pF, 3 pF 이다. 이 커패시터를 그림과 같이 회로를 구성하여 3 V의 전지에 연결하였다.

(a) 합성 전기용량은 몇 pF 인가?

(b) 커패시터 C_2에 저장된 전하량은 몇 C인가?

(c) 커패시터 C_3에 걸린 전압은 몇 V인가?

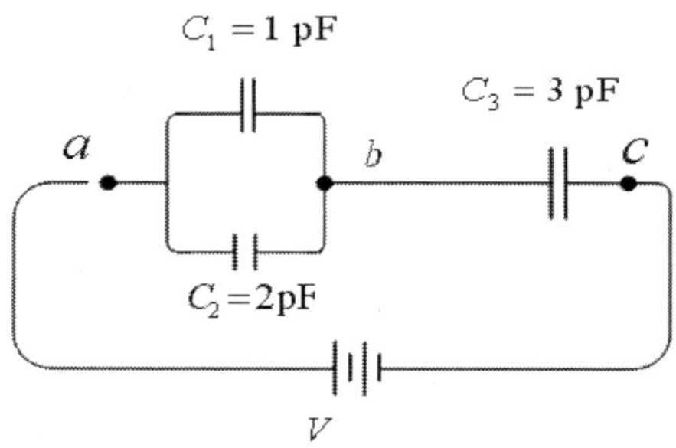

답 (a) $C = 1.5$ pF ; (b) $Q = CV = (2\text{ pF})(1.5\text{ V}) = 3\times10^{-12}$ C ; (c) 1.5 V

17 내전압이 모두 500 V로 전기용량이 각각 1 μF, 2 μF, 4 μF인 세 커패시터를 직렬로 연결하였다.

(a) 합성용량은 얼마인가? (b) 전체 내전압은 얼마인가?

답 (a) 합성용량 0.57 μF ; (b)내전압 875 V

18 전기 용량이 C인 커패시터에 전하가 $\pm Q$로 대전되었을 때 전기 에너지 W의 표현식은 무엇인가?

답 $W = \dfrac{1}{2}\dfrac{Q^2}{C}$ J

19 용량 2 μF, 5 μF의 두 커패시터를 직렬 연결하였다. 각각의 커패시터에 걸리는 전압을 V_1, V_2, 저장된 전기량을 Q_1, Q_2, 저장된 전기 에너지를 E_1, E_2라고 하자.

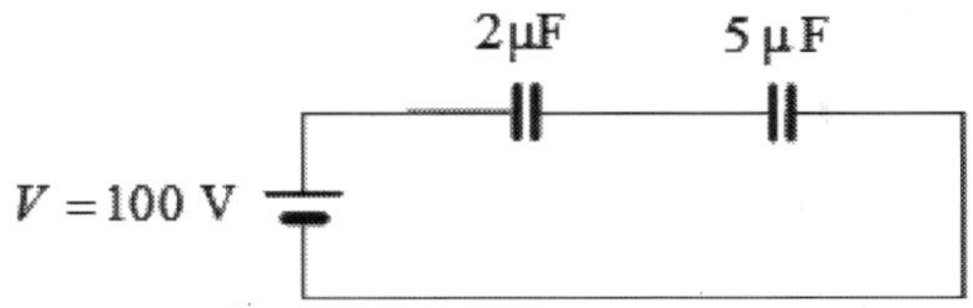

(a) $V_1 : V_2$는 얼마인가? (b) $Q_1 : Q_2$는 얼마인가?

(c) $E_1 : E_2$는 얼마인가?

답 (a) 5:2, (b) 1:1, (c) 5:2

20 한 변의 길이가 0.10 m인 두 정사각형 금속판을 진공 중에서 1.0×10^{-2} m의 간격을 두고 전하를 주었더니 극판 사이에 2.0×10^3 V의 전위차가 생겼다.

(a) 극판 사이의 전기장의 세기는 얼마인가?

(b) 커패시터의 전기용량은 얼마인가?

(c) 극판에 대전된 전하량은 각각 얼마인가?

(d) 이 커패시터에 담긴 전기적 에너지는 얼마인가?

답 (a) 2.0×10^5 V/m, (b) 8.9×10^{-12} F, (c) 1.8×10^{-8} C, (d) 1.8×10^{-5} J

21 용량 C_1, C_2, C_3, 및 C_4는 각각 $4\,\mu\mathrm{F}$, $6\,\mu\mathrm{F}$, $12\,\mu\mathrm{F}$, 및 $36\,\mu\mathrm{F}$ 이다. 그림과 같이 커패시터의 회로를 구성하여 $24\,\mathrm{V}$의 전지에 연결하였다.

(a) 합성 용량 C_{ab}은 몇 $\mu\mathrm{F}$ 인가?

(a) 저장된 총전하량 Q_{ab}은 몇 $\mu\mathrm{F}$ 인가?

(c) 양단전압 V_1, V_4, 및 V_2는 몇 V 인가?

(c) 저장된 전하량 Q_{ab}, Q_1, Q_2, Q_3, 및 Q_4 는 각각 몇 C 인가?

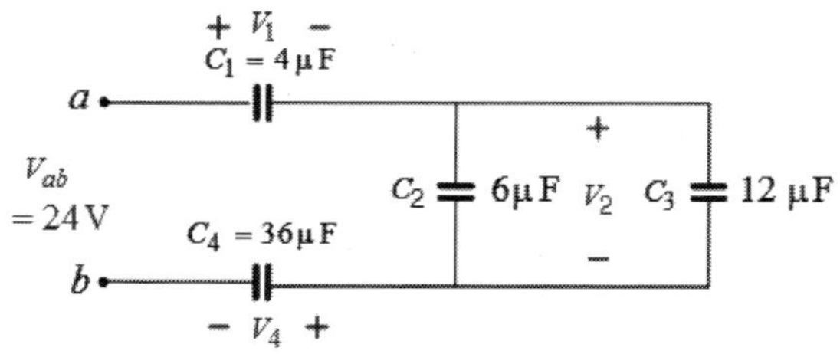

답 (a) $C_{ab}=3\,\mu\mathrm{F}$; (b) $Q_{ab}=72\,\mathrm{C}$; (c) $V_1=18\,\mathrm{V}$, $V_4=2\,\mathrm{V}$, $V_2=4\,\mathrm{V}$;
(d) $Q_{ab}=72\,\mathrm{C}$, $Q_1=72\,\mathrm{C}$, $Q_2=24\,\mathrm{C}$, $Q_3=48\,\mathrm{C}$

Chapter

3

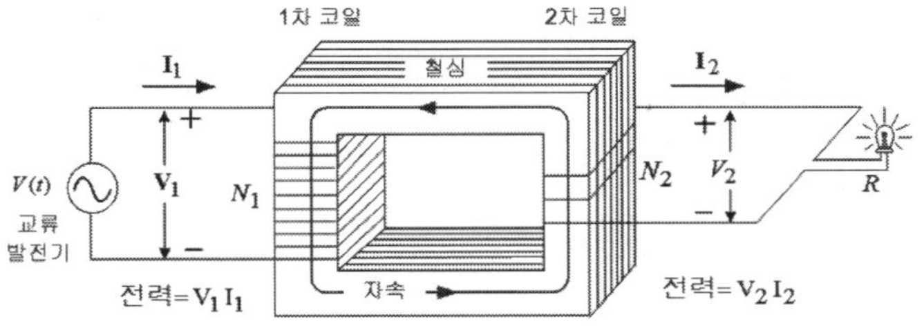

전압과 전류

도체 내에 전기장이 발생하면, 도체 내에 있는 전하는 영향을 받아 이동하게 된다.

전하의 움직임은 도체의 성질이나 온도에 따라 상태가 달라진다. 전하에는 양전하와 음전하 두 종류가 있으며, 단위 시간당 양(+)전하의 이동현상을 전류라고 한다. 전류(즉, 양전하)가 흐르는 길(path, 경로)을 전기 회로(electric circuit), 또는 간단히 회로(circuit)라고 한다.

우리는 이 장에서 다음과 같은 내용을 학습하기로 한다.

1. 전기 회로에서 전류를 흐르게 하는 원인은 무엇인가?
2. 회로를 이루는 요소에는 어떤 것이 있는가?
3. 전압과 전류, 전기저항, 전기 회로와 기전력 등의 역할이 무엇인가?

전기 회로에서 전하가 도선을 따라서 이동하는 현상이 전류이다. 양(+)전하에 의한 전류의 세기와 방향은 어떻게 나타내며 전류, 저항, 전압 사이에는 어떤 관계가 성립되고, 저항의 연결 방법에 따른 합성 저항은 어떻게 구하는지 알아보자. 전하가 도선 내에서 어떻게 이동하는가에 대하여 공부해 보자.

3.1 전류

수압이 있기 때문에 물이 수도관을 통하여 흐르고 심장에서 펌프 역할을 하여 압력을 주기 때문에 혈액이 혈관 속을 흐른다. 금속 도체에는 자유롭게 움직일 수 있는 (−)전하를 갖는 자유 전자가 있으며, 자유 전자는 도체 내에서 매우 빠른 속도(velocity)로 무질서하게 운동하고 있다.

전기장의 영향을 받고 있지 않을 때는 도체 내부의 자유 전자는 어느 특정한 방향으로 치우쳐서 이동하지 않는다.

그러나 전기장에 의하여 영향을 받아서 밀리거나 끌려서 이동하는 전하가 전류를 나타낸다.

그림 3.1은 도체에서의 자유 전자의 이동을 보여 주고 있다. 차례로 설명하면 다음과 같다.

(a) 도체에 전기장을 인가하기 전에는 도체 내부의 많은 자유 전자들은 내부를 자유롭게 돌아다니면서 많은 원자들과 충돌하여 임의의 모든 방향으로 무질서 하게 운동을 하고 있다(열평형 상태, thermal agitation).

(b) 도체 양단에 전지를 연결하여 전압을 인가하면, 도선 양단의 전위차에 의하여 도체 내부에 A에서 B 방향으로 향하는 전기장이 발생하여 도선 내부의 자유 전자는 전기장의 영향을 받아 (+)극 쪽으로 속도가 발생하기 시작한다.

(c) 전기장의 영향을 계속 받아서 (+)극 쪽으로 속도가 점점 빨라지는 전자가 정상상태에 도달하면 결국에는 한쪽 방향으로 일정한 속도로 이동한다.

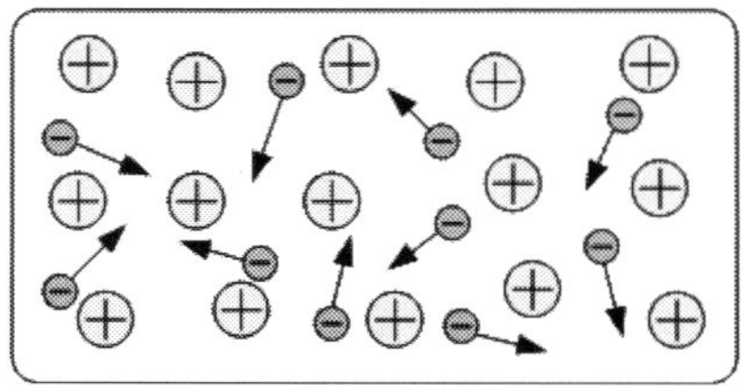

(a) 도체에 전기장을 인가하기 전

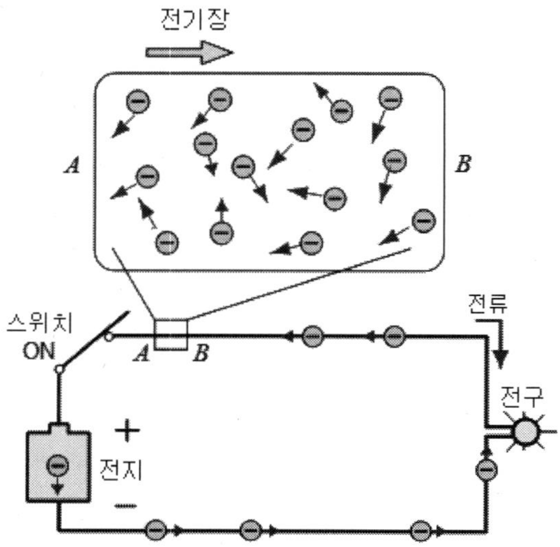

(b) 도체 양단에 전압을 인가한 직 후

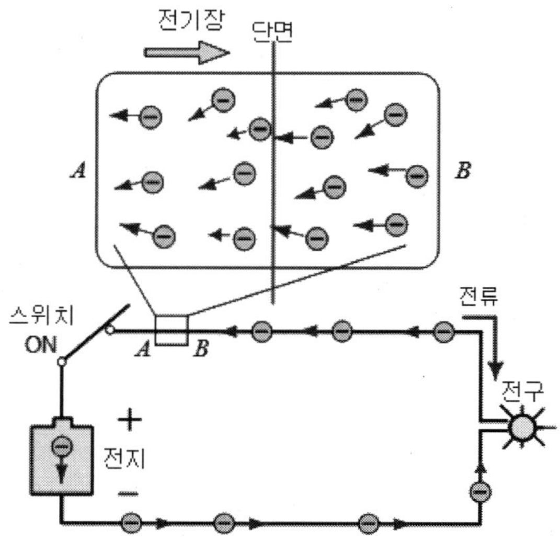

(c) 정상 상태에서의 전류 흐름

그림 3.1 도체에서의 자유 전자의 이동

자유 양(+)전하 즉, 양전하(positive charge)의 흐름을 **전류**라고 한다. 전류의 방향은 양(+)전하의 이동 방향으로 정하며, 음(−)전하인 전자의 이동 방향과는 반대가 된다.

전류는 도선의 한 단면을 단위 시간 (1초)에 통과한 전하의 양으로 정의한다. Q [C]의 전하량이 시간 t [sec]초 동안에 도선의 단면을 지나가면 전류 I [A]는

$$I = \frac{Q}{t} \quad \left(\frac{\mathrm{C}}{\mathrm{sec}} \equiv \mathrm{A}\right) \tag{3.1}$$

가 된다. 여기서 전류의 단위는 coulomb/sec [C/sec]로 되는 것을 알 수 있으며 이것을 **암페어(ampere,** A**)**라고 한다. 정의식에 의하면, 전류 1 [A]는 도선의 단면을 1 [sec] 동안에 1 [C]의 전하가 흐르는 전류를 말한다[14].

14) 10^{-3} A = 1 mA이고 10^{-6} A = 1 μA 이다.

그림 3.2와 같이, 도선을 흐르는 전류 I [A]는 몇 개의 자유전자가 이동할 때 나타나는 전류인지를 알아보자.

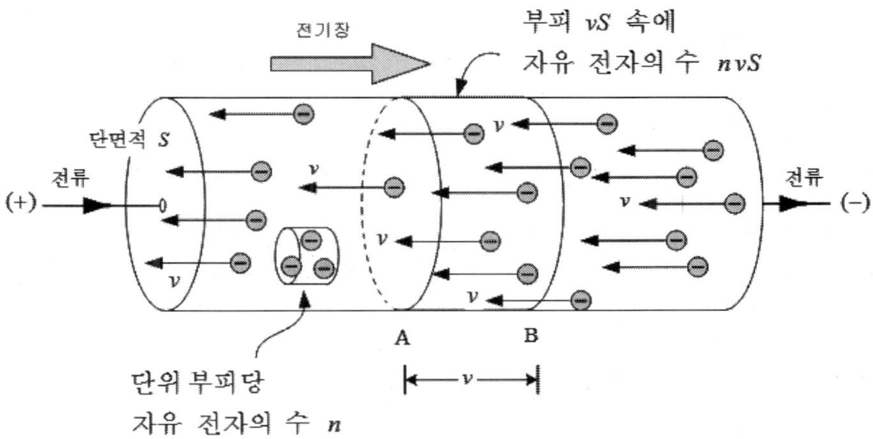

그림 3.2 도선 내부에서의 전류

금속 도선 속에서 자유 전자들의 평균 이동 속도가 $\mathbf{v}$ [m/s] 이면, 1초 동안에는 $\mathbf{v}$[m]를 이동한다. 도선의 단면적이 S [m^2]이고 단위 부피당 자유 전자의 수가 n [개/m^3]이면 부피 Sv 속에는 Svn 개의 자유 전자가 들어 있게 된다.

따라서 자유 전자 한 개의 전하량을 e라고 하면 1초 동안에 도선 단면을 지나는 전하량을 $Sevn$가 되므로 도선에 흐르는 전류 I 는 다음과 같다.

$$I = Sevn \text{ [A]} \tag{3.2}$$

전자의 전하량 e는 -1.602×10^{-19} [C]이며 1 [A]의 전류가 1초 동안 흐를 때 도선의 단면을 지나는 전자의 수를 계산해 보면, 이 동안에 지나는 전하량은 1 [C]이므로 전자의 수 n은 다음과 같이 된다.

$$n = \frac{1}{|e|} = 6.25 \times 10^{18} \text{ [개/sec]} \tag{3.3}$$

예제 1

어느 도선을 흐르는 전류가 4 A이다. 이 도선의 단면을 2분 동안 흐르는 전기량(=전하량)은 얼마인가?

| 풀이 |

$$Q = It = 4\,\mathrm{A} \times 120\,\mathrm{sec} = 480\,\mathrm{C}$$

답 $Q = 480\,\mathrm{C}$

예제 2

전자의 전하량은 -1.6×10^{-19} C이다. 1 A란 전자가 도선의 단면을 1초 동안에 몇 개 이동하는 것인가?

| 풀이 |

1 A란 1초 동안에 1 C의 전기량의 흐름을 의미한다.

답 6.25×10^{18} 개

예제 3

그림과 같이 도체 내의 전기장에서 3초 동안 4 C의 양(+)전하가 왼쪽에서 오른쪽으로 이동하였고, 동시에 5 C의 음(−)전하는 오른쪽에서 왼쪽으로 이동하였다면 전류의 세기는 몇 A인가?

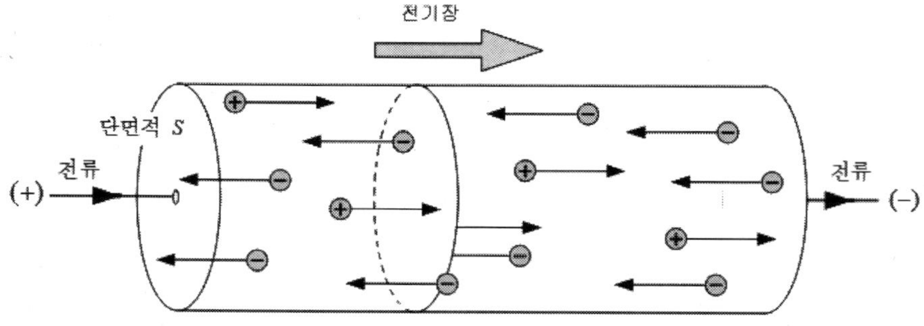

| 풀이 |

3초 동안 도선 단면을 지나간 전하량 Q는

$$Q = q^{+} + q^{-} = 4\,\mathrm{C} + 5\,\mathrm{C} = 9\,\mathrm{C}$$

이므로 전류 I는

$$I = \frac{Q}{t} = \frac{9\,\mathrm{C}}{3\,\mathrm{s}} = 3\,\mathrm{A}$$

이다.

답 3 A

3.2 전류와 전기저항

도체의 양 끝에 전위차를 형성시키면 도체 내의 자유 전자가 이동하여 전류가 흐른다.

전압과 전류 사이에는 관계를 살펴보자. 그림 3.3과 같은 저항 회로를 구성하고, 동작시켜서 전류와 전압과의 관계를 조사하면

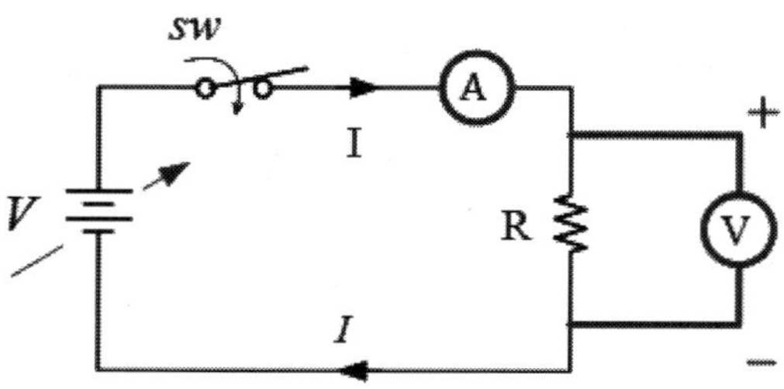

전압직류 전원 장치 V, 전류계 Ⓐ, 전압계 Ⓥ,

저항 R —WW—, 스위치 sw

그림 3.3 직류 전원의 저항 회로

도선에 흐르는 전류 I는 도선에 인가한 전압 V에 비례하며, 이 관계를 그래프로 그리면 그림 3.4와 같다.

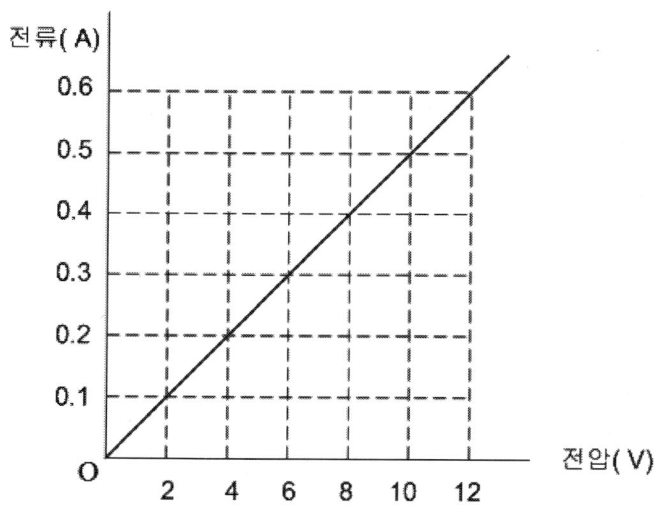

그림 3.4 저항 회로에서 전류와 전압의 비례 관계

그래프에서 직선의 기울기는

$$\frac{1}{R} \quad [\frac{1}{\Omega} = \Omega^{-1} = \mho = \text{Siemens}] \tag{3.4}$$

로 하고, 이 기울기를 비례 상수라고 하면, 전류 I는

$$I = \frac{V}{R} \ , \ V = IR \tag{3.5}$$

로 나타낼 수 있으며, 이 관계를 **옴**[15)]**의 법칙**(ohm's law)이라고 한다. 여기서, R을 도선의 **전기저항**이라고 하며, 도선을 따라 전류가 흐를 때, 도선이 전류의 흐름을 방해하는 정도를 나타낸다. 도선에서 전기저항은 자유 전하가 이동하면서 다른 이온들과 계속하여 충돌하기 때문에 생기므로 도선의 종류나 길이, 굵기, 온도, 습도 등에 따라 결정된다.

전기저항의 단위는 **옴**(Ω)으로 정의한다. 저항 1Ω은 도선의 양 끝에 전압 1 V를 인가할 때 전류 1 A가 흐르게 하는 전기저항을 말한다. 즉,

$$1\,\Omega \equiv \frac{1\,\text{V}}{1\,\text{A}} \tag{3.6}$$

이다.

예제 1

그림과 같이 기전력 6 V인 건전지와 3 Ω의 저항이 연결되어 있는 회로에 흐르는 전류의 크기와 방향은?

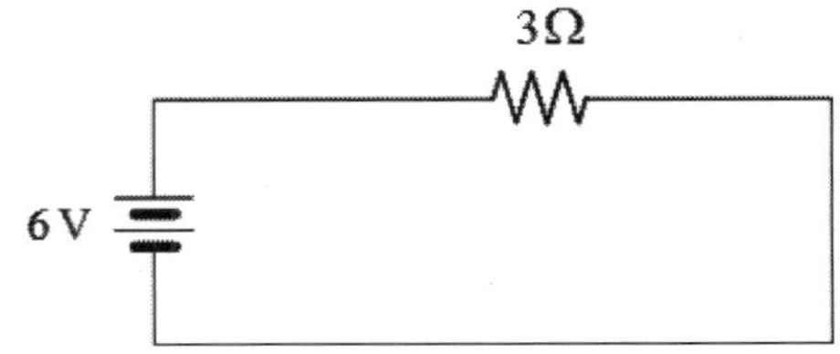

| 풀이 |

그림의 회로에서는 전류는 시계 방향으로(CW) 흐른다. 따라서, 6 V 건전지의 (+)극에서 전류가 나와서 저항을 통과한 후 전지의 (−)극으로 들어간다.

$$I = \frac{V}{R} = \frac{6\text{V}}{3\Omega} = 2\,\frac{\text{V}}{\Omega} = 2\,\text{A}$$

답 2 A, 시계 방향

15) 옴(Ohm Georg Simon ; 1787~1854) : 독일의 물리학자. 전압, 전류, 전기저항의 관계를 밝힌 옴의 법칙을 발견하였다.

예제 2

그림과 같은 회로에서 흐르는 전류의 크기와 방향은?

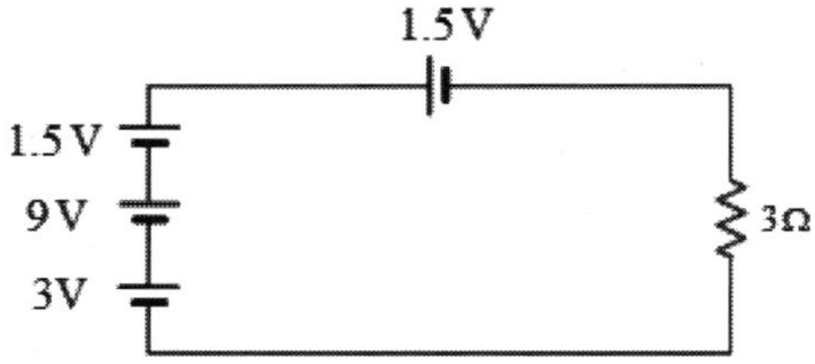

| 풀이 |

기전력은 $3\,\mathrm{V}+9\,\mathrm{V}+1.5\,\mathrm{V}+(-1.5\,\mathrm{V})=12\mathrm{V}$, 저항은 $3\,\Omega$ 이므로
시계 방향으로(CW) 흐르는 전류는

$$I=\frac{V}{R}=\frac{12\,\mathrm{V}}{3\Omega}=4\,\frac{\mathrm{V}}{\Omega}=4\,\mathrm{A}$$

이다.

[주의]

좌측 세 건전지에서는 (+)극에서 전류가 나와서 저항을 통과한 후 좌측 전지의 (−)극으로 들어간다. 그러나, 위 쪽의 1.5 V 건전지에서는 (−)극에서 전류가 나와서 저항을 통과한 후 (+)극으로 들어간다.

답 4A, 시계방향

예제 3

아래 회로에서 전류계 A가 가리키는 전류가 2 A이다. 저항 $3\,\Omega$의 양단에 걸리는 전압 V_g는?

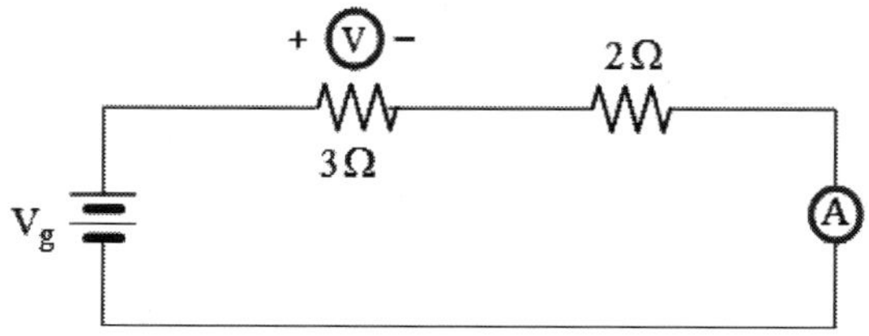

| 풀이 |

직렬연결에서 전류는 각 저항에서 모두 같다.

$$V=RI=3\Omega\times 2\,\mathrm{A}=6\,\Omega\cdot\mathrm{A}=6\,\mathrm{V}$$

답 6 V

그림 3.5는 저항이 R 인 도선에 전류 I가 흐를 때 도선 양 끝에 V 의 전위차가 생기는 모양을 나타낸다.

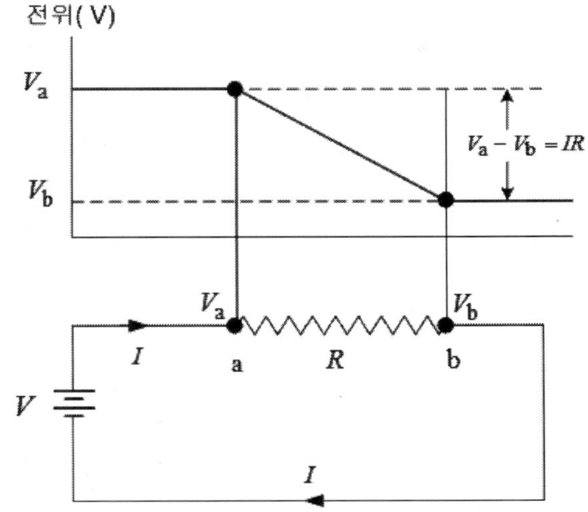

그림 3.5 저항에서의 전압 강하

저항 R의 두 단자 a, b의 전위를 각각 V_a, V_b 라고 하면 단자 a, b 사이의 전위차는 옴의 법칙에 의하여

$$V_a - V_b = IR \tag{3.7}$$

이고, 점 b의 전위 V_b 는

$$V_b = V_a - IR \tag{3.8}$$

이다. 따라서 점 b 의 전위 V_b 는 점 a의 전위 V_a보다 IR 만큼 낮아진다.

여기서

> "IR 을 전류 I가 흐를 때 저항 R 에 의한 전압 강하"

라고 한다. 도선의 전기저항 R 는 도선의 길이 l 에 비례하고 도선의 단면적 S 에 반비례한다. 즉,

$$R = \rho \frac{l}{S} \ [\Omega \cdot \mathrm{m}] \tag{3.9}$$

ρ 의 역수 $1/\rho$ 를 σ 라고 하며 **전도도**(conductivity)라고 한다. 전기저항 R 을 전도로 σ 로 표시하면

$$R = \frac{l}{\sigma S} \tag{3.10}$$

이 된다. 여기서 비례 상수 ρ 는 물질에 따라 정해지는 고유한 상수로서 **비저항**이라고 하며, 단위는 **옴 · 미터**($\Omega \cdot$ m)를 쓴다.

표 3.1은 몇 가지 물질의 비저항을 나타내고 있다.

표 3.1 여러 가지 물질의 비저항 (20℃)

물 질	비저항($\Omega \cdot$m)	물 질	비저항 ($\Omega \cdot$m)
은	1.62×10^{-8}	니크롬	1.09×10^{-6}
구리	1.72×10^{-8}	폴리스틸렌	$10^{15} \sim 10^{19}$
알루미늄	2.75×10^{-8}	운모	10^{13}
텅스텐	5.50×10^{-8}	고무	$(1 \sim 5) \times 10^{13}$

예제 3

그림과 같이 회로에서 기준점(Ref.)을 0 V로 정한다.

(a) 점 A의 (절대)전위 V_A를 구하여라.

(b) 점 B의 (절대)전위 V_B 를 구하여라.

(c) 점 A와 B 사이의 전위차 V_{AB}를 구하여라.

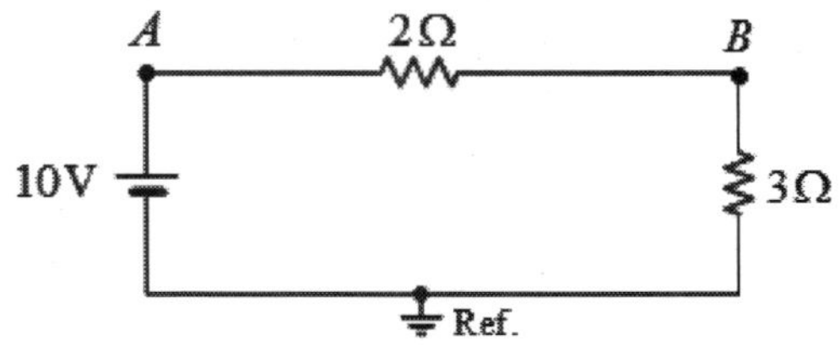

| 풀이 |

시계 방향의 전류는 $I = \frac{V}{R} = \frac{10\,\text{V}}{5\Omega} = 2\,\text{A}$이다.

(a) $V_A = 10\,\text{V}$; (b) $V_B = RI = 3\Omega \times 2\,\text{A} = 6\,\text{V}$

(c) $V_{AB} = V_A - V_B = 10 - 6 = 4\,\text{V}$

답 (a) $V_A = 10\,\text{V}$; (b) $V_B = 6\,\text{V}$; (c) $V_{AB} = 4\,\text{V}$

예제 4

어떤 저항의 양쪽 끝에 걸린 전압과 흐르는 전류의 관계가 오른쪽 그림과 같다면, 저항은 몇 Ω 인가?

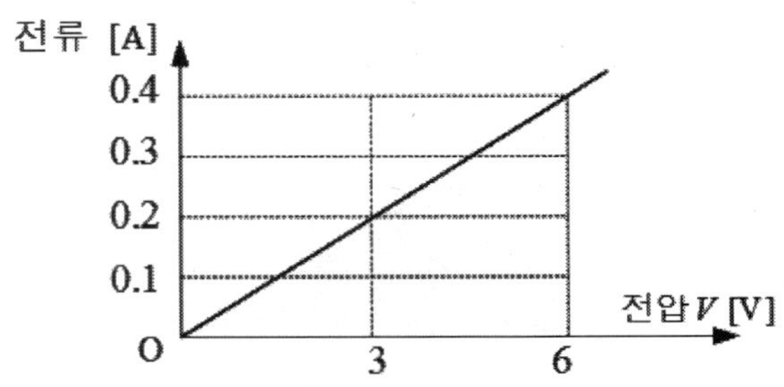

| 풀이 |

$V=IR$ 에서

$$R=\frac{V}{I}=\frac{6}{0.4}=15\ \Omega$$

답 $R=15\ \Omega$

예제 5

단면적이 $2\times10^{-4}\ \mathrm{m}^2$이고, 길이가 $6\times10^4\ \mathrm{m}$인 구리 도선이 있다.(단, 구리의 비저항은 $1.72\times10^{-8}\ \Omega\cdot\mathrm{m}$이다.)

(a) 구리의 전도도를 구하여라.

(b) 구리 도선의 전기저항은 몇 Ω 인가?

| 풀이 |

(a) $\sigma=\frac{1}{\rho}=\frac{1}{1.72\times10^{-8}\ \Omega\cdot\mathrm{m}}$

$$=0.581\times10^{8}\ \frac{1}{\Omega\cdot\mathrm{m}}=0.581\times10^{8}\ \ \Omega^{-1}/\mathrm{m}$$

(b) $R=\rho\frac{l}{S}$

$$R=1.72\times10^{-8}\times\frac{6\times10^4}{2\times10^{-4}}=5.16\ \Omega$$

답 (a) $0.581\times10^{8}\ \ \Omega^{-1}/\mathrm{m}$; (b) $5.16\ \Omega$

예제 6

균일 단면적이 S, 길이가 l인 전기도선 A가 있다.

(a) 단면적이 m배, 길이가 n배 큰 전기도선 B가 있다. 도선 B는 도선 A와 비교하여 몇 배의 전기저항을 갖느냐?

(b) 도선 A을 균일하게 잡아 늘려서, 길이가 n배인 도선으로 변형하였다. 현재 전기저항은 과거 전기저항의 몇 배가 되었는가?

| 풀이 |

(a) 저항 $R_A = \rho \dfrac{l}{S}$, 저항 $R_B = \rho \dfrac{nl}{mS} = \dfrac{n}{m} \rho \dfrac{l}{S} = \dfrac{n}{m} R_A$

(b) 도선의 부피는 변하지 않고, 길이와 단면적이 변하였다. 길이 l이 n배가 되면 단면적 S가 $\dfrac{1}{n}$배로 된다.

과거 도선; 부피 $V_A = S \cdot l$, 저항 $R_A = \rho \dfrac{l}{S}$,

현재 도선; 부피 $V_A{}' = \dfrac{S}{n} \cdot nl$, 저항 $R_A{}' = \rho \dfrac{nl}{\dfrac{S}{n}} = n^2 \rho \dfrac{l}{S} = n^2 R_A$

답 (a) $\dfrac{n}{m}$배; (b) n^2배

물체의 온도가 높아지면 도체 내부에 있는 원자의 진동이 활발하게 되어 자유 전자의 충돌 횟수가 많아지므로 전기저항도 커진다. 따라서 도체의 전기저항은 온도가 높아지면 증가하지만, 물체의 성질에 따라 증가하는 정도가 다르다. 어떤 도체의 0℃ 때의 전기저항을 R_0라고 하면 t℃일 때의 전기저항 R은

$$R = R_0 (1 + \alpha t) \quad [\Omega] \tag{3.11}$$

로 된다. 여기서 α를 **전기저항의 온도 계수**라고 하며, 단위는 $℃^{-1}$이다. 금속에서는 $\alpha > 0$이며 니크롬선은 이 α 값이 비교적 작고 텅스텐을 사용한 전구의 필라멘트는 온도가 높아짐에 따라 저항도 커진다. 저항의 온도 계수를 이미 알고 있는 물질을 이용하여 저항을 측정하면 반대로 온도를 계산해 낼 수 있다. 이 원리를 이용한 것이 저항 온도계로서, 이것에는 백금의 저항을 이용한 백금 저항 온도계가 많이 사용되고 있다. 금속 중에는 온도가 매우 낮아지면 전기저항이 0인 것도 있다. 이러한 물질을 **초전도체**(superconductor)라고 한다.

3.3 저항의 연결

실제 동작하고 있는 대부분의 전기 회로는 여러 개의 부품들이 **직렬연결**, **병렬연결** 또는 **직렬 및 병렬의 조합**으로 연결되어 있다.

회로의 부품으로서 여러 개의 저항을 직렬연결 또는 병렬연결의 조합으로 연결할 경우 합성 전기저항을 구해 보자.

1. 직렬연결

그림 3.6과 같이 저항 R_1, R_2, R_3를 연결하고 전압이 V인 전원을 인가하면, 저항 R_1에 흘러 들어간 전류는 모두 R_2와 R_3를 거치게 되므로 3개의 저항에 흐르는 전류 I는 같다.

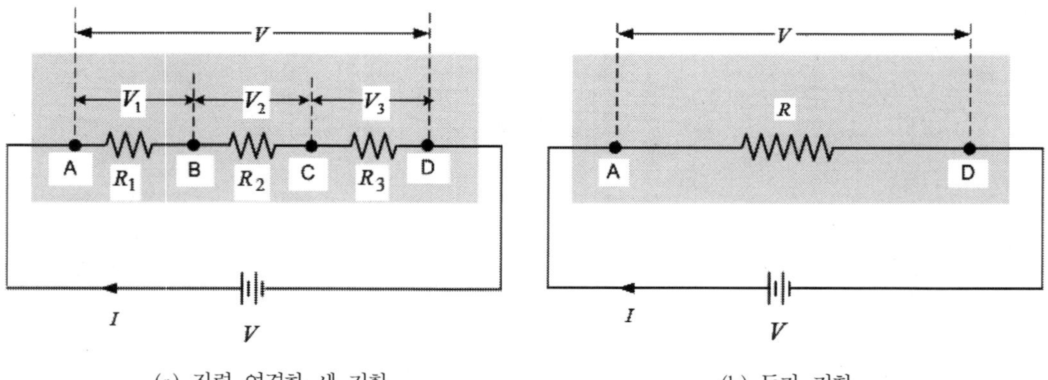

그림 3.6 저항의 직렬연결

예를 들어 보자. 굵고 가는 수도관을 직렬로 연결하여 물을 흐르게 할 때, 같은 시간에 각 수도관을 통해 흐르는 물의 양이 같은 것에 유의하면 쉽게 이해할 수 있다. 따라서 이 회로의 전류를 I라고 하면, 옴의 법칙에 의하여

점 A, B 사이의 전위차 V_1 은 $V_1 = IR_1$
점 B, C 사이의 전위차 V_2 는 $V_2 = IR_2$
점 C, D 사이의 전위차 V_3 는 $V_3 = IR_3$

가 된다. 그런데 점 A, D 사이의 전위차 V는

$$V = V_1 + V_2 + V_3 \tag{3.12}$$

이므로,

$$V = IR_1 + IR_2 + IR_3 \tag{3.13}$$

이고 합성 저항을 R라고 하면 $V = IR$가 되어

$$R = R_1 + R_2 + R_3 \tag{3.14}$$

인 관계가 얻어진다.

저항 n개 R_1, R_2, R_3, $\cdots$, R_n을 직렬로 연결하면, 합성 저항 R은

$$R = R_1 + R_2 + R_3 + \cdots + R_n \tag{3.15}$$

이다. 따라서, 여러 개의 저항을 직렬로 연결하면 합성 저항은 회로 중의 가장 큰 저항보다도 크며, 또 $V = IR$에서 $V \propto R$이므로 각 저항에는 전체 전압이 각 저항값에 비례하여 나누어져 걸린다.

예제 1

다음 그림과 같은 전기 회로가 주어져 있다.

(a) 합성저항 R를 구하여라.

(b) 전류 I를 구하여라.

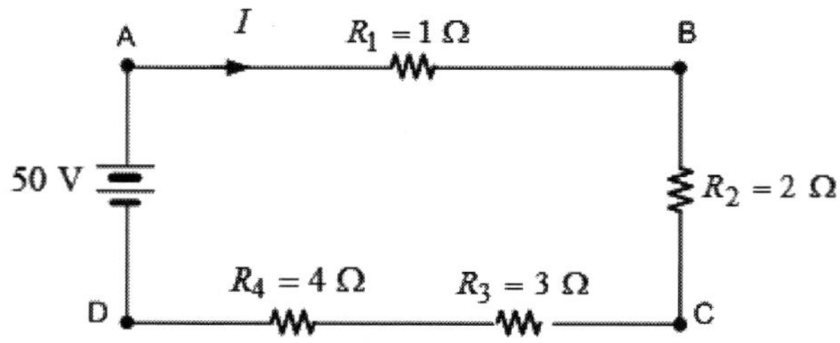

| 풀이 |

(a) 합성저항 $R = R_1 + R_2 + R_3 + R_4 = 1 + 2 + 3 + 4 = 10\ \Omega$

(b) 전류 $I = \dfrac{V}{R} = \dfrac{50\,\mathrm{V}}{10\,\Omega} = 5\ \mathrm{A}$

답 (a) $R = 10\ \Omega$; (b) 전류 $I = 5\ \mathrm{A}$

2. 병렬연결

그림 3.7과 같이, 저항 R_1, R_2, R_3을 병렬로 연결하여 전압이 V인 전원에 연결하면, 각 저항의 양 끝에 걸리는 전압은 점 A, B 사이의 전압(전위차) V와 같다.

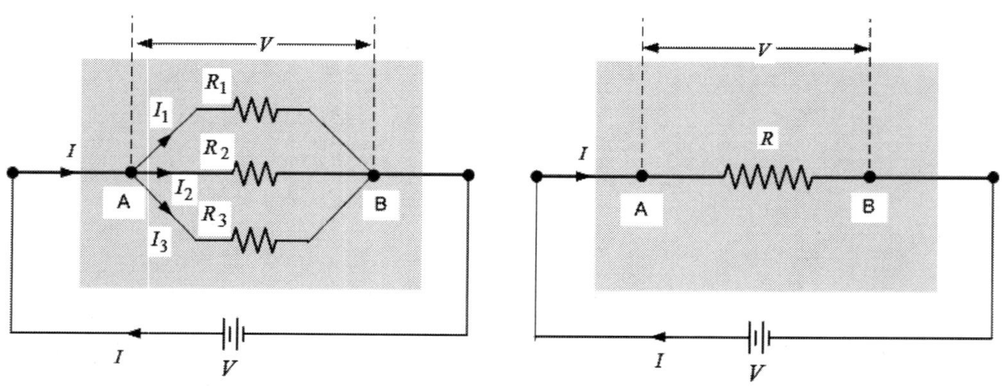

(a) 병렬 연결한 세 저항 (b) 등가 저항

그림 3.7 저항의 병렬연결

저항의 병렬연결은 굵기가 다른 세 개의 수도관을 병렬로 연결하여 같은 물통에 연결하면 수위가 같은 현상과 비유하면 이해가 쉽게 될 것이다. 이때, 각 수도관에 흐르는 물의 양이 관의 굵기에 따라 다른 것과 같이 각 저항에 흐르는 전류의 세기가 다르다.

따라서 저항 R_1, R_2, R_3 에 흐르는 전류의 세기를 각각 I_1, I_2, I_3 라고 하면 전체 전류의 세기 I는

$$I = I_1 + I_2 + I_3 \tag{3.16}$$

이고, 옴의 법칙에서

$$I_1 = \frac{V}{R_1}, \quad I_2 = \frac{V}{R_2}, \quad I_3 = \frac{V}{R_3} \tag{3.17}$$

이므로, 합성 저항을 R 이라고 하면

$$I = \frac{V}{R} \tag{3.18}$$

가 되어

$$\frac{V}{R} = \frac{V}{R_1} + \frac{V}{R_2} + \frac{V}{R_3} \tag{3.19}$$

로부터 합성 저항 R 은

$$\frac{1}{R} = \frac{1}{R_1} + \frac{1}{R_2} + \frac{1}{R_3} \tag{3.20}$$

인 관계가 얻어진다. 즉, 병렬 연결할 때 합성 저항의 역은 각 저항의 역수의 합과 같고 회로의 최소 저항보다 작다.

저항 n개 R_1, R_2, R_3, $\cdots$, R_n을 모두 병렬로 연결하면, 이들의 합성 저항 R 은

$$\frac{1}{R} = \frac{1}{R_1} + \frac{1}{R_2} + \frac{1}{R_3} + \cdots + \frac{1}{R_n} \tag{3.21}$$

로 구해진다. 가장 흔히 쓰이는 경우 2 개의 저항 R_1, R_2 가 병렬로 연결된 경우, 합성저항은

$$\frac{1}{R} = \frac{1}{R_1} + \frac{1}{R_2} \tag{3.22}$$

이다. 정리하면

$$\frac{1}{R} = \frac{1}{R_1} + \frac{1}{R_2} = \frac{R_2 + R_1}{R_1 \cdot R_2} \tag{3.23}$$

$$\therefore \quad R = \frac{R_1 \times R_2}{R_1 + R_2} = \frac{\text{곱한 것}}{\text{합한 것}}$$

이 된다.[16)]

따라서 여러 개의 저항을 병렬 연결하면, 합성 저항은 가장 작은 저항보다도 작으며,

$$I = \frac{V}{R} \tag{3.24}$$

에서

$$I \propto \frac{1}{R} \tag{3.25}$$

이므로 각 저항에는 전체 전류가 저항의 크기에 반비례하여 나누어져 흐른다.

16) 두 개 저항을 병렬연결할 때에 성립한다. 셋 이상 병렬연결할 경우 성립하지 않는다.

- 예제 1

다음과 같은 회로에서 저항 R_1, R_2 가 다음 값을 가질 때 합성저항 R_{ab}를 구하여라.

(a) $R_1 = 3\ \Omega$, $R_2 = 6\ \Omega$ (b) $R_1 = 6\ \Omega$, $R_2 = 12\ \Omega$

(c) $R_1 = 15\ \Omega$, $R_2 = 30\ \Omega$ (d) $R_1 = 20\Omega$, $R_2 = 30\ \Omega$

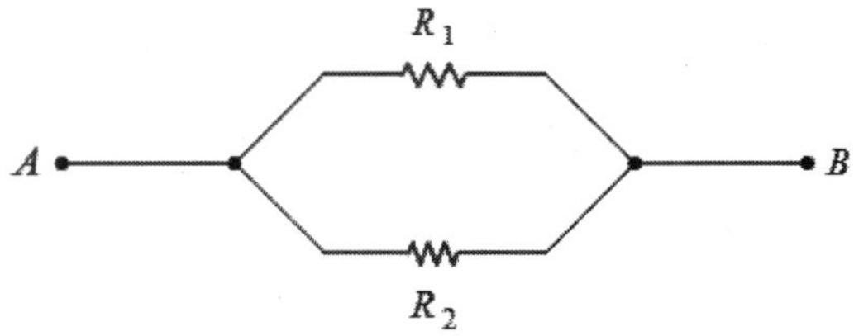

| 풀이 |

(a) $\frac{1}{R} = \frac{1}{3} + \frac{1}{6} = \frac{6+3}{3\times 6}$ $\therefore R = \frac{3\times 6}{3+6} = 2\ \Omega$;

(b) $\frac{1}{R} = \frac{1}{6} + \frac{1}{12} = \frac{12+6}{6\times 12}$ $\therefore R = \frac{6\times 12}{6+12} = 4\ \Omega$;

(c) $R = \frac{15\times 30}{15+30} = 10\ \Omega$; (d) $R = \frac{20\times 30}{20+30} = 12\ \Omega$

답 (a) $2\ \Omega$; (b) $4\ \Omega$; (c) $10\ \Omega$; (d) 12Ω

- 예제 2

아래 그림과 같이 저항 R 가 병렬 연결되어 있다. 각각의 저항이 다음과 같은 경우 합성저항 R_{ab} 를 구하여라.

(a) $R_1 = R_2 = R_3 = 2\ \Omega$; (b) $R_1 = R_2 = R_3 = 4\ \Omega$

(c) $R_1 = R_2 = R_3 = 5\ \Omega$

(d) $R_1 = R_2 = R_3 = \cdots = R_n = R\ \Omega$

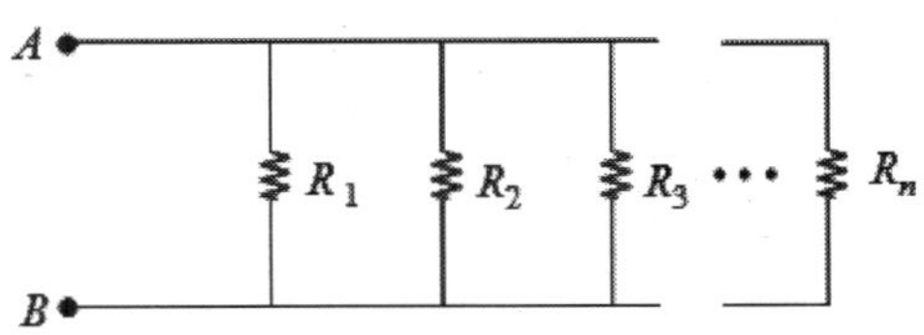

| 풀이 |

(a) $R_{ab}=\dfrac{2\cdot 1}{2+1}=\dfrac{2}{3}\ \Omega$; (b) $R_{ab}=\dfrac{4\cdot 2}{4+2}=\dfrac{4}{3}\ \Omega$;

(c) $R_{ab}=\dfrac{5\times 2.5}{5+2.5}=\dfrac{5}{3}\ \Omega$; (d) $R_{ab}=\dfrac{R}{n}\ \Omega$.

답 (a) $\dfrac{2}{3}\ \Omega$; (b) $\dfrac{4}{3}\ \Omega$; (c) $\dfrac{5}{3}\ \Omega$; (d) $\dfrac{R}{n}\ \Omega$

예제 3

다음과 같은 저항들을 직렬로 연결했을 때와 병렬로 연결했을 때의 합성 저항은 각각 몇 Ω인가?

(a) $R_1 = 10\ \Omega,\ R_2 = 15\ \Omega,\ R_3 = 30$;

(b) $R_1 = 10\ \Omega,\ R_2 = 24\ \Omega,\ R_3 = 80\ ,\ R_4 = 80$

| 풀이 |

(a) 직렬연결 : $R = R_1 + R_2 + R_3 = 10 + 15 + 30 = 55\ \Omega$

병렬연결 : $\dfrac{1}{R}=\dfrac{1}{R_1}+\dfrac{1}{R_2}+\dfrac{1}{R_3}=\dfrac{1}{10}+\dfrac{1}{15}+\dfrac{1}{30}$

$$\therefore R=\left(\frac{1}{R}\right)^{-1}=\left(\frac{3+2+1}{30}\right)^{-1}=\frac{30}{6}=5\ \Omega$$

(b) 직렬연결 : $R = R_1 + R_2 + R_3 + R_4 = 10 + 24 + 80 + 80 = 194\ \Omega$

병렬연결 : $\dfrac{1}{R}=\dfrac{1}{R_1}+\dfrac{1}{R_2}+\dfrac{1}{R_3}+\dfrac{1}{R_4}=\dfrac{1}{10}+\dfrac{1}{24}+\dfrac{1}{80}+\dfrac{1}{80}$

$$\therefore R=\left(\frac{1}{R}\right)^{-1}=\left(\frac{24+10+3+3}{240}\right)^{-1}=\left(\frac{40}{240}\right)^{-1}=6\Omega$$

답 (a) 직렬연결 55 Ω, 병렬연결 5 Ω;
(b) 직렬연결 194 Ω, 병렬연결 6 Ω

3. 혼합연결

병렬 연결된 저항을 하나로 묶어서 생각하고, 다른 저항과 직렬연결하든지 직렬 연결된 저항을 하나로 묶어서 생각하고, 다른 저항과 병렬연결하는 경우이다.

예제 1

그림과 같은 전기 회로에서

(a) 합성저항 R_{AB}를 구하여라.

(b) 가지 전류 I를 구하여라.

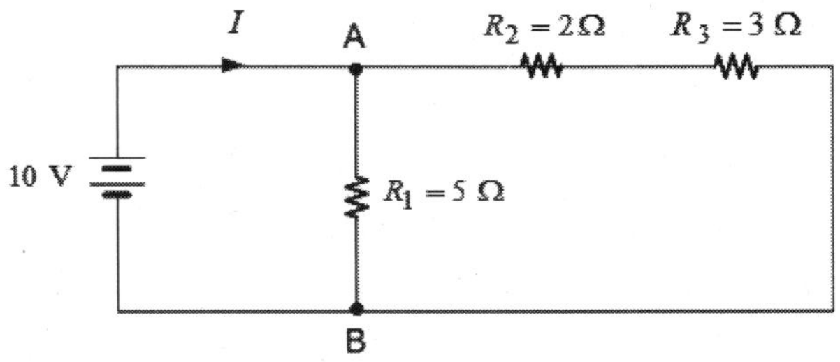

| 풀이 |

(a) $R_{AB} = \dfrac{5 \times 5}{5+5} = 2.5\ \Omega$; (b) $I = \dfrac{10\text{ V}}{2.5\ \Omega} = 4\text{A}$

답 (a) $2.5\,\Omega$; (b) 4 A

예제 2

아래 그림과 같이, $150\,\Omega$ 짜리 저항 세 개를 도선으로 연결했을 때 A와 C 사이의 합성 저항을 구하여라(단, 연결 도선의 저항은 무시한다).

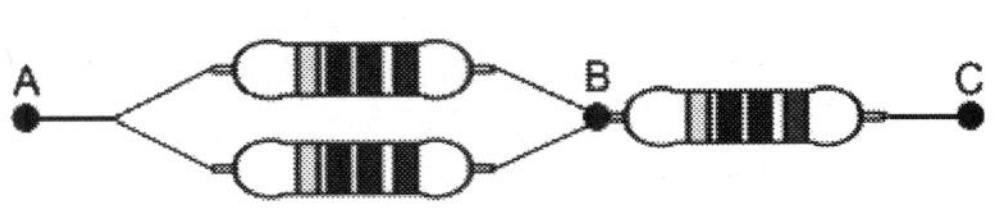

| 풀이 |

두 개는 병렬 연결되고 나머지 하나는 직렬 연결되었다.

AB 사이의 저항;

$$\frac{1}{R_{AB}} = \frac{1}{150} + \frac{1}{150} = \frac{2}{150}, \quad \therefore R_{AB} = \frac{150}{2} = 75\,\Omega$$

AC 사이의 저항;

$$\therefore R_{AC} = R_{AB} + R_C = \frac{150}{2} = 75 + 150 = 225\,\Omega$$

답 $R_{AC} = 225\,\Omega$

예제 3

다음 그림과 같이 세 개의 저항을 연결하였다.

(a) 단자 AC 사이의 등가 저항 R_{AC}은 얼마인가?

(b) 배터리 10 V가 생산하는 전류 i_{10} 은 얼마인가?

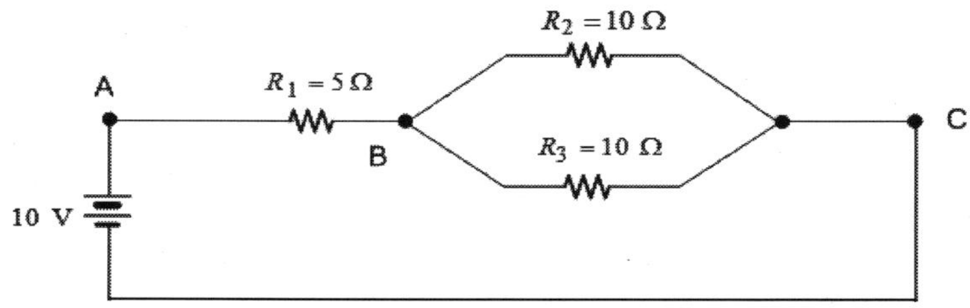

| 풀이 |

(a) $R_{BC} = \frac{10}{2} = 5\Omega,\quad \therefore R_{AC} = R_{AB} + R_{BC} = 5 + 5 = 10\ \Omega$

(b) $i_{10} = \frac{10\,\text{V}}{R_{AC}} = \frac{10\,\text{V}}{10\Omega} = 1\ \text{A},\quad \therefore i_{10} = 1\ \text{A}$

답 (a) $R = 10\ \Omega$; (b) $i_{10} = 1\ \text{A}$

예제 4

그림과 같이, 저항 $R_1 = 8\ \Omega$, $R_2 = 20\ \Omega$, $R_3 = 30\ \Omega$을 연결하고 양 끝의 단자에 100 V의 전압을 인가하였다.

(a) 합성 저항은 몇 Ω 인가?

(b) 단자 A, B 사이의 전압은 몇 V인가?

(c) 저항 R_3에 흐르는 전류는 몇 A인가?

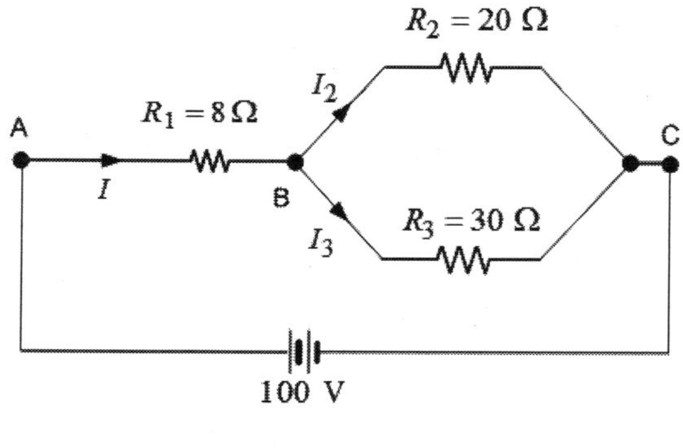

| 풀이 |

(a) 저항 R_2, R_3의 합성 저항을 R'라고 하며,

$$R' = \frac{R_2 \times R_3}{R_2 + R_3} = \frac{600}{50} = 12\Omega, \quad \therefore R' = 12\ \Omega,$$

R'가 R_1과 직렬 연결되어 있으므로 합성 저항 R은

$$R = R_1 + R' = 20\ \Omega \quad \therefore R' = 20\ \Omega$$

(b) 회로에 흐르는 전류 I는

$$I = \frac{V}{R} = \frac{100\,\text{V}}{20\Omega} = 5\ \text{A},$$

이 전류가 R_1에 흐르므로 단자 A, B 사이의 전위차 V는

$$V = IR_1 = 5 \times 8 = 40\ \text{V}, \quad \therefore V_{\text{AB}} = 40\ \text{V}$$

(c) 저항 R_2, R_3는 병렬로 연결되어 있으므로 I은 저항에 반비례하여 분배된다.

$$I_3 = 5 \times \frac{20}{20+30} = 2\ \text{A} \quad \therefore I_3 = 2\ \text{A}$$

답 (a) 20 Ω; (b) 40 V; (c) 2 A

예제 5

그림과 같은 전기 회로에서

(a) 점 B에 대한 점A의 전위는 몇 볼트(V)인가?

(b) 건전지는 얼마의 전류를 생산하는가?

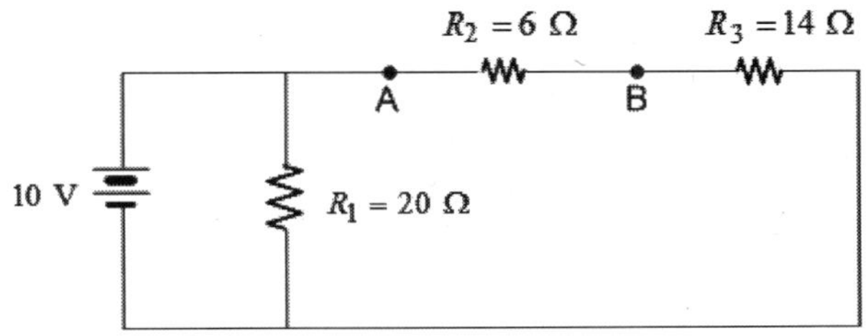

| 풀이 |

(a) 전류는 점A에서 점B로 흐르므로 점A의 전위가 점B보다 높다.

$$V_A = 10\,\text{V}, \quad V_B = 10 \times \frac{14}{6+14} = 7\,\text{V}$$

점B에 대한 점A의 전위를 $V_{AB} = V_A - V_B$ 라고 하면,

$$V_{AB} = V_A - V_B = 10 - 7 = 3\,\text{V}.$$

(b) 건전지에 연결된 총저항은 10Ω이다. 따라서, 건전지는 전류 1A를 생산한다.

[참고] 저항 R_1으로 0.5A, 저항 $R_{2,3}$으로 0.5A가 흐른다.

답 (a) $V_{AB} = 3\,\text{V}$; (b) 1A

예제 6

3개의 저항을 그림과 같이 전원에 연결하였을 때 각 도선에 흐르는 전류의 비 $I_1 : I_2 : I_3$ 를 구하여라.

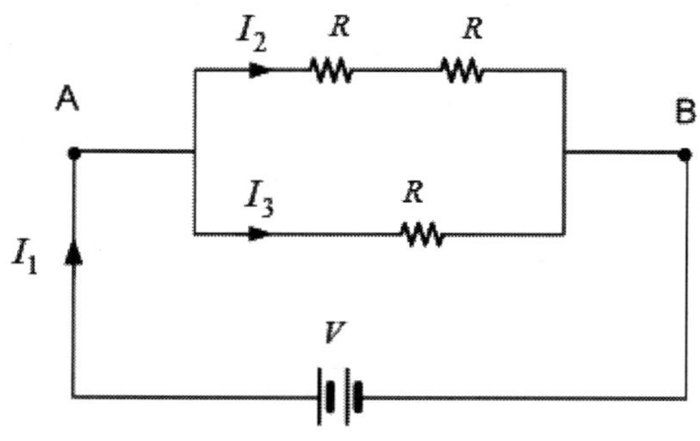

| 풀이 |

전체저항을 R_{AB}라고 하면,

$$R_{AB} = (R+R) \| R = 2R \| R = \frac{2R \times R}{2R+R} = \frac{2R^2}{3R} = \frac{2R}{3}$$

각 가지(branch)를 흐르는 전류는

$$I_1 = \frac{V}{(2R)/3},\ I_2 = \frac{V}{2R},\ I_3 = \frac{V}{R}$$

이므로,

$$I_1 : I_2 : I_3 = \frac{3}{2} : \frac{1}{2} : 1 = 3 : 1 : 2$$

[참고] I_2와 I_3는 저항에 반비례하고 $I_1 = I_2 + I_3$이다.

답 $I_1 : I_2 : I_3 = 3 : 1 : 2$

예제 7

그림과 같은 회로에서 3 Ω의 저항에 $I_1 = 2$ A의 전류가 흐르고 있다면 1 Ω의 저항에 흐르는 전류 I_2는 몇 A인가?

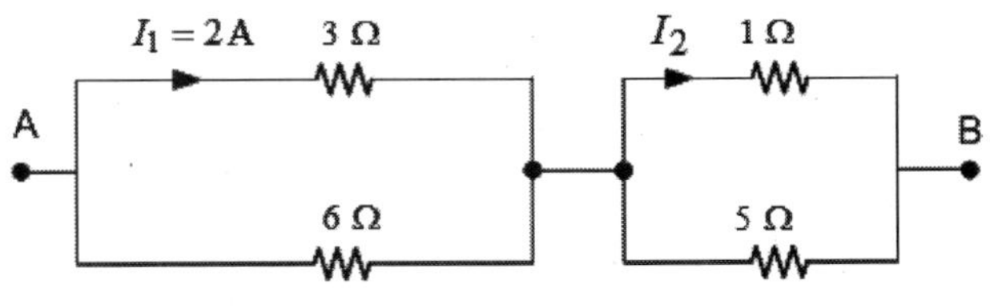

| 풀이 |

6 Ω의 저항에 1 A의 전류가 흐르게 되고 2+1=3 A의 전류가 다시 저항에 반비례하여 나뉜다.

$$I_2 = 3\,\text{A} \times \frac{5}{1+5} = 2.5\,\text{A}$$

[참고] 5 Ω의 저항을 흐르는 전류는 다음과 같다.

$$I_{5\Omega} = 3\,\text{A} \times \frac{1}{1+5} = 0.5\,\text{A}$$

답 $I_2 = 2.5$ A

보충학습 저항의 색깔띠

전기 회로에 사용되는 저항은 색깔 띠를 사용하여 저항값 뿐만 아니라 그 오차까지도 나타내는데, 첫 번째 띠와 두 번째 띠는 첫 번째와 두 번째 숫자이다. 세 번째 띠는 두 수 뒤에 붙을 0의 개수를 표시하고 네 번째 띠는 저항 값의 오차가 5% 이내인지 10% 이내인지를 알려 준다.

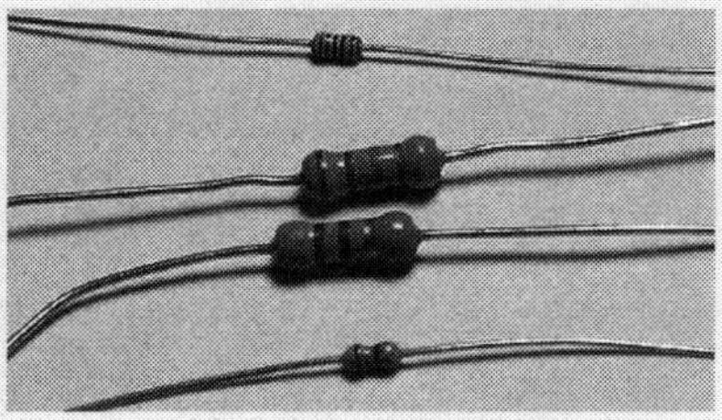

그림 3.8

저항의 색깔 코드

첫 세 개의 띠	검정	갈색	빨강	주황	노랑	초록	파랑	보라	회색	흰색
숫자 및 개수	0	1	2	3	4	5	6	7	8	9
네 번째 띠		무색 27%			은색 10%				금색 5%	

예제 다음 그림에서 저항의 값이 얼마인지 구해 보자.

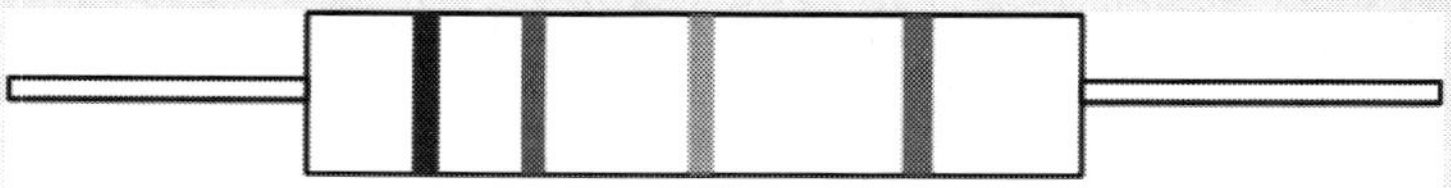

| 풀이 |

초록, 보라, 주황, 금색의 순서로 되어 있다.
따라서 $57k\Omega \pm 5\%$이다.

3.4 전기 에너지

에너지는 물리학에서 기본적인 물리량이다. 물리학에서 물체의 에너지는 다른 물체로 전달될 수 있거나, 다른 형태로 변환될 수 있으나 생산되거나 파괴되지 않는 물체의 성질이다. 일을 할 수 있는 능력을 에너지라고 한다. 따라서 일을 할 수 있는 능력이 있을 때 '에너지를 가지고 있다.'라고 말한다. 에너지는 여러 가지 형태를 갖고 있으므로 이 모두를 포함하는 개념을 정의하기가 어렵다[17].

SI 단위에서 에너지의 단위는 Joule이고 1 N의 힘에 항거하여 물체를 1 m 이동할 때, 물체에 전달된 에너지가 1 Joule이다.

흐르는 물은 물레방아를 돌리는 일을 할 수 있다. 도선을 흐르는 전하, 즉 전류는 전동기를 돌리는 일을 할 수 있다. 전류가 하는 일은 어떻게 나타낼 수 있는지 알아보자.

위치 에너지가 높은 곳에 있는 물체는 위치 에너지가 낮은 곳으로 이동할 때 물체에 저장되어 있던 에너지의 일부가 일로 전환된다. 이와 비슷한 개념으로, 전위(=전기적 위치 에너지)가 높은 곳에 있던 (+)전하가, 전위가 낮은 곳으로 이동하면 일을 하게 된다. 즉, 전기 에너지를 갖게 된다.

따라서 건전지나 납축 전지에 저항부하를 도선을 연결했을 때 전류가 흐르는 원인은, 화학작용에너지가 전기적인 에너지로 전환된 것이다. 그러므로 전류가 흐를 때 전기가 수행하는 일을 **전기 에너지(electrical energy)**라고 한다.

1. 전기 기구의 전기 에너지

우리의 생활 주변에서 유용하게 쓰이는 여러 가지 전기 기구는 모두 전기 에너지를 이용한 것들이다. 그림 3.9은 저항 R인 전기기구에 전하 q가 이동하고, 양단 전위차 V가 걸린 경우를 나타낸다. 이 기구에서 전기 에너지가 열에너지로 전환될 때, 발생하는 열량, 전압 및 전류끼리 어떤 관계가 있는 지를 살펴보자.

---

17) This is just a restatement of the laws of thermodynamics. Physics defines how energy behaves in various formulas, but not what energy is. To quote Richard Feynman: "It is important to realize that in physics today, we have no knowledge of what energy is...It is an abstract thing in that it does not tell us the mechanism or the reasons for the various formulas." - "The Feynman Lectures on Physics Vol I." (PDF). Retrieved 3 Apr 2014.

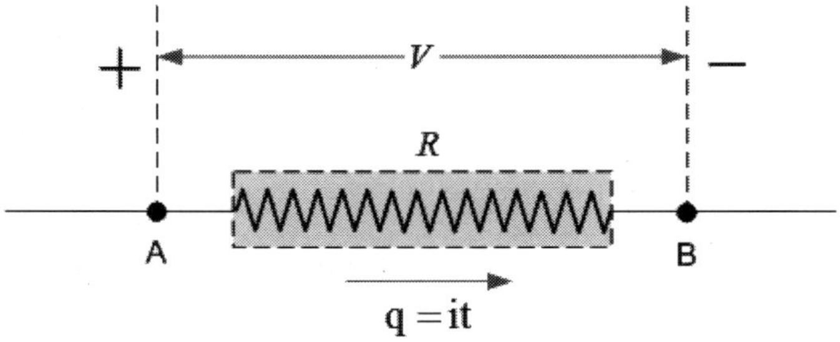

그림 3.9 전류가 흐를 때의 전기 에너지

전위가 높은 곳에서 낮은 곳으로 전하가 이동할 때는 전기장이 일을 하게 된다. 따라서 전하량 q 인 전하를 전위차 V 인 두 점 사이를 전기장이 수행하는 일(work)은

$$W = qV \quad \text{J} \tag{3.26}$$

이다. 전류 I가 시간 t 동안 흐를 때 이동한 전하량은 $q = It$이다.
따라서 전류가 하는 일(work) W는

$$work\ W = qV = VIt \quad \text{J} \tag{3.27}$$

이다. 여기서 W를 **전기 에너지**(electrical energy)라고 하며, 이 일(work)은 전류가 회로를 흐를 때 열로 전환되거나 모터를 회전시키는 등의 일(work)로 변환된다.

옴의 법칙을 식 (3.27)에 대입하면 저항 R 인 도선을 흐르는 전류가 하는 일(work) W는

$$W = I^2 R\,t = \frac{V^2}{R} t \quad \text{J} \tag{3.28}$$

가 된다. 만약, 전기 에너지가 모두 열에너지로 바뀐다면 발생하는 열량 Q는

$$\text{발열량} : Q = \frac{1}{J} VIt = \frac{1}{J} I^2 Rt = \frac{1}{J} \frac{V^2}{R} t \quad \text{cal} \tag{3.29}$$

이다. 여기서 J는 열의 일당량이며, $\frac{1}{J}$의 근사값은 0.24 cal/J 이다.

$$\frac{1}{J} \simeq 0.24 \text{ cal/J} \tag{3.30}$$

이 관계를 전류의 열에 관한 **줄의 법칙**이라고 하며, 이때 발생한 열을 **줄열**이라고 한다.

줄열을 이용한 전기 기구들은 우리 주위에서 많이 볼 수 있는데 전기다리미, 전기난로, 전기밥솥, 전기 안전기의 퓨즈 그리고 헤어드라이어(hair drier) 등은 모두 줄열을 이용하는 전기 기구이다.

예제 1

그림과 같은 회로에서 전류를 2초 동안 흘렸을 때, 4 Ω 의 저항에서 발생하는 열에너지는 몇 J인가?

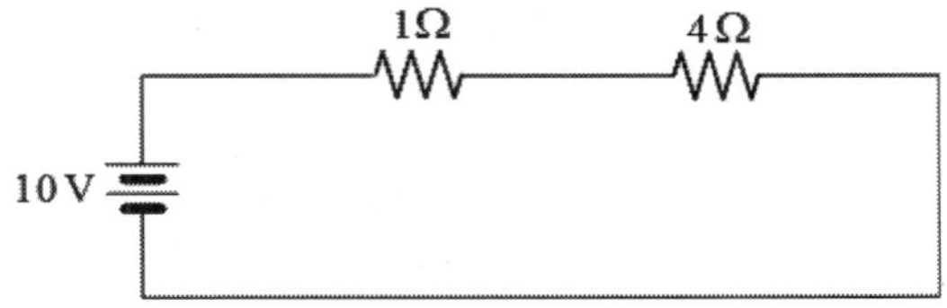

| 풀이 |

$W = IR^2 t$ 에서 $I = \frac{10}{1+4} = 2$ A이다.

$$W = IR^2 t = 2 \times 4^2 \times 2 = 32 \text{ J}$$

답 32 J

예제 2

저항 5 Ω 에 10A의 전류를 3분30초 동안 흘렸다.

(a) 이 저항에 소모된 전기 에너지는 몇 J인가?

(b) 저항에 소비되는 전력은 몇 W인가?

| 풀이 |

(a) $W = I^2 Rt = (10\text{A})^2 \times 5\ \Omega \times 210\ \text{s} = 1.05 \times 10^5\ \text{J}$

(b) $P = I^2 R = (10\text{A})^2 \times 5\Omega = 500\ \text{W}$

답 (a) 1.05×10^5 J; (b) 500 W

예제 3

저항 5 Ω인 니크롬선에 20 A의 전류를 5분 동안 흘렸다.

(a) 니크롬선 양끝 사이의 전위차는 얼마인가?

(b) 5분 동안 니크롬선에서 발생한 열량은 얼마인가?

| 풀이 |

(a) 전위차 V는 옴의 법칙에서

$$V = IR = 20\,\text{A} \times 5\,\Omega = 100\ \text{V}$$

(b)
$$Q = \frac{1}{J} I^2 Rt$$
$$= 0.24\ \text{cal/J} \times (20\ \text{A})^2 \times (5\ \Omega) \times (5 \times 60\ \text{sec}) = 144000\ \text{cal}$$
$$= 144\text{kcal}$$

답 (a) 100 V; (b) 144 kcal

예제 4

아래 그림과 같은 회로에 0.5 A의 전류가 흐르고 있다.

(a) 점 P를 10초 동안 통과한 전하량을 구하여라.

(b) 건전지가 10초 동안 공급한 전기 에너지를 구하여라.

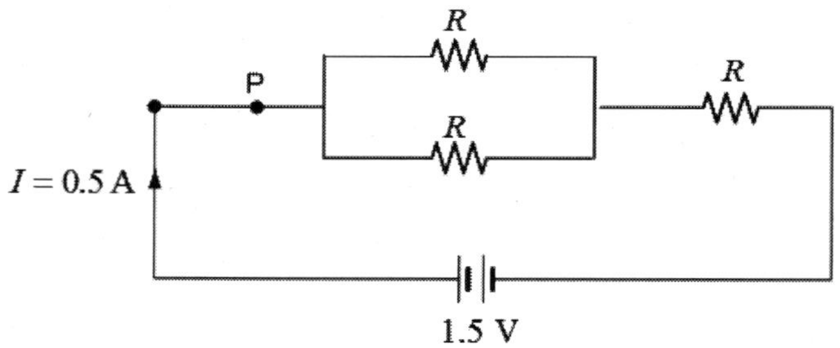

| 풀이 |

(a) $I = \dfrac{Q}{t}$에서 $Q = It = 0.5 \times 10 = 5\ \text{C}$

(b) $W = IVt = 0.5 \times 1.5 \times 10 = 7.5\,\text{Joule}$

답 (a) $I = 5\ \text{C}$; (b) $W = 7.5\ \text{Joule}$

2. 전력 및 전력량

전력(electric power) 및 **전력량**(electric energy)에 관하여 살펴보자. 전기 에너지를 전력량이라고도 부른다. 큰 공장에서는 직류 전압 전류에 의한 전기 에너지를 사용하지 않고 교류 전압 전류에 의한 전기 에너지를 사용한다. 거대한 기계를 작동시키기 위하여, 짧은 시간에 많은 에너지를 기계가 소비할 수 있어야 한다.

그러나 라디오에서는 같은 시간 동안 많은 에너지가 필요하지 않다. 전기 기구에는 단위 시간에 필요한 전기 에너지가 정해져 있다. 이 전류 I와 같이 1초 동안에 공급된 전기 에너지, 즉 전류가 1초 동안에 하는 일을 **전력**이라고 한다. $W = VIt$ 는 시간 t동안 하는 일을 나타내므로 1초 동안에 하는 **일률**(power)을 P라고 한다. 단위로는 와트(W)를 사용한다. V[V]의 전압이 걸린 두 지점 사이에 전류 I[A]가 $t(s)$동안 흘렀다면, 공급된 전기 에너지는 $W = VIt$이므로 전력 P는

$$\text{전력 } P \equiv \frac{\text{전기 에너지 } W}{\text{시간 } t} \quad [\text{J/sec}]$$

로 정의한다. 따라서

$$P \equiv \frac{W}{t} = \frac{VIt}{t} = VI = I^2 R \quad [\text{J/sec}] \tag{3.31}$$

가 된다. 이것을 전력이라고 하며, 이때 전력의 단위로는 일률(power)의 단위와 같은 **와트(W)**를 사용한다. 1 W는 1 V의 전위차에서 1 A의 전류가 흐를 때의 전력이다.

$$\text{전력의 단위 Watt} = \text{Ampere} \times \text{Volt} = \text{Joule/sec} \tag{3.32}$$

가정에서 사용하는 전기 기구들 중에는 전기 에너지를 많이 소비하는 것도 있고, 적게 소비하는 것도 있다. 각각의 전기 기구들은 최적 동작 조건의 정격(rating)이 표시되어 있다[18]. 기구에 표시된 전력을 보면 그 전기 기구가 전기 에너지를 얼마나 많이 사용하고 있는가를 알 수 있다.

---

18) 각각의 기기를 사용함에 있어서 가장 적당하다고 정해진 출력, 속도, 전압, 전류 등의 값을 말한다. 기기에 대해 지정된 여러 가지 조건을 말하는 것이며, 안전도를 예상한 기기의 사용 가능한 한도(능력)을 표시한다. 기기는 ㎾ 등의 정격 출력으로 표시한다. 정격 출력을 발생시키기 위하여 정격 전압(rated voltage), 정격전류, 정격주파수, 정격 회전수 등을 표시한다.

전기의 일률을 전력이라 한다. 전력이란 단위 시간 동안에 사용하는 전기 에너지를 말한다. 즉, 1초 동안에 1 Joule의 에너지를 사용하는 전기 기구의 전력을 1 [W]라 하고, 이것은 1 [V]의 전압이 걸려 1 [A]의 전류가 흐를 때 공급되는 전력을 말한다. 즉, 전력(P)은 전압(V)과 전류(I)의 곱으로 나타낼 수 있다. 전력의 단위로는 일률의 단위와 같은 **와트(W)**를 사용한다. 1 [W]는 1 [V]의 전위차에서 1 [A]의 전류가 흐를 때의 전력이다. 이것을 옴의 법칙을 이용하여 정리하면

$$P = \frac{VIt}{t} = VI = I^2 R = \frac{V^2}{R} \quad \text{[J/sec]} \tag{3.33}$$

이다. 전류가 하는 일(work)을 나타내기 위하여, 전기 에너지를 정의한다. 전기 에너지(electrical energy, 기호 W)를 전력량이라고도 하는데[19],

> 전력량 (W) = 전력 (P) × 전류가 흐른시간 (t)

으로 나타낸다. 변형하면

$$W = Pt = VIt = I^2 Rt = \frac{V^2}{R} t \quad \text{Watt} \tag{3.34}$$

가 된다. 전력량의 단위는 **와트시(Wh)**나 **킬로와트시(kWh)**를 사용한다.

> 1Wh는 1W의 전력으로 1시간 동안 사용한 전기 에너지의 양이다.
> 1kWh는 1kW의 전력으로 1시간 동안 사용한 전기 에너지의 양이다.

가정에 설치되어 있는 전력량계는 사용한 전력량을 측정하는데, 킬로와트시(kWh)로 나타낸다. 일의 단위와 같은 **줄(J)**을 사용하기도 한다. 1 kWh는 1 kW의 전력으로 한 시간 동안 전류가 하는 일을 말하며 3.6×10^6 J의 에너지와 같다.

줄(Joule)은 실험을 통해 1 cal의 열을 얻기 위해 약 4.2 J의 일이 필요하며, 열량(Q)과 일

19) "전기 에너지"와 "전력량"은 같은 말이다. 둘 모두 영어로 electrical energy(기호 W)라고 한다.

(work) W 사이에는 다음과 같은 관계가 성립함을 밝혔다.[20]

$$W = JQ \quad \text{Joule} \tag{3.35}$$

여기에서 비례 상수 J 을 줄의 상수 또는 열의 일당량이라고 하며, J 는 약 4.2 (J/cal) 이다. 즉,

$$J \simeq 4.2 \quad (J/\text{cal}) \tag{3.36}$$

이다.

인물탐구

그림 3.10 줄

줄(James Prescott Joule, 1818-1889)[21]

영국의 물리학자. 열의 본질을 연구하여 기계적 에너지와의 관계를 나타내는 에너지 보존 법칙을 이용하여 열역학 제 1법칙을 발견하였다. Lord Kelvin과 공동연구를 하여 절대 온도(the kevin)을 개발하였다. 저항을 흐르는 전류와 열과의 관계를 정의하는 "줄의 제 1법칙"을 발견하였다. 에너지의 SI 단위인 줄(the joule)은 그의 이름을 딴 것이다.

---

20) 1 Joule은 1N(뉴턴)의 힘으로 물체를 힘의 방향으로 1 m 만큼 움직이는 동안 하는 일 또는 그렇게 움직이는 데 필요한 에너지이다. 열과 일에 대해 업적을 남긴 영국의 물리학자 J. P. 줄의 이름을 땄다.

$1\,\text{Joule} = 1\,\text{N}\cdot\text{m} = [1\,\text{kg}\cdot\text{m}/\text{sec}^2]\cdot[\text{m}] = 1\,\text{kg}\cdot\text{m}^2/\text{sec}^2$ (MKS 단위)

$= (10^3\,\text{g})\cdot(10^2\text{cm})^2/\text{sec}^2$

$= [10^5\,\text{g}\cdot\text{cm}/\text{sec}^2]\cdot[10^2\,\text{cm}] = 10^5\,\text{dyne}\cdot 10^2\,\text{cm} = 10^7\,\text{erg}$ (CGS 단위)

출처 : http://en.wikipedia.org/wiki/James_Prescott_Joule

21) 그림출처 : http://en.wikipedia.org/wiki/James_Prescott_Joule

예제 1

100 V-100 W의 전구를 어떤 전원에 연결하였더니 0.9 A의 전류가 흘렀다. 이 전구에 연결된 전원의 전압은 몇 V인가?

| 풀이 |

100 V-100 W인 전구의 저항 R은 $P=\frac{V^2}{R}$에서

$$R=\frac{V^2}{P}=\frac{(100\ \mathrm{V})^2}{100\ \mathrm{W}}=100\ \Omega$$

이 전구에 0.9 A의 전류가 흘렀으므로 전구에 걸린 전압은

$$V=RI=100\ \Omega\times 0.9\ \mathrm{A}=90\ \mathrm{V}$$

이다.

답 90 V

예제 2

220 V용 전동기가 있다. 이 전동기가 매초 5 C의 전기량을 필요로 한다면 이 전동기의 일률은 몇 kW인가?

| 풀이 |

전동기에 흘러야 하는 전류 I는 $I=Q/t=5\ \mathrm{C}/1\ \mathrm{sec}=5\mathrm{A}$ 이므로 전동기가 하는 일률은 전동기의 전력과 같으며 $P=VI=220\ \mathrm{V}\times 5\ \mathrm{A}=1100\ \mathrm{W}=1.1\ \mathrm{kW}$ 이다.

답 1.1 kW

예제 3

정격 220 V-20 W인 전기 기구를 220V인 전원에 연결하여 30분 동안 사용했다. 소비한 전력량(electric energy)을 구하여라.

| 풀이 |

전력량 $=$ 전력 $\times$ 시간 [단위; Watt·hour]

$W=Pt$ [단위; Watt·hour]

$$20\ \mathrm{Watt}\times\frac{1}{2}\mathrm{hour}=10\ \mathrm{Watt\cdot hour}$$

답 10 Watt·hour

예제 4

정격 20 W의 형광등과 정격 50 W의 백열전구를 동시에 하루에 5시간씩 사용하여 30일 동안 사용하였다. 이론적인 전력량을 구하여라.

| 풀이 |

$$(20+50)\text{Watt}\times 5\,\frac{\text{hour}}{\text{day}}\times 30\text{ day} = 10{,}500\ \text{Watt·hour}$$

답 10,500 Watt·hour

예제 5

전기압력 밥솥에 정격 소비 전력을 1,150 Watt라고 한다. 1회 밥을 짓는데 20분이 소요된다.

(a) 1회 밥을 짓는데 전력량을 구하여라.

(b) 하루 세 번 밥을 지을 때 소비 전력량을 구하여라.

| 풀이 |

(a) $1{,}150\ \text{Watt}\times\frac{20}{60}\text{hour} = 50\ \text{Watt·hour}$

(b) $50\times 3 = 150\ \text{Watt·hour}$

답 (a) 50 Watt·hour ; (b) 50 Watt·hour

예제 6

어떤 전열기에 전원을 연결하였다. 이때 발생하는 열량에 대한 설명 중 올바른 것은?

(a) 전열기의 저항이 작을수록 발열량은 크다.

(b) 전열기의 저항이 클수록 발열량은 크다.

(c) 전열기의 열선을 절단하여 반만 연결하면 발열량은 반이다.

(d) 발열량은 전원의 기전력에 비례한다.

| 풀이 |

$P=\frac{V^2}{R}$ 에서 V의 변화가 없을 때 $P\propto\frac{1}{R}$ 이다.

$$\text{발열량}:\ Q=\frac{1}{J}VIt=\frac{1}{J}I^2Rt=\frac{1}{J}\frac{V^2}{R}t$$

답 (a)

-예제 7

220 V용 전기다리미에 매분 300 C의 전기량이 흐를 때 이 다리미의 소비 전력은?

| 풀이 |

$$I=\frac{300}{60}=5\text{ A},\ \ P=VI=220\times5=1100\text{ W}$$

답 1100 W

-예제 8

저항 50 Ω인 도체에 4 A의 전류가 10분 동안 흘렀을 때 발생한 에너지는 몇 J인가? 이것은 몇 kcal인가? 또 몇 Wh인가?

| 풀이 |

발생한 에너지 W는

$$\begin{aligned} W &= I^2Rt \\ &= (4\text{ A})^2\times(50\,\Omega)\times(10\times60\text{ sec}) = 4.8\times10^5\text{ J} \end{aligned}$$

이고 열량으로 바꾸면

$$Q=0.24\text{ cal/J}\times4.8\times10^5\text{ J} = 1.15\times10^2\text{ kcal}$$

이다. 또 1 Wh = 3600 J이므로

$$4.8\times10^5\text{ J}\times1/3600\text{ Wh/J}=133.3\text{ Wh}$$

가 된다.

답 4.8×10^5 J, 1.15×10^2 kcal, 133.3 Wh

보충학습 송전선로의 저항에 미치는 요인들

그림 3.11은 지상 공중의 고전압 케이블을 지지하기 위하여 지면에 설치한 철재 구조물의 송전탑(送電塔, transmission tower)을 보여 준다. 송전탑은 다양한 형태를 갖는다[22].

그림 3.11 송전탑

발전소에서 생산한 전기를 소비자들에게 송전할 때, 고려해야 할 사항 중의 하나로서 송전 과정에서 발생하는 전력의 손실을 가능한 한 작게 하는 것이다. 전력 손실을 줄이기 위한 방법으로서 다음과 같은 방법들이 있다[23].

1. 높은 전압으로 승압하여 전류를 작게 한 후 송전하면, 송전선의 정해진 저항에 대하여 전력 손실을 크게 줄일 수 있다. 송전선을 변경하지 않고 설치되어 있는 그대로 사용한다. 즉, 발전 전력 $P = VI$ 에서 발전소 측에서 전압을 2배로 높이면, 전류는 1/2 배가 되고, 그에 따른 손실 전력은

$$P = VI = I^2 R$$

에 의하여 $(1/2)^2 = 1/4$ 배로 줄일 수 있다.

2. 송전선들의 전체 저항을 줄이기 위해서, 그리고 송전 시 전선에서 발생하는 열에 의한 전 손실을 줄이기 위해서 다음과 같은 방법이 있다.

22) 사진 출처 : http://powermylifetx.com/creative-artful-transmission-towers/

23) p.139, 고등학교 물리 1 교학사 (2002), 권재술 외 5인

(1) 송전선의 길이를 줄인다.

시설비용과 송전선의 길이를 줄이기 위하여 거주자들이 사는 곳 가까이에 발전소를 건설한다면, 환경오염이나 전기 감전, 화재 등의 위험 위험성이 증가한다.

반면에, 발전소가 도시로부터 멀리 위치한다면 송전선의 길이가 길어지고, 시설들이 많이 설치되어 비용이 증가한다. 그러므로 송전선의 길이는 조절하기가 어렵다.

(2) 보다 좋은 도체를 사용하여 전선의 고유 저항, 즉 비저항을 줄인다.

전통적으로 금이나 은, 구리는 아주 좋은 도체이다. 그러나 이러한 금속은 가격이 비싸므로 사용하기 어렵다. 일반적으로 송전선의 재료로 비교적 높은 저항을 가지고 있긴 하지만 훨씬 싸고 가벼운 알루미늄을 사용하는데, 알루미늄의 전도체의 강도를 증가시키기 위하여 알루미늄은 아연 도금된 강철심 주위에 감겨 있다.

(3) 송전선에 이용되는 전도체의 단면적을 증가시킨다.

반지름을 2배로 하면 4배의 단면적을 갖게 되어 저항은 $\frac{1}{4}$이 된다. 그러나 이것은 무게를 4배로 증가시키는 단점이 있다. 그러므로 과도한 중량으로 인한 한계가 제기되어 전봇대가 더 튼튼해져야 하므로 비경제적이다.

■ 우리나라는 언제부터 220 V 사용하고 있는가?

전력을 공급하기 위한 능력을 증대시키고 전력손실을 감소시키기 위하여 가정용 전력의 전압을 110 V에서 220 V로 높이기 위하여, 한국전력공사(韓國電力公社, KEPCO)는 총공사비 1조 4천억원으로 1973년에 준비를 시작하여 32년만에 마치고, 2005년 220 V 승압 사업을 하였다[24]. 결과, 전기손실이 4.5% 감소하였고, 연간 1,700억원의 비용절감 효과를 얻게 되었다.

---

24) 한국전력(http://www.kepco.co.kr)은 대한민국 산업통상자원부 산하 시장형 공기업이다. 송전, 변전, 배전 및 전기의 판매를 담당하고 있다. 전기의 생산은 2001년 6개로 분리된 한국수력원자력(주), 한국동서발전(주), 한국남동발전(주), 한국서부발전(주), 한국중부발전(주) 등 발전 자회사가 담당하고 있다.

3장 연습문제

01 전해질인 소금물에 두 도체판을 넣고 전압을 걸어 주었더니 3초 동안에 양극에서 음극으로 6 C의 양전하가 움직이고 동시에 −6 C의 음전하가 반대 방향으로 움직였다. 이때 두 전극 사이에 흐른 평균 전류값은 몇 암페어인가?

답 $I = 4\ \mathrm{A}$

02 1 C의 전기량은 몇 개의 기본전하가 모여서 되는가?

답 $n = 6.25 \times 10^{18}$ 개

03 그림은 종류가 같은 두 도체 A, B에 흐르는 전류와 전압과의 관계를 나타낸 것이다. 어느 도체의 저항이 더 큰가?

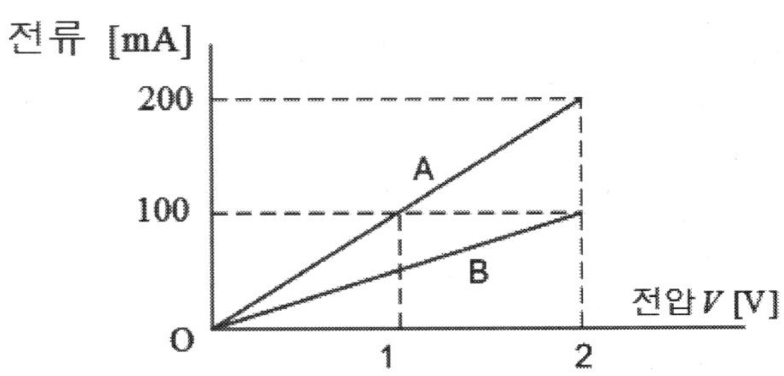

답 도체 B의 저항이 A의 저항보다 크다.

04 그림에서 저항이 10 Ω 이고 전류가 2 A 일 때 점 a 의 전위가 10 V 이면 점 b의 전위는 몇 V 인가?

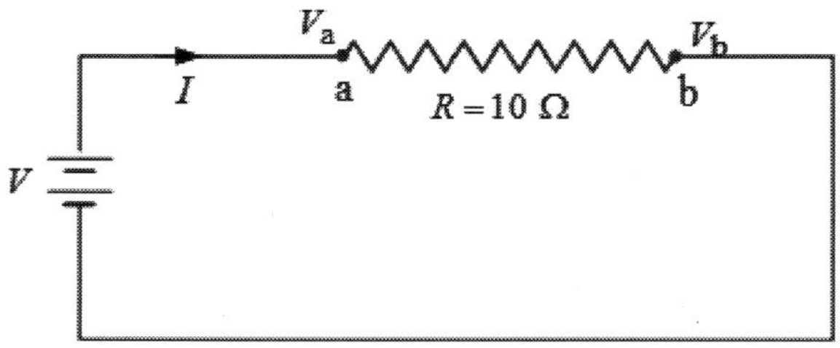

답 $V_b = -10\ \text{V}$

05 병렬 회로에서 저항 R_1, R_2 가 다음 값을 가질 때, 합성저항 R_{AB} 를 구하여라.

(a) $R_1 = 0\,\Omega$, $R_2 = 100\,\Omega$; (b) $R_1 = 1\,\Omega$, $R_2 = 1{,}000{,}000\,\Omega$

(c) $R_1 = 100\,\Omega$, $R_2 = \infty\,\Omega$.

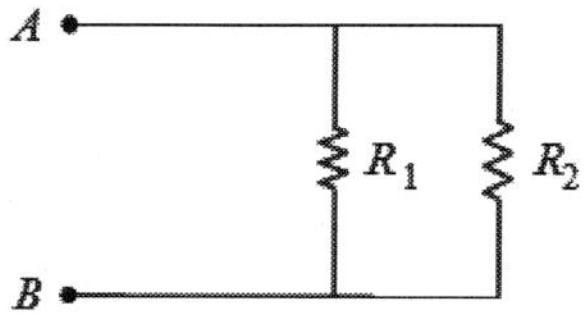

답 (a) $R_{AB} = 0\,\Omega$; (b) $R_{AB} \simeq 1\,\Omega$; (c) $R_{AB} = 100\,\Omega$

06 아래 그림과 같이 회로가 있다.

(a) 전류 I_2의 크기는 몇 암페어(A)인가?

(b) 전류 I 의 크기는 몇 암페어(A)인가?

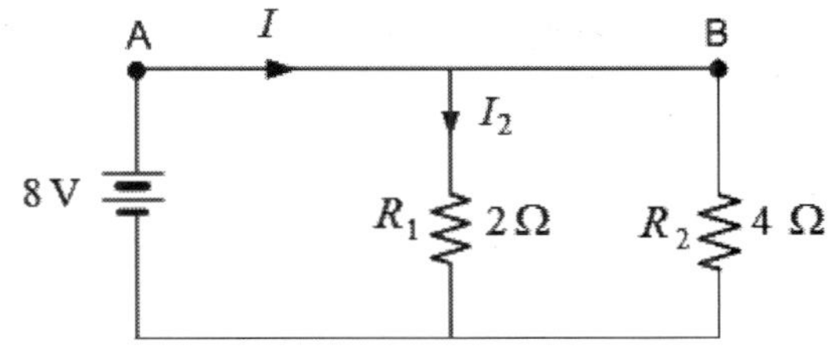

답 (a) 4 A; 6 A

07 아래 그림에서 전류계 A_1, A_2의 눈금 I_1과 I_2는 각각 몇 A인가?

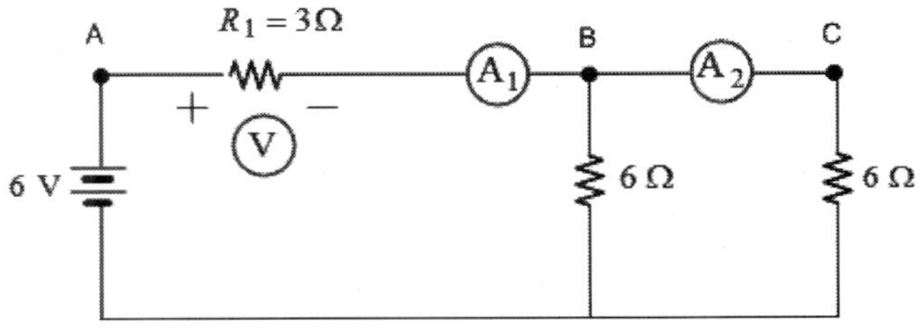

답 1 A; 0.5 A

08 그림의 회로에서 A점과 B점의 전위는? A점이 B점보다 얼마 더 높은가?

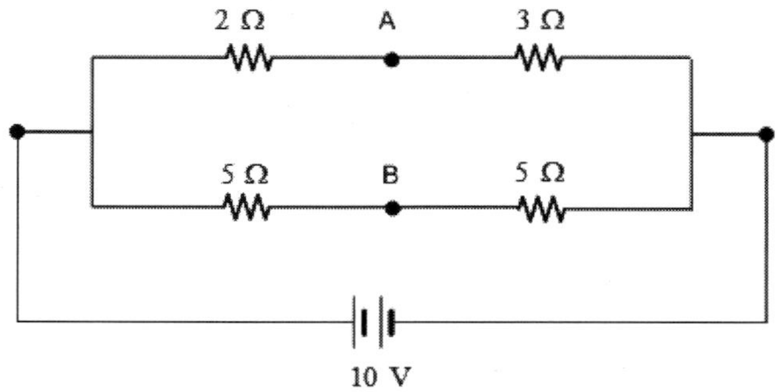

답 A점이 B점보다 1 V 높다.

09 아래 그림과 같은 회로의 AB간의 합성 저항을 구하여라.

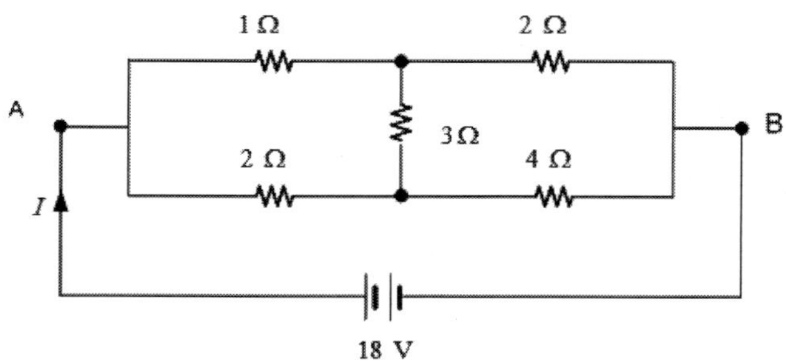

답 2 Ω

10 저항 $R_1 = 10\ \Omega$과 $R_2 = 20\ \Omega$이 주어져 있다.

(a) 직렬로 연결하였을 때의 합성 저항은 몇 Ω인가?

(b) 직렬로 연결한 합성 저항을 60 V의 전원에 연결하면 각 저항에 흐르는 전류는?

(c) 병렬로 연결하였을 때의 합성 저항은 몇 Ω인가?

(d) 병렬로 연결한 합성 저항을 60 V의 전원에 연결하면 각 저항에 흐르는 전류는?

답 (a) $R_{AB} = 30\ \Omega$; (b) $I_1 = I_2 = 3\ \mathrm{A}$; (c) $R_{AB} = 6.67\ \Omega$; (d) $I_1 = 6\ \mathrm{A}$, $I_3 = 3\ \mathrm{A}$

11 정격 220 V-500 W인 전열기를 220V인 전원에 연결하여 사용하였다.

(a) 흐르는 전류를 구하여라.

(b) 전열기의 저항을 구하여라.

답 (a) $I = \frac{500}{220} = 2.273\ \mathrm{A}$; (b) $R = 96.788\ \Omega$

12 그림과 같이 내부저항 r이 1 Ω이고 기전력이 10 V인 전원에 9 Ω인 저항이 3개 연결되어 있다.

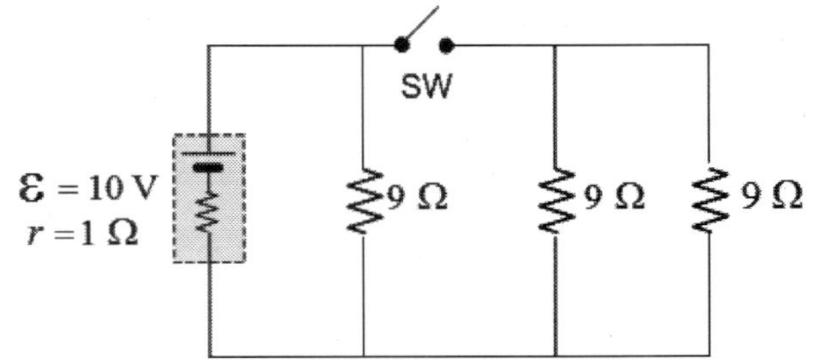

(a) 스위치 SW가 열려있을 때, 내부저항 r에서 소모되는 전력은 몇 W인가?

(b) 스위치 SW를 닫았을 때, 내부저항 r에 의해서 소모되는 전력은 (a)의 경우의 몇 배인가?

답 (a) $P = 1\ \mathrm{W}$; (b) $P = 626\ \mathrm{W}$

13 높이 10 m의 폭포에서 매초 1 ton(10^3 kg)의 물이 낙하한다. 이 물로 발전하면 몇 kW의 전력이 발생할까? (단, 지구 중심방향의 중력 가속도는 $10\,\text{m/s}^2$이고 발전기의 효율은 10%이다.)

답 10 kW

14 그림과 같이 저항 R_1, R_2를 직렬로 연결하고 50 V의 기전력을 갖는 전지를 연결하였을 때, 회로에 2 A의 전류가 흘렀다. 이때 R_1의 저항에서 소비되는 전력을 60 W라 하자.

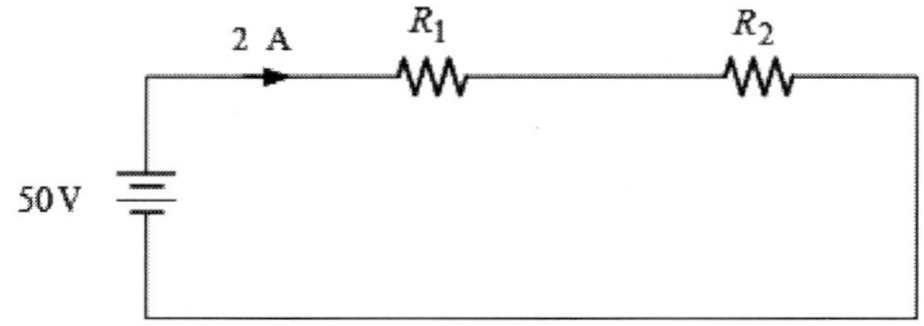

(a) 저항 R_1, R_2의 값을 구하여라.

(b) R_2에서 소비되는 전력을 구하여라.

답 (a) $R_2 = 10\ \Omega$; $R_1 = 15\ \Omega$; (b) $R_2 = 40\,\text{W}$

15 가정용 100 V용 100 W, 50 W, 40 W의 전구 3개를 직렬로 연결하여 사용하면 어느 전구의 발열량이 가장 클까?

답 40 W의 전구

16 낙차가 10 m인 수력 발전소에서 매초 1 m^3의 물을 낙하시킬 때 발전되는 출력은 몇 kW 인가?(단, 이 발전기의 효율은 25 %이고 단, 지구 중심방향의 중력 가속도는 10 m/s^2 이다).

답 25 kW

17 가정에서 사용하는 전기다리미가 보통 100 V -500 W이다.

(a) 이 전기다리미의 전기저항은 몇 Ω 인가?

(b) 100 V 전원에 연결하였을 때 이 다리미에 흐르는 전류의 세기는 몇 A 인가?

(c) 100 V 전원에 연결하였을 때의 소비 전력은 몇 W 인가?

답 (a) 20 Ω; (b) 5 A; (c) 500 W

18 가정에서 사용하는 백열전구는 보통 220 V – 60 W이다. 그림과 220 V, 60 W라고 표시되어 있는 가정용 백열전구(incandescent lamp)가 있다. 이 전구를 220V 전원에 연결하여 사용하고 있다.

(a) 전구가 소비하는 전력을 구하여라.

(b) 백열전구의 전기저항은 몇 Ω 인가?

(c) 전구에 흐르는 전류의 세기는 몇 A 인가?

(d) 전원 220 V 에 연결하였을 때의 소비 전력이 60 W임을 보여라.

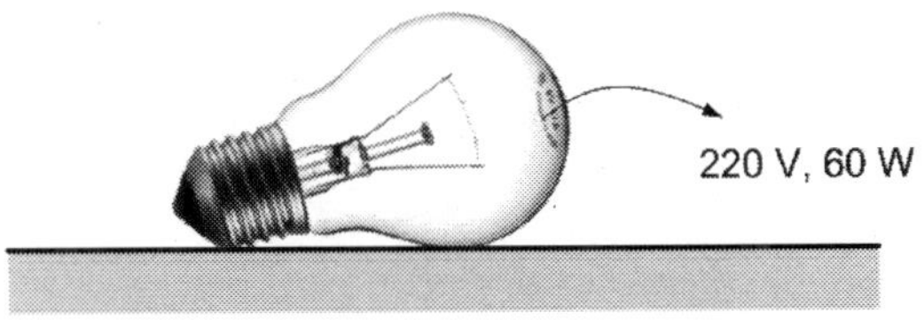

답 (a) $P = 60\,\text{W}$, (b) $R = 806.667\,\Omega$; (c) $I = 0.273\,\text{A}$; (d) $P' = 60\,\text{W}$

19 220 V−100 W의 다리미를 110 V의 전원에 연결하여 사용하였다.

(a) 이 다리미의 저항은?

(b) 이 다리미에 흐르는 전류는?

(c) 이 다리미의 소비 전력은?

(d) 이 다리미를 30분 동안 사용하였을 전력량은?

(e) 이 다리미를 매일 30분씩 30일 동안 사용하였을 때 총 소비 전력량은?

답 (a) $R = 484\ \Omega$; (b) $I = 0.227$ A; (c) $P = 25$ W;
(d) $W = 0.0125$ kWh; (e) $W' = 0.375$ kWh

Chapter

4

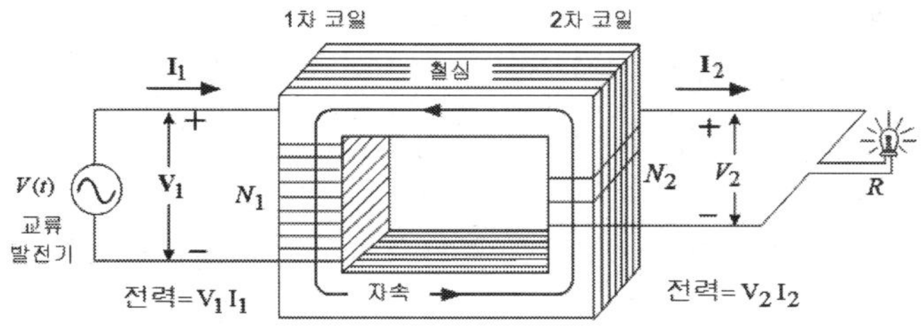

회로해석

전원의 양단에 도선을 하나씩 연결하고 도선의 양 끝에 부하(예: 전구)를 연결하여 닫힌 경로를 만들면 전류가 흐른다. 전류(또는 전기)가 흐르는 길을 **전기 회로**(electric circuit)라고 한다[25]. 전원이 직류 전원인 회로를 **직류 회로**, 전원이 교류 전원인 회로를 **교류 회로**라고 한다. 직류 회로와 교류 회로는 회로를 동작시키는 전원(또는 기전력) 따라 구분한다. 직류 회로는 직류기전력, 교류 회로는 교류 기전력으로 동작한다. 직류 전원(예: 건전지)은 양쪽의 전위차가 항상 일정하게 유지되면서 회로에 전류를 흐르게 하는 전원 장치, 교류 전원(예: 가정용 전기)이란 양쪽의 전위차가 부호를 바꾸면서 회로에 전류를 흐르게 하는 전원이다. dc 전원, 전원과 부하를 잇는 도선, 부하와 전원을 잇는 도선으로 구성되어 있다. dc 회로는 직렬, 병렬, 직병렬 형태로 회로구성이 된다. dc 회로를 우선 이해하고 그보다 더 복잡한 회로를 해석할 수 있다. 이 절에서 dc 전원, 전원과 부하를 잇는 도선, 부하와 전원을 잇는 도선으로 구성되어 있는 직류회로에 관해 학습하기로 한다. dc 회로를 우선 이해해야만 그보다 더 복잡한 회로를 해석할 수 있다. 직류 회로를 구성하는 요소들은 어떤 것이 있는지, 그리고 그들의 역할은 무엇인지 알아보기로 하자.

다음 물음에 답을 생각해 보아라.

1. 전기 회로를 구성하는 소자들에는 어떤 것이 있는가?
2. 직렬 회로란 무엇인가?
3. 병렬 회로란 무엇인가?

25) 길을 도로, 철길을 철로, 물이 흐르는 길을 수로라고 하는 것과 같이, 전기가 흐르는 길을 전기 회로라고 한다.

4.1 전기 회로와 기전력

전기관련 네트워크(electrical network)는 둘 이상의 전기 소자들(전압원, 전류원, 저항, 인덕터, 커패시터, 스위치 등)이 연결되어 있는 집합체이다. **전기관련** 네트워크(electrical networks) 중에서 전류가 되돌아 올 수 있는 닫힌 경로(closed path)를 하나 이상 포함하고 있는 것을 **전기관련** 회로(electrical circuit)라고 한다.

예를 들어, 전구를 전지의 양 끝, 전지의 (+)극과 (−)극 도선으로 연결하며 전류가 흘러 전구에 불이 켜진다. 이와 같이, 전류가 흐르는 경로(path, 길)를 전기 회로라고 한다.

즉, 입력단 기전력(electromotive force, EMF)에 의하여 전류가 계속해서 흐를 수 있는 **닫힌 경로**(closed path)를 **전기 회로**(electric circuit)라고 하고,[26] 도선의 일부가 끊어 져서 닫혀지지 못한 경로를 **열린 경로**(open path)라고 한다. 열린 경로는 회로가 아니다.[27]

소오스(전압원 또는 전류원), 선형집중소자(저항, 커패시터, 인덕터) 및 선형 분포소자(정송선로)로만 구성되어 있는 네트워크는 선형 전기 네트워크라고 한다.

따라서, 이것들은 비교적 쉽게 해석할 수 있으며, dc 응답, ac 응답 및 과도 응답을 구하기 위하여 **라플라스 변환**(Laplace transforms)과 같은 주파수 영역 해석방법을 사용할 수 있다. 전기 회로의 두 점 사이에 전위차가 생기면 전류가 흐른다. 회로에 전류를 계속적으로 흐르게 하려면 두 점 사이의 전위차를 계속 유지시켜야 한다. 전지나 발전기 등은 전위차를 계속 유지할 수 있는 장치이다. 이와 같이 전위차를 유지할 수 있는 능력을 **기전력**이라고 하며, 단위는 전위차와 같이 **볼트(V)**를 쓴다.

우리가 흔히 사용하고 있는 건전지 또는 축전지 중에서 1.5 V, 3 V, 6 V, 9 V 및 12 V 등의 표시는 기전력의 크기를 나타낸 물리량이며, 전위가 높은 쪽의 극을 (+)극, 전위가 낮은 쪽의 극을 (−)극으로 구별하여 사용하고 있다. 전지는 화학 에너지를 전기 에너지로 바꾸어 에너지를 공급해 주는 장치인데, 건전지에 저장된 에너지가 모두 사용되면, 건전지를 더 이상 쓸 수 없다.

축전지는 저장된 에너지를 모두 사용한 후에도 다시 전기 에너지를 화학 에너지로 저장하였다가 또 사용할 수 있다. 전지의 내부에서 화학 에너지가 전기 에너지로 바뀌는 것을 **방전**(discharge)이라고 하고, 전기 에너지가 화학 에너지로 바뀌는 과정을 **충전**(charge)이라고 한다.

---

26) 대부분 경우 혼용하여 사용하지만, 다음처럼 구별하기도 한다.
electric circuits: **좁은 개념에서 "전기회로 자체"를 주로 의미한다.**
electrical circuits: **"전기회로 자체" 뿐만이 아니라 전기회로를 응용하는 시스템들을 의미한다.**
"electrical"은 **보다 넓은 개념으로서, "전기와 관련된"을 뜻한다.**

27) 회로(circuit) 라는 용어 자체가 "닫혀 있음(closed)", "닫힌 경로(closed path)"를 정의하므로 "열린회로(open circuit)"란 표현은 자체 모순을 지닌다. 그러나, 편의상 폐경로가 있는 소자들의 집합을 "닫힌 회로", 폐경로가 없는 소자들의 집합을 "열린 회로"라고 한다.

전지에 도선과 부하를 연결하여 정상적인 회로를 구성하면 전류가 (+)전극에서 (−)전극으로 흐르게 된다.

간단한 직류회로는 하나의 전원과 하나의 저항이 도선으로 연결된 회로이다.

그림 4.1에서와 같이, 전기 공학에서, 스위치는 절점(node)과의 접촉에 의하여 열었다 닫았다 하는 동작을 하여 전류의 흐름을 차단하는 역할을 한다. 전기 회로에서 **절점(node)**이란 둘 또는 그 이상의 소자(element, 부품)들이 연결되어 있는 지점을 말한다. 스위치는 전류의 흐름을 차단하거나, 흐름의 경로를 바꿈으로써 전기 회로를 변형시키는 전기소자이다.[28][29]

부하(load)는 전기 회로에서 전구, 선풍기, 전열기 등과 같이, 전기가 전기 에너지를 공급해 주어야 할 점이 되는 곳으로서 전기 에너지가 열에너지나 빛에너지, 그리고 역학적 에너지 등의 다른 형태의 에너지로 전환되는 곳이다. 전기부하는 전력(electric power)을 소비하는 전기소자 또는 회로의 일부이다. 전기부하는 전력을 생산하는 전력의 원천(베터리, 발전기 등)과 대비된다[30][31].

간단한 회로를 해석하기 위해서는 옴의 법칙만을 이용해도 된다. 복잡한 회로를 해석하기 위해서는 옴의 법칙을 확장하여, 컬롬의 법칙을 사용하면 간단히 해석할 수 있다.

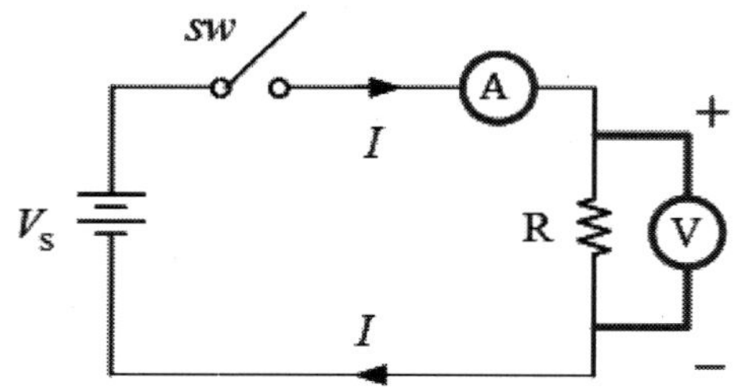

(a) 열린 회로

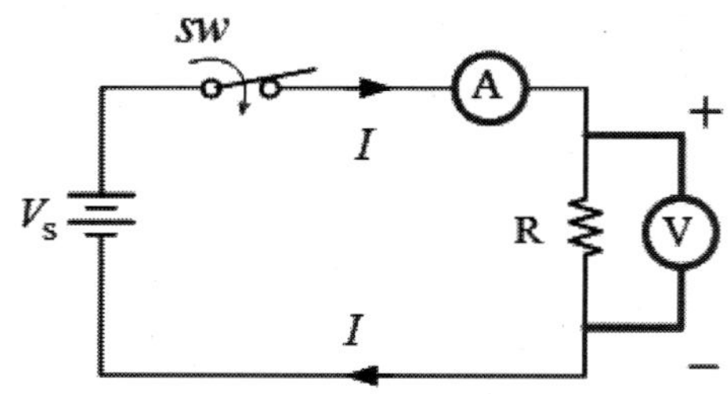

(b) 닫힌 회로

그림 4.1 열린회로와 닫힌회로

그림 4.2는 스위치(sw)가 닫히고 난 후, 오랜 시간이 지난 후에 동작하고 있는 회로를 나타낸다. 이러한 상태를 정상상태(steady state)라고 한다.

28) The Free Dictionary. Farlex. 2008. Retrieved 2008-12-27.

29) The American Heritage Dictionary, College Edition. Houghton Mifflin. 1979. p.1301.

30) Karady, George G.; Holbert, Keith E. (2013). Electrical Energy Conversion and Transport: An Interactive Computer-Based Approach, 2nd Ed. John Wiley and Sons. pp. 3-18 (Section 3.4). ISBN 1118498038.

31) Glisson, Tildon H. (2011). Introduction to Circuit Analysis and Design. USA: Springer. pp.114-116. ISBN 9048194423.

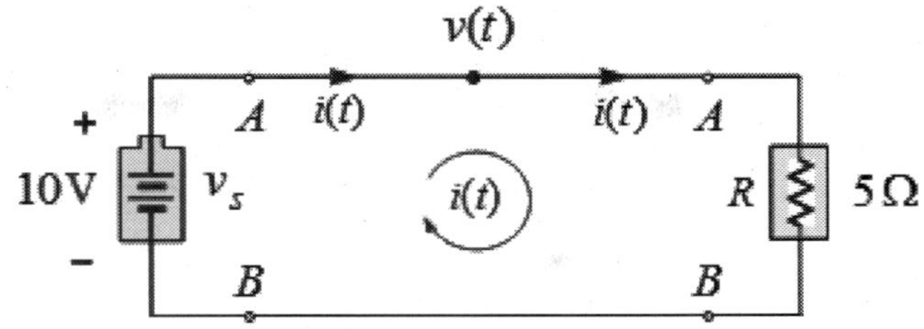

그림 4.2 정상상태에서 동작하는 회로

이 회로의 특징을 고려하자.

1. 닫힌 경로(cloded path, loop)는 하나이다.[32]
2. 전류는 반시계 방향(clockwise, CW)으로 흐르고 있다.
3. 도선 자체에 표시한 전류를 가지 전류(branch current), 회로 중앙에 휜 화살표로 표시한 전류를 루프 전류(loop current), 또는 메쉬 전류(mesh current)라고 한다.[33]
4. 두 개의 소자(element, 부품) 즉, 전압원과 저항이 회로를 구성한다.
5. 노드(node, 두 소자의 연결지점)가 2개이다.
6. 전압원은 전기에너지를 공급하고(능동소자), 저항은 소비한다(수동소자).
7. 두 소자를 연결하는 도선은 에너지를 소비하지 않는다.

32) 내부에 경로를 갖지 루프, 즉 최소의 루프를 메쉬(mesh) 라고한다. 이 회로는 루프 하나, 메쉬 하나를 갖는다.
33) 회로가 둘 이상의 루프로 구성된 경우, 가지전류와 메쉬전류가 서로 다른 경우가 있지만, 회로가 하나의 루프로 구성된 경우, 가지전류와 메쉬전류가 서로 같다.

4.2 전지의 기전력과 내부저항

(+)전기와 (−)전기로 각각 대전된 두 금속 도체를 도선으로 연결하면 하나의 메쉬(mesh)가 형성되어 전위가 높은 (+)전기 쪽에서 전위가 낮은 (−)전기 쪽으로 전류가 흐르기 시작하며, 두 금속구 사이의 전위차가 점차 줄어들다가 전위차가 0이 되면, 전류는 더 이상 흐르지 않게 된다. **전지**는 화학 작용이나 빛의 작용 등으로 (+)전하와 (−)전하를 분리함으로써 (+)극과 (−)극 사이에 일정한 전위차를 유지시켜 주는 능력이 있다. 이러한 능력을 **기전력**(electromotive force, EMF)이라고 한다. 기전력을 공급하는 장치를 **전원**이라고 한다. 전지, 도선, 부하로 구성된 회로에서 전류가 흐르고 있을 때, 전지의 (+)극과 (−)극 사이에 나타나는 전위차 V를 전지의 **단자 전압**이라고 한다. 단자전압이란 전기소자(배터리 또는 발전기)의 양단에 나타나는 전압이다. 전지의 두 극에 저항을 연결한 전기 회로에서 전류가 흐를 때 단자 전압은 어떻게 되는지 다음 측정으로 알아보자.

전지의 기전력 측정

목 표 전지의 단자 전압이 기전력보다 낮아지는 까닭을 안다.

준비물 직류 전류계, 직류 전압계, 가변 저항기, 스위치, 전지

방 법 ① 그림 4.3 과 같이, 회로도에 따라 기구를 연결시킨다.

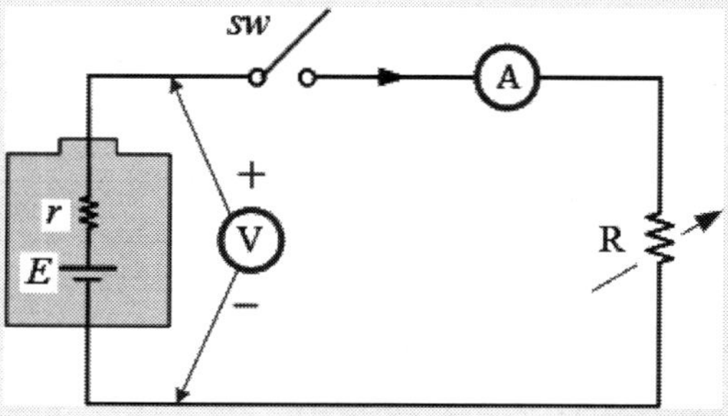

그림 4.3 전지의 기전력 측정

② 가변 저항기의 저항을 변화시키면서 각 경우의 전압과 전류를 측정하고 기록한다.

③ 가로축을 전류, 세로축을 전압으로 하여 전압과 전류 사이의 관계를 그래프에 옮긴다.

④ 저항이 무한대가 되면 전류가 흐르지 못하므로 실험에서 얻은 그래프에서 외삽법으로 전류가 0이 될 때의 전압을 찾아낸다.

측 정 ① 이 그래프에서 기전력과 전지의 내부저항값을 알아보자.

② 전류가 증가할 때 단자 전압이 감소하는 까닭은 무엇인가?

앞의 실험에서 사용한 회로에서 **가변 저항** R은 회로의 일부이다. 가변 저항 R의 값을 여러 가지로 변화시켜 보자. 큰 값에서 점점 작은 값으로 줄이면서 전류와 전압의 변화를 조사하면 그림 4.4과 같이 전류의 세기가 증가하면 단자 전압이 점점 낮아지는 것을 알 수 있다.

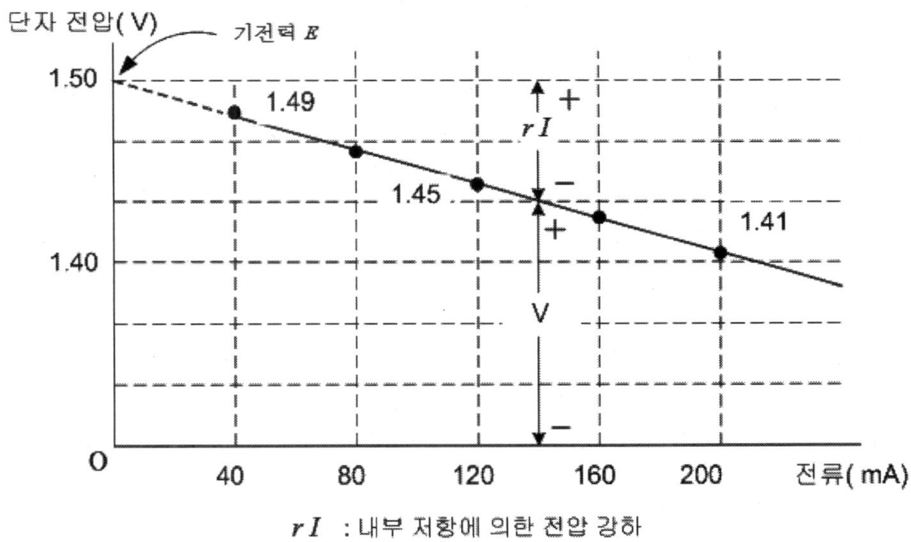

rI : 내부 저항에 의한 전압 강하
V : 전류가 흐를 때의 단자 전압

그림 4.4 전지의 단자 전압과 단자 전류

예로서, 기전력이 E, 내부저항이 r인 전지와 외부 저항 R으로 구성되어 있는 전기 회로를 고려해 보자. 회로에 전류가 흐를 때 전지 양단간에 나타나는 전압은 기전력 E보다 작은 값으로 나타난다. 그 이유는 무엇인가? 외부 저항 R 이외에 전지 내부 r에 저항이 있어서 그 저항에 의한 전압 강하가 생겼기 때문이다. 이와 같이 전지 자체의 저항을 전지의 **내부저항**이라고 한다. 기전력이 E이고 내부저항이 r인 전지에 단자 전압 V는

$$V = E - Ir \tag{4.1}$$

가 된다.

$$V = E - Ir = -rI + E \quad \Leftrightarrow \quad y = ax + b \tag{4.2}$$

이므로, 이 식은 $y = ax + b$ 의 꼴을 갖는 일차함수이다. 기전력 E[34] 는 회로의 스위치를 열어서 전류가 흐르지 않을 때, 즉 $I = 0$일 때의 전지의 단자 전압에 해당한다. 전지의 내부저항 r이라고 할 때, $-r$은 단자 전압과 전류 사이의 관계 그래프에서 직선의 기울기 $-r$과 같다.

전지의 단자 전압 V는 외부 저항 R 양단에 걸리는 전압 IR와 같으므로

$$V = IR = E - Ir \tag{4.3}$$

이다. 회로에 흐르는 전류 I는

$$IR + Ir = E$$
$$I = \frac{E}{R + r} \tag{4.4}$$

가 된다. 이 회로에서 외부 저항 R이 작아질수록 내부저항에 의한 전압의 감소는 커지게 되어 무시할 수 없다. 따라서 전지를 오래 사용하면 전지의 기전력이 감소하는 것이 아니라 전지의 내부저항이 증가하여 단자 전압이 낮아지기 때문에 못 쓰게 되는 것이다.

---

34) 기전력을 기호로 표시할 때 영문자 E로 표기하기도 하고, 그리스 문자 ε(엡실론)으로 표기하기도 한다. 우리는 이 책에서 두 기호를 혼용하기로 한다.

예제 1

건전지(예: A, AA, AAA)에 표시된 1.5 V, 3 V 등의 수치는 무슨 의미인가?

| 풀이 |

회로의 도체에 전류가 계속 흐르게 하기 위해서는 도체 양 끝에 전위차를 유지시켜 주어야 하는데, 이와 같이 도체 양 끝에 일정한 전위차를 계속 유지시킬 수 있는 능력을 기전력이라고 한다. 수치는 기전력을 나타낸다.

수치 1.5 V, 3 V는 1.5 Joule/coulomb , 3 Joule/coulomb 의 의미이다. 한 개의 양(positive)전하당 1.5 Joule , 3 Joule 의 전기적 위치에너지를 인가한다[준다]는 의미이다.

예제 2

내부저항이 $0.5\,\Omega$ 이고 기전력이 12V 인 전지에 $5.5\,\Omega$ 의 외부 저항을 연결하였을 때

(a) 회로를 흐르는 전류를 구하여라.

(b) 이 전지의 단자 전압은 얼마인가?

| 풀이 |

외부 저항에 걸리는 전압이 단자 전압이다.

(a) 식 $I=\dfrac{\varepsilon}{R+r}$ 에 대입하면,

$$I=\frac{1\times 12}{5.5+1\times 0.5}=2\ \mathrm{A}$$

(b) 전지의 단자전압은 $5.5\,\Omega$의 저항에 걸리는 전압과 같다.

$$V=Ir=2\times 5.5=11\ [\mathrm{V}]$$

답 (a)2 A; (b)11 V

예제 3

기전력이 6 V인 전지에 10Ω의 저항을 연결하였을 때, 0.5 A의 전류가 흘렀다.

(a) 이 전지의 내부저항을 구하라.

(b) 이 전지의 단자 전압은 얼마인가?

| 풀이 |

(a) 식 $I=\dfrac{\varepsilon}{R+r}$의 양변에 수치를 대입하면,

$$0.5\ \mathrm{A}=\frac{6\ \mathrm{V}}{(10+\mathrm{r})\ \Omega},\ 5+0.5r=6,\ 0.5r=1,\ r=2\ \Omega.$$

(b) 전지의 단자전압은 10 Ω의 저항에 걸리는 전압과 같다.

$$V=Ir=0.5\times 10=5\ [\mathrm{V}]$$

답 (a) 2 Ω; (b) 5 V

예제 4

전지에 5 Ω의 저항을 연결하면 0.5 A의 전류가 흐르고 11 Ω의 저항을 연결하면 0.25 A의 전류가 흐른다. 이 전지의 기전력 E와 내부저항 r 을 구하여라.

| 풀이 |

기전력 E, 내부저항 r은 다음을 만족한다.

$$E=0.5\times(5+r)\quad \cdots\ ①$$
$$E=0.25\times(11+r)\ \cdots\ ②$$

식 ①과 ②를 연립하여 E와 r을 구하면, 전지의 기전력은 3 V, 내부저항은 1 Ω이다.

답 기전력 3 V, 내부저항 1 Ω

예제 5

기전력이 1.5 V이고 내부저항이 0.2 Ω인 건전지, 5 Ω의 부하저항, 및 도선을 사용하여 회로를 만들었다.

(a) 저항에 흐르는 전류 I는 몇 A인가?

(b) 전지의 단자 전압 V은 몇 V인가?

| 풀이 |

(a) 회로에 흐르는 전류는

$$I = \frac{\varepsilon}{r+R} = \frac{1.5}{0.2+5} = 0.29\ \mathrm{A}$$

이다.

(b) 따라서 단자 전압 V는

$$V = \varepsilon - rI = RI = 5 \times 0.29 = 1.45\ \mathrm{V}$$

이다.

답 (a) $I = 0.29$ A; (b) $V = 1.45$ V

4.3 전지의 연결

사용 목적에 따라 둘 이상의 전지를 직렬연결, 병렬연결 또는 직 · 병렬 연결하여 사용한다. 전지는 필요에 따라 직렬연결, 병렬연결 또는 직 · 병렬 혼합 연결하여 사용하면 편리하다. 각각의 경우 어떤 편리한 점이 있으며 전지의 내부저항에 따른 전압 강하에 대하여 알아보자.

1. 직렬연결

그림 4.5는 n개의 전지를 직렬로 연결하고 외부 저항을 설치한 회로이다.

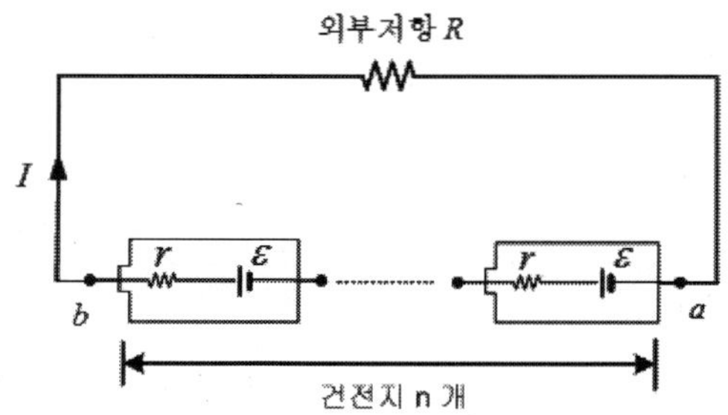

그림 4.5 전지와 외부 저항이 직렬 연결된 회로

직렬 연결한 n개의 저항을 하나의 등가 전지로 나타내자.

그림 4.6과 같이 내부저항이 r인 전지 n개를 직렬로 연결하면 전지의 내부저항도 직렬로 연결되어 저항의 직렬연결에 의한 **합성 저항**의 경우와 같게 되므로 nr이 된다. 따라서 전체 저항은 외부 저항 R와 n개의 전지 내부저항 nr의 합인 $R+nr$ 이 된다.

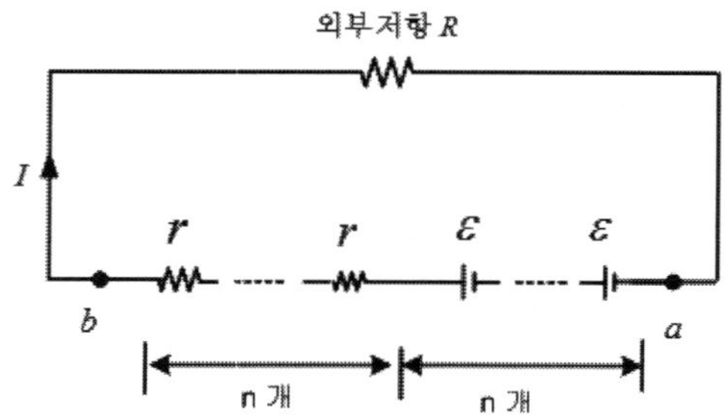

(a) 직렬 연결한 n개의 저항

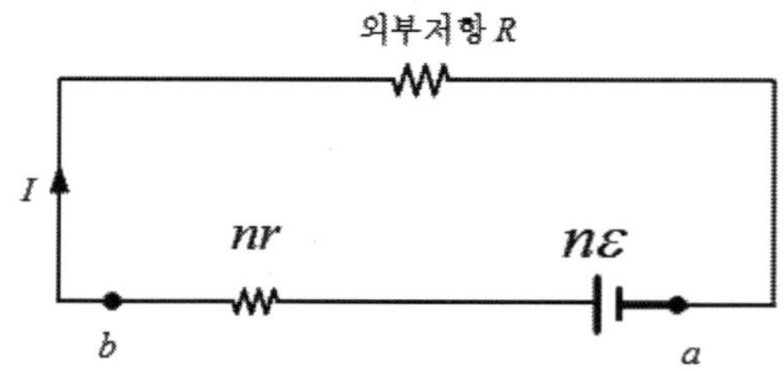

(b) 등가 전지

그림 4.6 전지의 직렬연결

따라서 기전력이 E 인 전지 n개를 직렬로 연결하면 전체 기전력은 nE가 되므로 회로에 흐르는 전류 I는

$$I = \frac{nE}{R + nr} \tag{4.5}$$

이다. 둘 이상의 전지를 직렬로 연결하면 큰 기전력을 얻을 수 있으며, 전지 하나의 기전력보다 높은 전압을 얻으려면 전지를 직렬로 연결하면 된다. 그러나 전체의 내부저항이 커진다.

기전력이 1.5V인 전지를 2개를 직렬로 연결하면 기전력이 3V이고 3개를 직렬로 연결하면 기전력이 4.5V가 된다.

전지를 직렬 연결하였을 때 사용할 수 있는 시간은 전지 1개를 사용했을 때와 같다.

- 예제 1

기전력이 12 V, 내부저항이 1.5 Ω 인 전지 2개가 있다. 이 전지 2개를 직렬 연결하여 저항이 10 Ω 인 도선에 연결하였다. 다음 물음에 답하여라.

(a) 전류를 구하라.

(b) 전지 1개의 단자 전압은 몇 V인가?

| 풀이 |

전지의 단자 전압 V는 $V = \varepsilon - Ir$이다.

$\varepsilon = 12\text{ V}$, $r = 1.5\ \Omega$, $R = 10\ \Omega$, $n = 2$개이므로

(a) $I = \dfrac{n\varepsilon}{R + nr} = \dfrac{2 \times 12}{10 + 2 \times 1.5} = \dfrac{24}{13} = 1.846\text{ A}$

(b) $V = \varepsilon - Ir = 12 - 1.846 \times 1.5 = 9.231\text{ V}$

답 (a) 1.846 A; (b) 9.0231 V

-예제 2

그림과 같이, 기전력 3 V, 내부저항 1 Ω인 전지 3개와 외부 저항 2개를 사용하여 회로를 구성하였다.

(a) 전류 I_1, I_2, I_3 는 각각 구하여라.

(b) 저항 20 Ω과 30 Ω에서 소비되는 전력의 비를 구하여라.

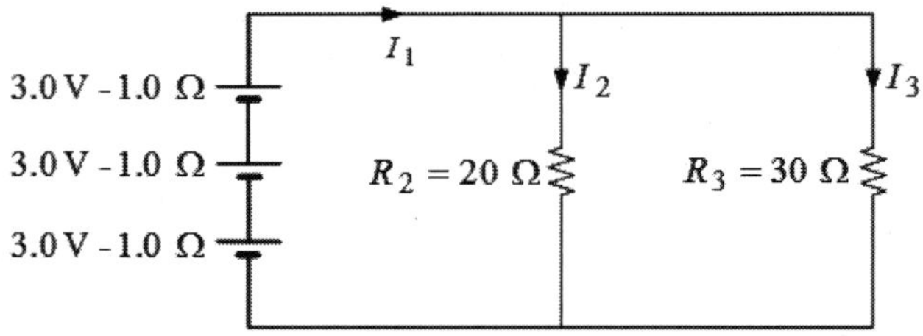

| 풀이 |

(a) 세 전지의 내부저항은 $3\times 1\ \Omega = 3\ \Omega$,

병렬로 연결된 20 Ω과 30 Ω의 합성 저항 R'는

$$\therefore R' = \frac{20\times 30}{20+30} = 12\ \Omega$$

이다. 회로의 전체 저항 R은

$$R = 3\ \Omega + 12\ \Omega = 15\ \Omega$$

이다. 전체 기전력은 $3\times 3 = 9$이므로 I_1, I_2, I_3는 옴의 법칙에서

$$I_1 = \frac{9\ \text{V}}{15\ \Omega} = 0.6\ \text{A} \quad I_2 = I_1\times\frac{3}{5} = 0.36\ \text{A} \quad I_3 = I_1\times\frac{2}{5} = 0.24\ \text{A}$$

(b) 20 Ω과 30 Ω의 저항에서 소비되는 전력의 비는 $P = \frac{V^2}{R}$에서

V는 일정하여 $P \propto \frac{1}{R}$ 이므로 3 : 2이다.

답 (a) $I_1 = 0.6$ A, $I_2 = 0.36$ A, $I_3 = 0.24$ A ; (b) 소비 전력의 비 = 3 : 2

예제 3

기전력 $E = 1.5\text{ V}$, 내부저항 $r = 0.5\,\Omega$인 전지 4개를 그림과 같이 연결하고 여기에 외부 저항 $3\,\Omega$을 연결했을 때, 외부 저항에 흐르는 전류는 몇 A인가?

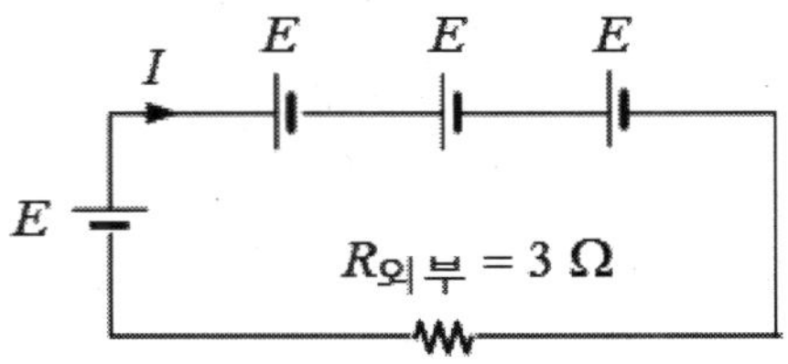

| 풀이 |

전지 4개의 등가전압은 다음과 같다.

$$E_{등가} = 1.5 - 1.5 - 1.5 - 1.5 = -3\text{ V}$$

전지 4개가 갖는 내부저항의 등가 저항은

$$r_{등가} = 0.5 \times 4 = 2\,\Omega$$

이므로, 회로 전체의 저항은

$$R_{전체} = r_{등가} + R_{외부} = 2 + 3 = 5\,\Omega$$

이다. 따라서

$$I = \frac{E_{등가}}{R_{전체}} = \frac{-3\text{ V}}{5\,\Omega} = -0.6\text{ A}$$

이다.

답 $I = -0.6\text{ A}$

예제 4

기전력 15 V, 내부의 저항 0.1 Ω인 건전지 3개를 직렬로 연결하고, 단자 AB 사이에 0.9 Ω, 12.0 Ω, 18.0 Ω의 저항을 병렬로 연결하였다.

(a) 회로의 합성 저항은 얼마인가?

(b) 건전지 한 개의 전압 강하는 몇 V인가?

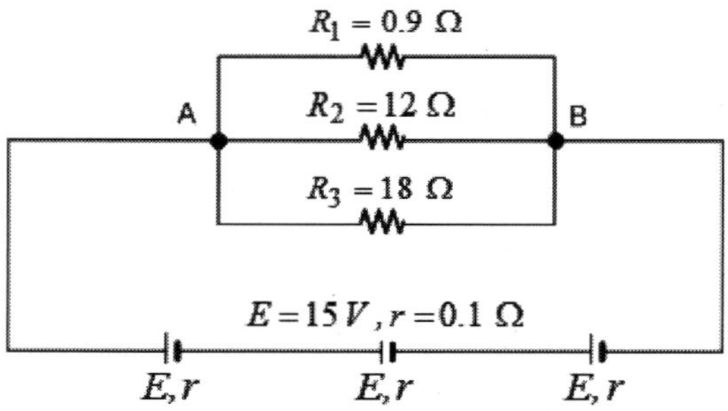

| 풀이 |

(a) 단자 AB사이의 병렬 연결된 저항의 합성 저항 R은

$$\frac{1}{R}=\frac{1}{0.9}+\frac{1}{12}+\frac{1}{18}=\frac{216+16.2+10.8}{0.9\times 12\times 18}=\frac{243}{194.4}=1.25\ /\Omega$$

에 의하여

$$R=0.8\ \Omega$$

이다. 직렬 연결된 세 전지의 총 내부저항 r는

$$r=3\times 0.1\ =0.3\,\Omega$$

이므로 회로의 합성 저항 R_{tot}은

$$R=0.8+0.3=1.1\,\Omega$$

(b) 건전지를 통과하여 흐르는 전류 I는

$$I=\frac{3E}{R}=\frac{3\times 15\text{ V}}{1.1\Omega}=40.9\text{ A}$$

이므로 전지 한 개의 내부저항 r에 의한 전압 강하 V는

$$V=Ir=40.9\text{ A}\times 0.1\Omega=4.09\text{ V}$$

가 된다.

답 (a) 1.1 Ω; (b) 4.09 V

2. 병렬연결

그림 4.7은 n개의 전지를 직렬로 연결하고 외부 저항을 설치한 회로이다. 전지 n개를 병렬 연결하면, n개의 내부저항이 병렬로 연결된다.

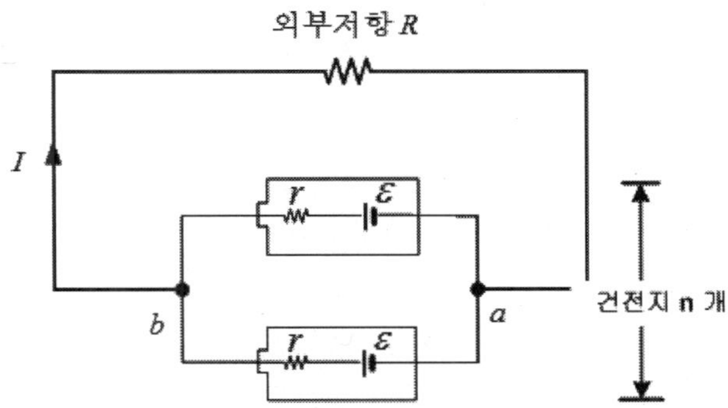

그림 4.7 전지의 병렬연결

합성 저항이 외부 저항 R과 직렬 연결되어 있으므로 저항의 병렬 연결법과 직렬 연결법을 혼합시켜야 한다. 내부저항 r, 기전력 E인 전지 n개를 그림과 같이 병렬 연결하면 내부저항은

$$\frac{r}{n} \tag{4.6}$$

이 된다. 외부 저항 R에 직렬로 연결하면 전체 저항은

$$R_t = R + \frac{r}{n} \tag{4.7}$$

이 된다. 전체의 기전력은 변함없이 E이므로 회로에 흐르는 전류 I는

$$I = \frac{E}{R_t} = \frac{E}{R + \frac{r}{n}} = \frac{nE}{nR + r} \tag{4.8}$$

따라서 전지의 내부저항은 작아져 전지를 오래 쓸 수 있으나 전압은 전지 한 개의 기전력과 같다. 기전력이 1.5 V인 건전지 기전력은 건전지 1개일 때와 같고, 전류의 세기도 전지 1개일 때와 같다. 연결한 전지의 개수만큼 더 오래 쓸 수 있다.

2개 연결하였을 때도 1.5V이다. 즉, 전지를 병렬연결하면 전지의 개수에 상관없이, 전압의 크기는 항상 전지 1개를 썼을 때와 같다.

반드시 기전력이 같은 건전지를 병렬연결해야 한다. 만약, 기전력이 서로 다르고, 내부저항이 서로 다른 건전지를 병렬연결하는 경우, 내부저항 양단의 전압과 기전력 중첩된 전압이 서로 같아짐으로써, 병렬연결이 가능하다. 그러나 일반적인 경우는 아니다.

예제 1

건전지를 필요에 따라 직렬 또는 병렬로 연결하여 사용한다. 전지의 연결 방법에 따라 전류는 어떻게 되는가?

| 풀이 |

건전지를 직렬 연결하면 전압이 커지고, 건전지를 병렬 연결하면 전압의 변화가 없지만, 내부 전압이 작아져 일정한 전압을 얻을 수 있다.

예제 2

기전력이 12 V, 내부저항이 1.5 Ω인 전지 2개가 있다. 이 전지 2개를 병렬 연결하여 저항이 10 Ω인 도선에 연결하였다. 다음 물음에 답하여라.

(a) 흐르는 전류를 구하라.

(b) 전지 1개의 단자 전압은 몇 V인가?

| 풀이 |

(a) $I=\dfrac{\varepsilon}{R+\dfrac{r}{n}}=\dfrac{12}{12+\dfrac{1.5}{2}}=0.941\,\mathrm{A}$

(b) $V=\varepsilon-Ir=12-0.941\times\dfrac{1.5}{2}=11.294\,\mathrm{V}$

답 (a) 0.941 A; (b) 11.294 V

예제 3

기전력 $E = 1.5$ V, 내부저항 $r = 0.5\,\Omega$인 전지 2개를 그림과 같이 병렬로 연결하고 외부저항 회로에 흐르는 전류는 몇 A인가?

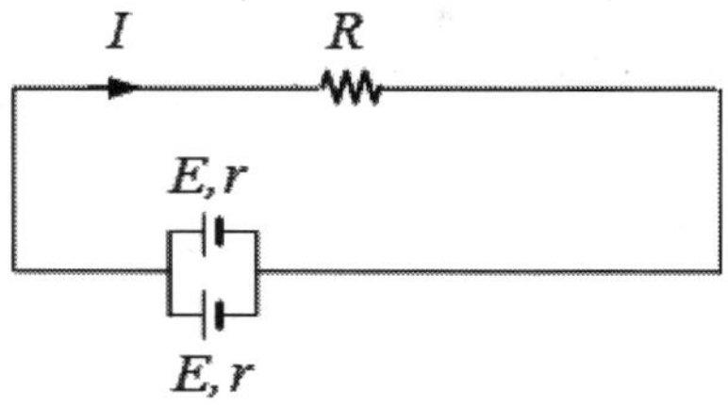

| 풀이 |

전지를 병렬 연결할 때 기전력은 같으므로, 등가기전력은 $E = 1.5$ V이다.
내부저항은 병렬연결되어 있으므로

$$r_{\text{등가}} = \frac{r}{2} = \frac{0.5\Omega}{2} = 0.25\,\Omega$$

이다. 따라서

$$I = \frac{E}{R + r_{\text{등가}}} = \frac{1.5}{0.5 + 0.25} = 2\ \text{A}$$

이다.

답 $I = 2$ A

3. 혼합연결

그림 4.8과 같이, 기전력 E, 내부저항이 r 인 전지 n개를 직렬로 연결하고, 직렬 연결한 전지를 m 개 병렬로 연결하여 혼합 연결하자.

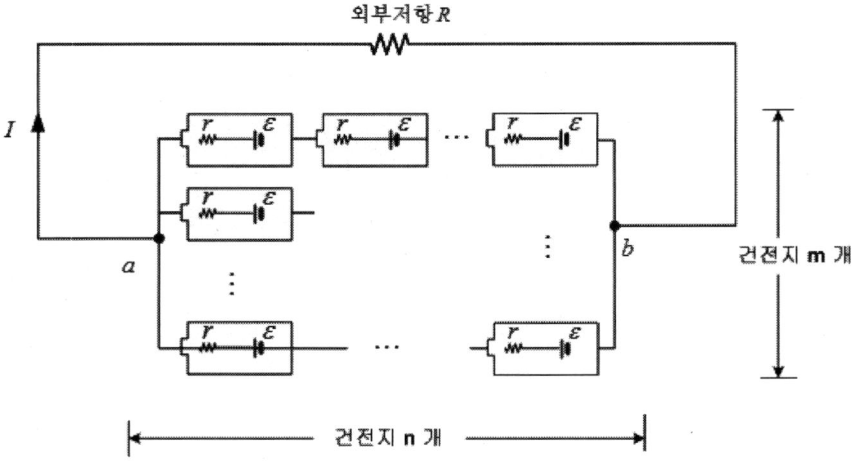

그림 4.8 전지의 혼합연결

이 회로에서 전체의 기전력은 nE이다.

회로의 내부저항이

$$\frac{nr}{m} \tag{4.9}$$

이므로 전체 저항의 합은

$$R_t = R + \frac{nr}{m} \tag{4.10}$$

가 되어 회로에 흐르는 전류 I 는

$$I = \frac{nE}{R_t} = \frac{nE}{R + \frac{nr}{m}r} = \frac{mnE}{mR + nr} \tag{4.11}$$

가 된다.

예제 1

기전력 $E = 1.5\text{ V}$, 내부저항 $r = 0.5\ ohm$의 건전지 6개를 그림과 같이 직 · 병렬로 연결하였다. 외부저항을 흐르는 전류 I는 몇 A인가?

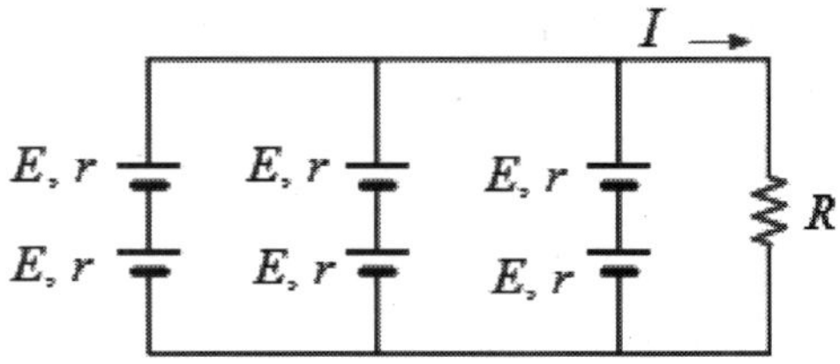

| 풀이 |

건전지 2개를 직렬연결하면 기전력은 2배로 커지므로 좌측 가지의 기전력은 3 V이다.
건전지를 병렬연결하면 기전력은 변함없으므로 전체 기전력은 3 V이다.
한 개 가지의 내부저항은 $2r$이고, 3개 가지가 병렬연결되어 있으므로 전체 내부저항은

$$r_{내부} = \frac{2r}{3}$$

이다. 따라서 전류는

$$I = \frac{E}{R + r_{내부}} = \frac{3}{5 + \frac{2r}{3}}$$

내부저항 $r = 0.5\Omega$을 대입하면,

$$I = \frac{3}{5 + \frac{2 \times 0.5}{3}} = \frac{9}{15 + 1} = \frac{9}{16}\text{ A}$$

[참고] 식 (4.11) 에 직접 대입하면,

$$I = \frac{nE}{R + \frac{nr}{m}} = \frac{2 \times 1.5}{5 + \frac{2 \times 1.5}{3}} = \frac{3}{5 + \frac{2 \times 0.5}{3}} = \frac{9}{16}\text{ A}$$

답 $I = \frac{9}{16}\text{ A}$

4.4 컬콥의 전류 전압 법칙

전원과 저항이 간단히 연결된 회로에서는 쉽게 전압 and/or 전류를 구할 수 있다. 그러나 실제 대부분의 각종 전기 회로는 여러 소자들이 복잡하게 구성되어 있다. 이와 같이 여러 개의 전원과 기타 소자들이 이 복잡하게 연결되어 있는 각 부분의 전압과 전류를 구하기가 쉽지 않다. 전원과 저항이 여러 개 연결된 복잡한 회로에서 각 부분에 흐르는 전류와 전압을 구하는 방법에 대해 알아보자. 오옴의 법칙 또는 컬콥의 두 가지 법칙(전류 법칙과 전압 법칙)을 사용하면, 복잡한 전기 회로에서 전압과 전류의 관계를 간단하게 구할 수 있다. 우리는 여기에서 전압원과 저항만으로 구성된 전기 회로를 살펴보기로 한다(전압원 및 저항 외의 소자로 구성된 회로는 이 책의 범위를 벗어난다).

인물탐구

그림 4.9 컬콥

컬콥(Kirchhoff, Gustav Robert, 1824-1887)[35]

독일의 물리학자. 전류, 광학, 음향, 열역학 등을 연구하였고, 전기 회로, 광학(分光學, spectroscopy), 열을 가한 물체의 흑체 복사 등 많은 업적을 남겼다.

1. 컬콥의 전류 법칙

회로에서 임의의 노드(node; 절점, 분기점)로 흘러 들어가는 전류의 합은 흘러 나가는 전류의 합과 같다.

> 흘러 들어가는 전류의 합 = 흘러 나가는 전류의 합

35) 사진출처 : https://en.wikipedia.org/wiki/Gustav_Kirchhoff
[주]키르히호프라고 발음한다. 그러나 저자는 영어식 발음에 근사하게 "컬콥"으로 표기하겠다.

이 법칙을 **컬콥[36]의 전류 법칙**(Kirchhoff's Current Law, KCL)이라고 한다.

그림 4.10와 같이 둘 또는 셋 이상의 도선이 연결되어 있는 점을 노드(node; **분기점**, **절점**)이라고 한다.[37]

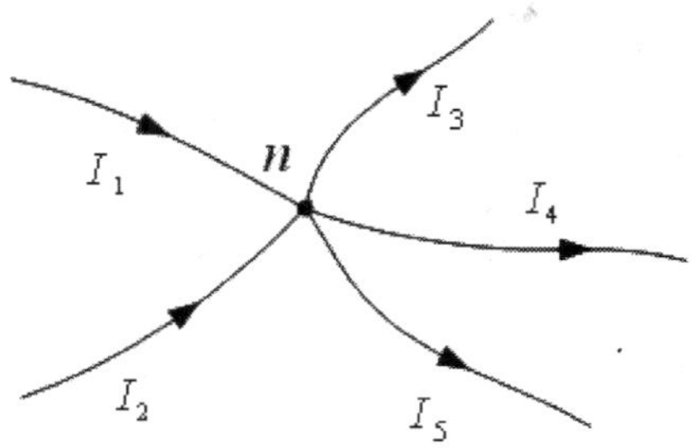

그림 4.10 컬콥의 전류 법칙

회로의 노드(node) n으로 흘러 들어오는 전류를 I_1, I_2라 하고, 그 노드(node)에서 흘러 나가는 전류를 I_3, I_4, I_5라 하면,

$$I_1 + I_2 = I_3 + I_4 + I_5 \tag{4.12}$$

또는

$$I_1 + I_2 - I_3 - I_4 - I_5 = 0 \tag{4.13}$$

이다. 즉, 노드(node)에 들어오는 전류를 (+), 나가는 전류를 (−)로 하면, 노드(node)로 들어오고 전체 전류의 대수적 합(+ 또는 - 부호를 고려한 합)은

$$I_1 + I_2 + \cdots + I_N = \sum_{k=1}^{N} I_k = 0 \tag{4.14}$$

이 된다. 식 (4.14)로 표시된 KCL은 회로의 노드(node)에서 전류가 생성되거나 소멸하지 않고 보존된다는 것을 의미한다. 즉 들어오는 전류는 모두 흘러 나간다는 의미이며, **전류(또는 전하)의 보존 법칙**이다.

---

36) 컬콥(Kirchhoff, Gustav Robert ; 1824~1887) : 독일의 물리학자. 스펙트럼 분석의 기초를 확립하였고 전류, 광학, 음향학 등에도 많은 업적을 남겼다.

37) 엄기홍, 새로운 접근 회로이론 원리와 응용, 교우사 2017.

예제 1

그림과 같이 3개 루프, 2개 메쉬로 구성된 회로가 있다.

(a) 가지 전류(branch current) I_1 을 구하여라.

(b) 가지 전류(branch current) I_2 를 구하여라.

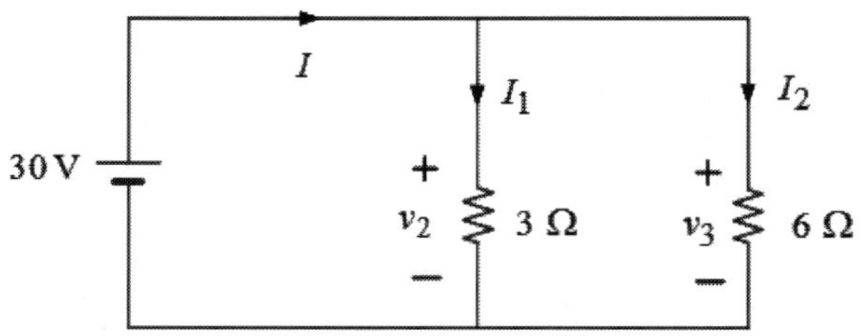

| 풀이 |

(a) $I = \dfrac{30}{2} = 15\,\text{A}$

$$I_1 = I \times \frac{6}{3+6} = 15 \times \frac{6}{9} = 15 \times \frac{2}{3} = 10\,\text{A}$$

(b) $I_2 = I - I_1 = 15 - 10 = 5\,\text{A}$

답 (a) 10 A; (b) 5 A

2. 컬콥의 전압 법칙

회로를 구성하는 임의의 루프(loop) 또는 메쉬(mesh)에서 상승한 전압과 하강한 전압은 같다.[38]

상승한 전압 = 하강한 전압

이를 **컬콥의 전압 법칙**(Kirchhoff's Voltage Law, KVL)이라고 한다. 즉 회로의 각 부분의 저항과 어떤 방향으로 흐르는 전류를 곱한 총합은 그 회로 내에서 같은 쪽으로 작용하는 전지의 기전력의 총합과 같다.

38) 루프(loop)를 폐경로(closed path)라고도 부른다.

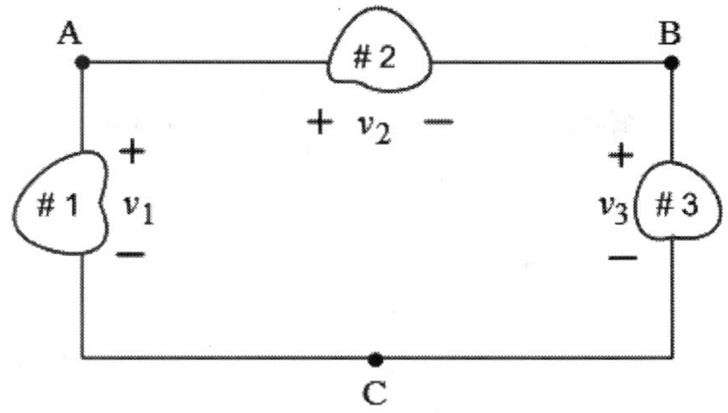

그림 4.11 컬콥의 전압 법칙

그림 4.11의 루프(loop)에서 KVL을 적용하면 다음과 같다.

$$v_1 = v_2 - v_3 \tag{4.15}$$

달리 나타내면,

$$-v_1 + v_2 - v_3 = 0 \tag{4.16}$$

이다. 루프(loop)에서 전체 전압의 대수적 합(+ 또는 - 부호를 고려한 합)은 0이 되어야 한다. 다음과 같이 표현할 수 있다.

$$v_1 + v_2 + v_3 + \cdots\cdots + v_N = 0 \tag{4.17}$$

또는 더 간단히 나타내면

$$\sum_{k=1}^{N} v_k = 0 \tag{4.18}$$

- 예제 1

아래 그림과 같은 회로를 구성하였다.

(a) 저항 양단에 걸리는 전압 v_3을 구하여라.

(b) 저항을 통과하여 흐르는 전류 i를 구하여라.

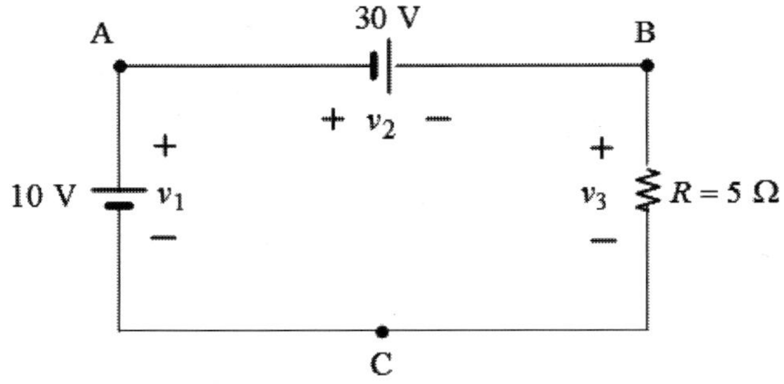

| 풀이 |

(a) 이 회로에서는 3개의 소자 중에서 두 소자 양단의 전압을 이미 알고 있다. 메쉬 $ABCA$에 KVL을 적용하면

$$-10 + 30 + v_3 = 0$$

이므로,

$$v_3 = 20\ \text{V}$$

(b) 메쉬 $ABCA$에 KCL을 적용하면 동일한 메쉬 전류 i가 흐른다. 저항 5 Ω 에 걸리는 전압이 20 V이므로, 옴의 법칙에 의해

$$i = \frac{v_3}{R} = \frac{20\ \text{V}}{5\ \Omega} = 4\ \text{A}$$

이다.

답 (a) $v_3 = 20$ V; (b) $I = 4$ A

- 예제 2

아래 회로에서 각 저항의 양단에 걸리는 전압을 구하여라.

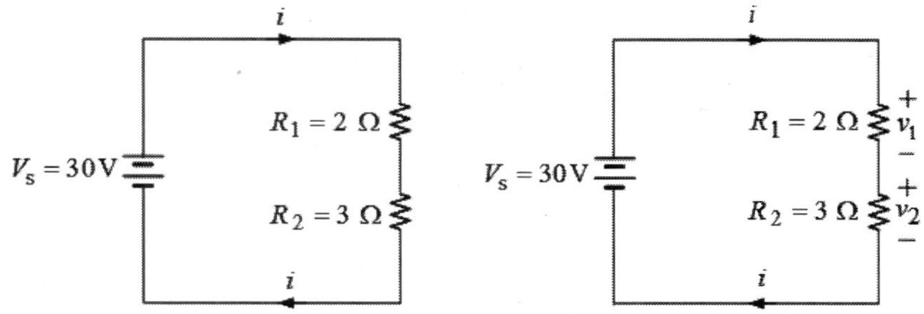

| 풀이 |

Ω의 법칙과 Kirchhoff의 전류법칙, 전압법칙으로 이용한다.

(1) Ω의 법칙에서

$$v_1 = 2\,i,\ \ v_2 = 3\,i$$

(2) 메쉬에 KVL을 적용한다.

$$-30 + v_1 + v_2 = 0$$

(3) 전류로 표시하여 전류를 구한다.

$$-30 + (2i) + (3i) = 0,\ \ i = 6\ \text{A}$$

(4) 따라서 각 저항의 양단에 걸리는 전압은 다음과 같다.

$$v_1 = 2\,i = 2 \times 6 = 12\ \text{V}$$
$$v_2 = 3\,i = 3 \times 6 = 18\ \text{V}$$

답 (a) $v_1 = 12\ \text{V}$; (b) $v_2 = 12\ \text{V}$

예제 3

아래와 같이 주어진 회로가 있다.

(a) 가지 전류 I_1, I_2, I_3 를 구하여라.

(b) 양단 전압 v_1, v_2, v_3 를 구하여라.

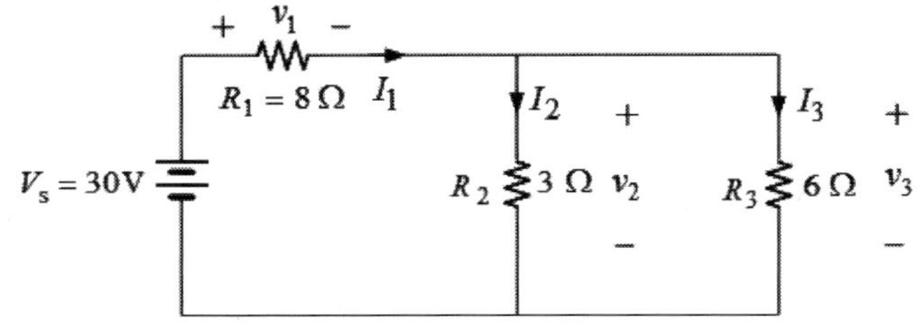

| 풀이 |

옴의 법칙과 KCL, KVL을 이용한다. 두 저항 R_2, R_3을 하나로 나타낸 회로는 다음과 같다.

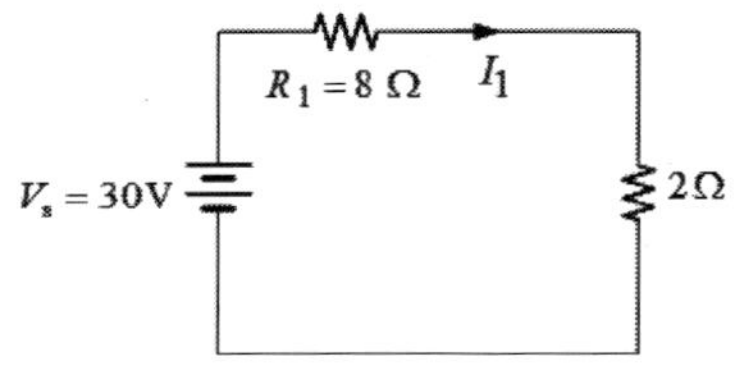

(a) 저항 8Ω의 통과전류는

$$I_1 = \frac{30}{8+2} = 3\,\text{A},$$

병렬연결된 저항의 크기에 반비례하여 전류가 분배되므로

$$I_2 = I_1 \times \frac{6}{3+6} = 3 \times \frac{6}{9} = 2\,\text{A},$$

$$I_3 = I_1 \times \frac{3}{3+6} = 3 \times \frac{3}{9} = 1\,\text{A} \ \ (\text{또는 } I_3 = I_2 - I_1 = 3 - 2 = 1\,\text{A})$$

(b) 저항의 양단 전압은

$$v_1 = R_1 \times I_1 = 8 \times 3 = 24\,\text{V},$$

$$v_2 = R_2 \times I_2 = 3 \times 2 = 6\,\text{V},$$

$$v_3 = R_3 \times I_3 = 6 \times 1 = 6\,\text{V}.$$

답 (a) $I_1 = 3\,\text{A}$, $I_2 = 2\,\text{A}$, $\text{I}_3 = 1\,\text{A}$; (b) $v_1 = 12\,\text{V}$, $v_2 = 12\,\text{V}$, $v_3 = 6\,\text{V}$

예제 4

내부저항을 무시할 수 있는 기전력 $E_1 = 9\,\mathrm{V}$, $E_2 = 5\,\mathrm{V}$인 건전지, 저항, 및 도선을 사용하여 그림과 같은 회로를 구성하였다.

(a) 루프(loop)와 메쉬(mesh)는 몇 개인가?

(b) 소자(element), 가지(branch), 노드(node)는 몇 개인가?

(c) 각 저항에 흐르는 전류를 구하여라.

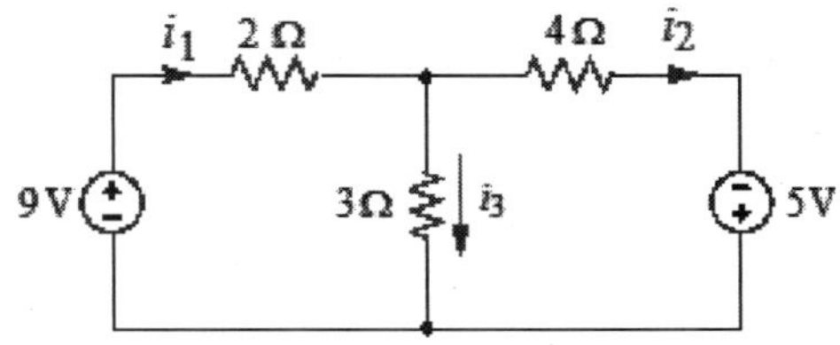

| 풀이 |

(a) 루프 3개, 메쉬 2개.

(b) 소자 5개, 가지 5개, 노드 4개

(c) 저항 R_1, R_2, R_3의 통과전류를 사용한다.

KVL을 좌측 메쉬에 적용하면

$$-9 + 2i_1 + 3(i_1 - i_2) = 0$$

KVL을 우측 메쉬에 적용하면

$$-3(i_1 - i_2) + 4i_2 - 5 = 0$$

이다. 위 두 식을 연립하여 풀면,

$$i_1 = 3\,\mathrm{A},\ i_2 = 2\,\mathrm{A}$$

이다.

$$\therefore\ i_3 = i_1 - i_2 = 3 - 2 = 1\ \mathrm{A}$$

답 (a) 루프 3개, 메쉬 2개; (b) 소자 5개, 노드 4개;
(c) $i_1 = 3\,\mathrm{A}$, $i_2 = 2\,A$, $i_3 = 1\,\mathrm{A}$

4.5 휘트스톤 브리지

회로의 전기저항을 가장 정확하게 측정할 수 있을까? 여러 가지 측정 기구를 이용할 수 있으나, 간단한 방법으로 전압과 전류를 측정하여 옴의 법칙으로 전기 저항을 얻을 수 있다. 그러나 전압과 전류를 측정하는 전압계와 전류계 자체의 전기저항이 있으므로 이 방법으로는 정확한 전기저항을 얻을 수 없다. 따라서 좀 더 정밀한 저항을 측정하려면 그림 4.12의 회로에서와 같이, 알고 있는 저항과 가변 저항기를 이용하여 미지의 저항을 정확하게 측정하는 장치로 **휘트스톤 브리지**(Wheatstone bridge)가 있다.

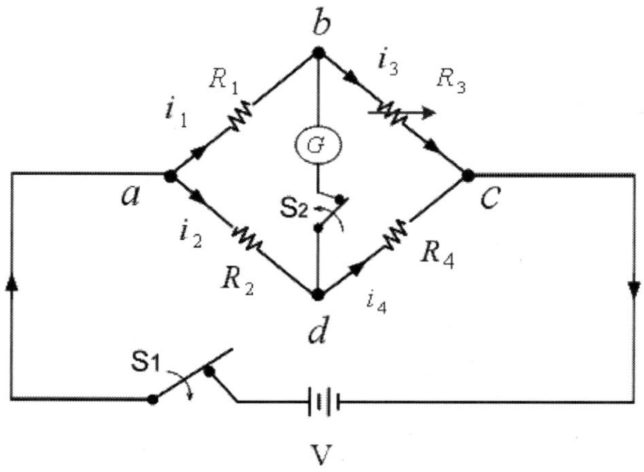

그림 4.12 휘트스톤 브리지

휘트스톤 브리지는 알고 있는 저항 R_1, R_2, R_3(R_3는 가변 저항)을 이용하여 미지의 저항 R_4와 **검류계**(galvanometer) G를 그림과 같이 연결하여 R_4의 저항을 측정한다.

회로에서 R_1, R_2는 알고 있는 저항이고, 저항 R_3는 값을 변동시킬 수 있는 가변저항이며, R_4는 측정하려는 미지의 저항이다. 노드(node) b, d 사이에 흐르는 전류를 측정하기 위해 **검류계**(galvanometer) G가 연결되어 있다.

스위치를 S_1을 닫아서 회로를 동작시킨 후, S_2을 닫아서 b, d에 전류가 흐르는지를 검류계로 서 알 수 있다. 저항 R_3을 적절히 조절하여 검류계의 눈금이 0이 될 때까지 계속 저항을 변동시킨다. 검류계에 전류가 흐르지 않는 순간을 살펴보자. 이 순간 점 c, d의 전위가 같으므로

$$i_1 = i_3,\ i_2 = i_4$$

이 성립한다. 이때 점 a, b 사이의 전압 강하와 점 a, d 사이의 전압 강하가 같으므로

$$i_1R_1 = i_2R_2 \qquad \cdots\cdots\cdots\cdots\cdots ①$$

점 b, c 사이의 전압 강하와 점 d, c 사이의 전압강하가 같으므로

$$i_3R_3 = i_4R_4 \qquad \cdots\cdots\cdots\cdots\cdots ②$$

가 성립한다. 두 식 ①, ②에 의하여,

$$\frac{R_1}{R_3} = \frac{R_2}{R_4} \tag{4.19}$$

즉,

$$R_1R_4 = R_2R_3 \tag{4.20}$$

이 성립한다. 회로 측정기 내부에 저항성분이 있어서 외부에 연결된 저항을 정밀하게 측정하기는 어렵고 약간의 오차가 있다. 그러나 휘트스톤 브리지를 사용하면, 세 개의 저항 (즉, 두 개의 고정 저항, 한 개의 가변 저항)을 이용하여 하나의 미지 저항을 정확하게 구할 수가 있다.

예제 1

그림과 같이 연결한 회로에서 검류계 G에 전류가 흐르지 않을 때, 전원 전류 I를 구하여라.

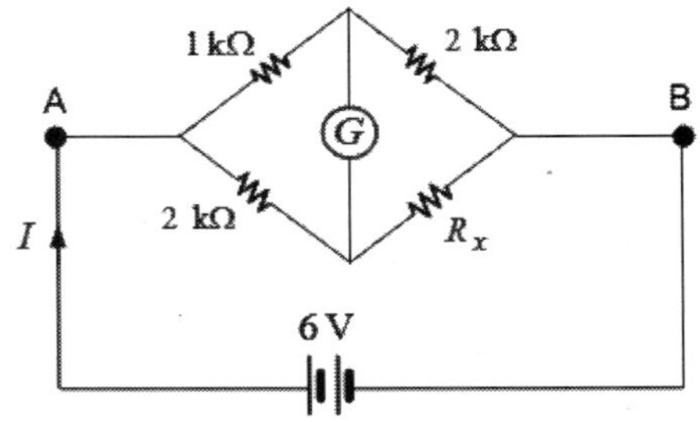

| 풀이 |

휘트스톤 브리지에서

$$R_x = \frac{2\times 2}{1} = 4\,\mathrm{k\Omega}$$

이고, 합성 저항 R'은

$$\frac{1}{R'} = \frac{1}{1+2} + \frac{1}{2+4}$$

$$\therefore R' = 2\,\mathrm{k\Omega} \quad \therefore I = \frac{6\,\mathrm{V}}{2\,\mathrm{k\Omega}} = 3\,\mathrm{mA}$$

답 $I = 3\,\mathrm{mA}$

예제 2

그림과 같은 회로에서 검류계 G에 전류가 흐르지 않을 때 저항 R은 몇 Ω 인가?

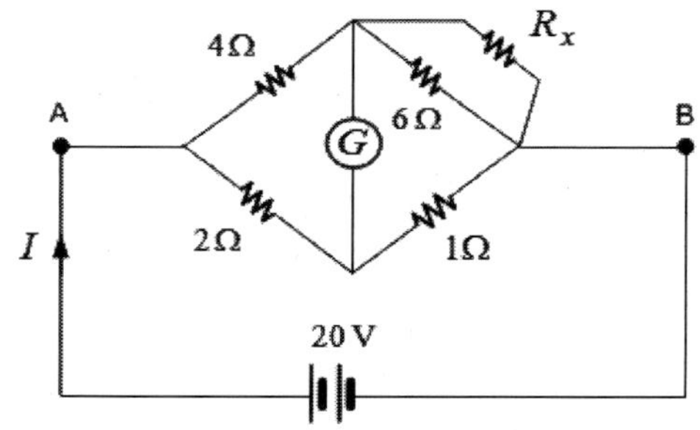

| 풀이 |

두 저항 6 Ω과 R이 병렬로 연결된 가지의 저항은 2 Ω이어야 한다.

$$4\times 1 = 2\times (6\|R_x), \quad \therefore 6\|R_x = 2$$

$$\therefore \frac{1}{6} + \frac{1}{R_x} = \frac{1}{2}, \quad \frac{6\times R_x}{6+R_x} = 2, \quad 6R_x = 12 + 2R_x, \quad R_x = 3\ \Omega$$

따라서 $R_x = 3\ \Omega$ 이다.

답 $R_x = 3\ \Omega$

4장 연습문제

01 내부저항 r, 기전력 E인 동일한 전지 4개를 그림과 같이 저항 R에 연결할 때 R에 흐르는 전류 I를 구하여라.

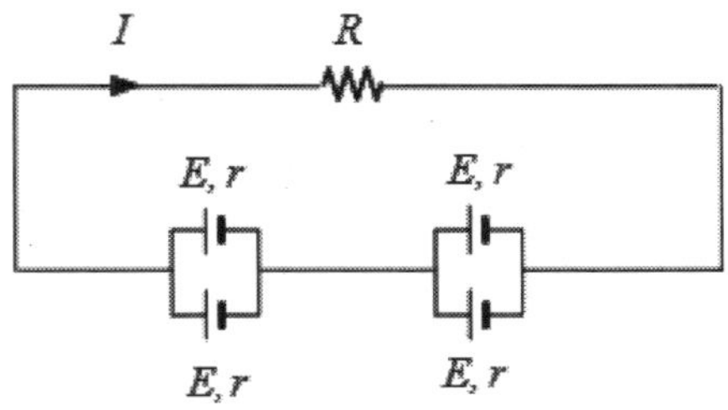

답 $I=\dfrac{2E}{R+r}$

02 기전력이 3.0 V인 건전지, 14 Ω의 저항, 및 도선이 있다. 이들을 사용하여 구성한 회로에서 0.2 A의 전류가 흐르고 있다.

(a) 이 전지의 단자 전압은 몇 V인가?

(b) 이 전지의 내부저항은 몇 Ω인가?

답 (a) 단자 전압 2.8 V; (b) 내부저항 1 Ω

03 그림의 회로에서 가변 저항 R을 조절하여 전류계와 전압계를 읽은 값은 표와 같다.

(a) 전지의 기전력은 얼마인가?

(b) 전지의 내부저항은 얼마인가?

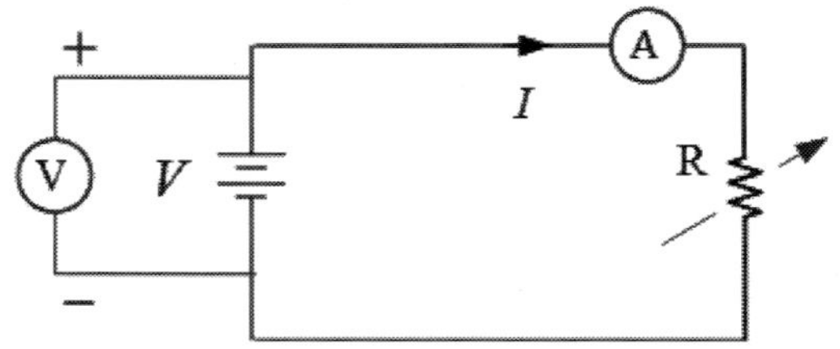

전압(V)	6.0	5.8	5.6
전류(mA)	500	550	600

답 (a) 기전력 8 V; (b) 내부저항 $r = 4\ \Omega$

04 건전지에 가변 저항을 연결하여 전류 I를 변화시키면서 단자 전압 V를 측정한 결과 전류가 $I_1 = 0.5\ \mathrm{A}$일 때 전압이 $V_1 = 1.25\ \mathrm{V}$, 전류가 $I_2 = 1.0\ \mathrm{A}$일 때 전압이 $V_2 = 1.0\ \mathrm{V}$였다. 다음 물음에 답하여라.

(a) 이 전지의 기전력은 얼마인가?

(b) 이 전지의 내부저항은 몇 Ω인가?

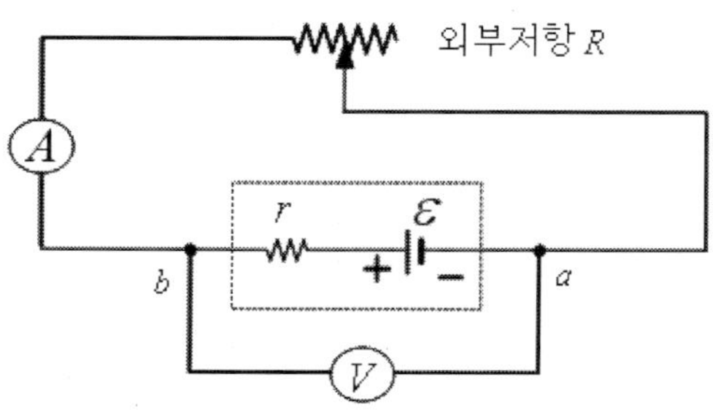

답 기전력 : 1.5 V, 내부저항 : $r = 0.5\ \Omega$

05 기전력 1.5 V, 내부저항 0.4 Ω 인 전자 4개를 직렬로 연결하여 저항 1.4 Ω 인 도선에 연결하였다. 회로에 흐르는 전류는 몇 A 인가?

답 2 A

06 기전력 12 V, 내부저항 0.5 Ω 인 전지로 5 Ω 의 저항에 8 A 전류를 흐르게 하려면, 전지 몇 개를 직렬로 접속하면 되는가?

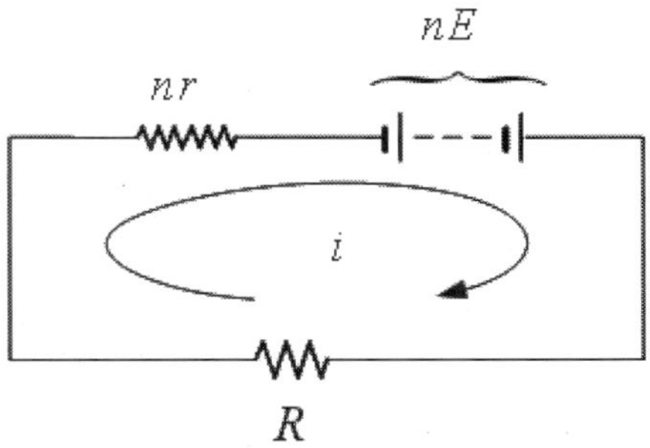

답 5개

07 기전력 E, 내부저항 r인 2개의 전지를 병렬로 연결한 전원에 저항 R을 연결하였을 때, 이 저항에 흐르는 전류 I는 얼마인가?

답 $I=\dfrac{2E}{r+2R}$

08 그림의 회로에서 기전력이 $E_1 = 35\ \text{V}$, $E_2 = 56\ \text{V}$이다. 저항 $R = 6.5\ \Omega$, $R_1 = 6\ \Omega$, $R_2 = 12\ \Omega$일 때, 각 저항에 흐르는 전류를 구하여라.

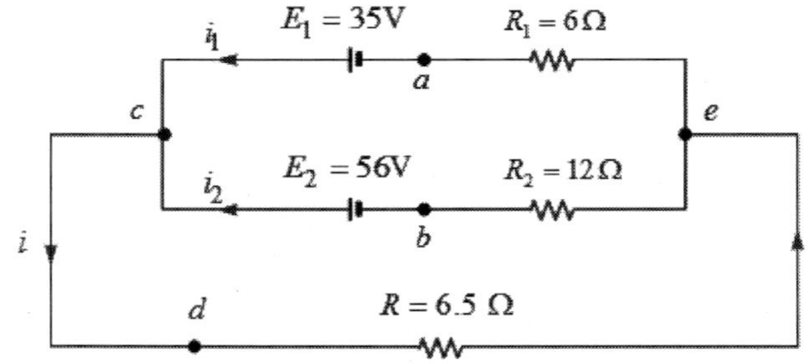

답 $I_1 = 1.5\ \text{A}$, $I_2 = 2.5\ \text{A}$, $I_3 = 4.0\ \text{A}$

09 내부저항을 무시할 수 있는 기전력 $\varepsilon_1 = 6\ \text{V}$, $\varepsilon_2 = 3\ \text{V}$인 두 전지가 있다. 두 전지, 저항, 및 도선을 사용하여 다음의 회로를 구성하였다. 각 저항에 흐르는 전류를 구하여라.

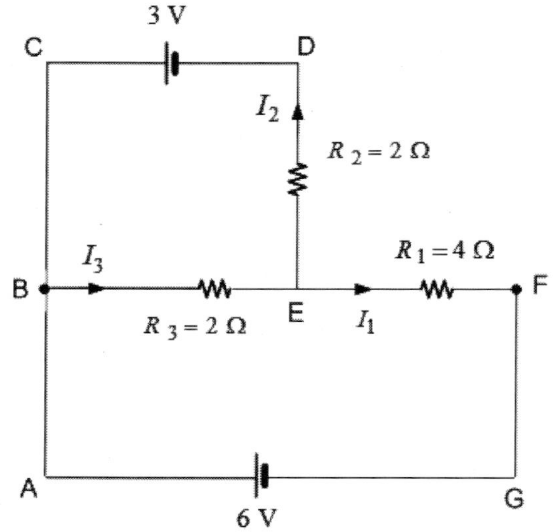

답 $I_1 = 0.9\text{A}$, $I_2 = 0.3\text{A}$, $I_3 = 1.2\text{A}$

10 문제 09의 회로를 다른 모양으로 나타낸 회로의 일부이다. 모든 소자, 전압, 전류 및 도선을 사용하여 회로를 완성하여라.

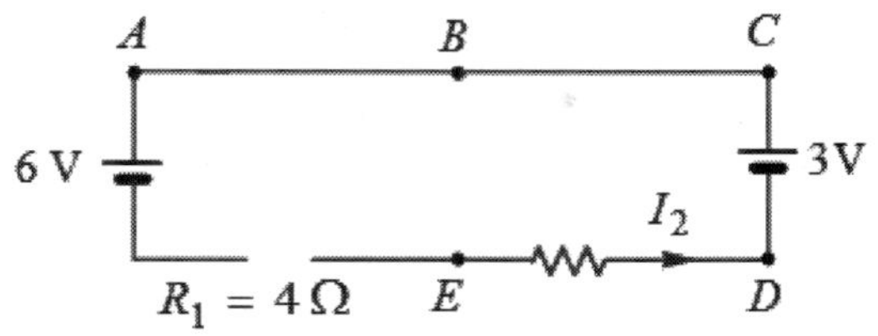

11 그림과 같은 휘트스톤 브리지 회로에서 스위치를 연결했을 때 지점 C,D 사이의 검류계에 전류가 흐르지 않았다면 지점 A, C 사이의 저항 R는 몇 Ω 인가? (단, $R_1 = 3\ \Omega$, $R_2 = 2\ \Omega$, $R_3 = 10\ \Omega$ 이다).

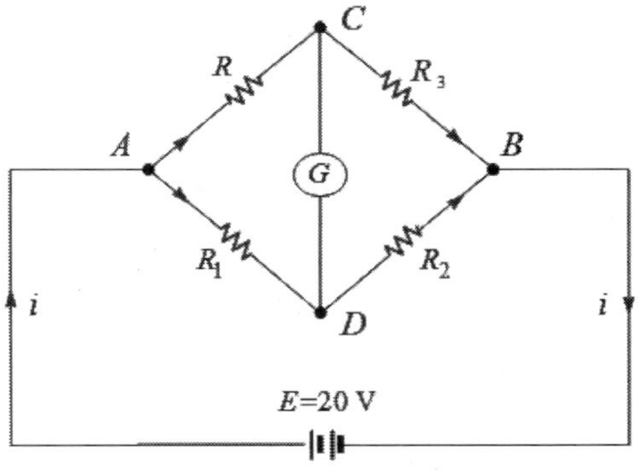

답 $R = 15\ \Omega$

12 그림과 같은 휘트스톤 브리지에서 $R_1 = 20\ \Omega$, $R_2 = 30\ \Omega$, $R_3 = 60\ \Omega$일 때 검류계 G에 전류가 흐르지 않았다면, 미지의 저항 x는 몇 Ω이 되겠는가?

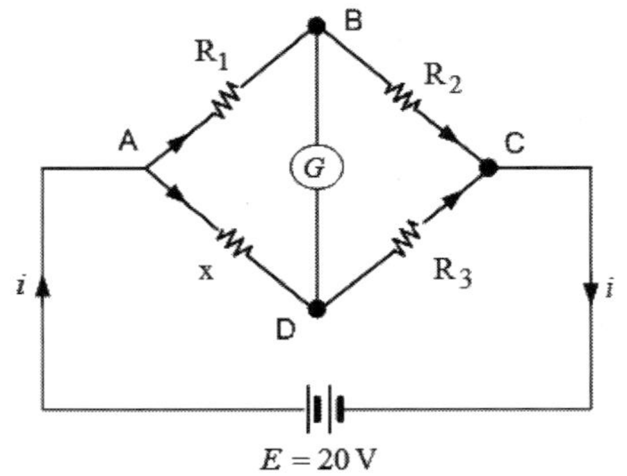

답 $R = 40\ \Omega$

13 회로에서 $R_1 = 50\ \Omega$, $R_3 = 30\ \Omega$, $R_4 = 100\ \Omega$, $R_5 = 60\ \Omega$이고, 전압원은 200 V이다. 검류계의 전류가 흐르지 않을 때 다음 물음에 답하라.

(a) R_2의 값을 구하라.

(b) 노드 A, B 사이의 전위차를 구하라.

(c) 가지 AC를 흐르는 전류를 구하라.

(d) 저항 R_1 값을 20% 증가시켰을 때에도 검류계의 전류가 흐르지 않게 하려면, R_5는 얼마로 해야 하는가?

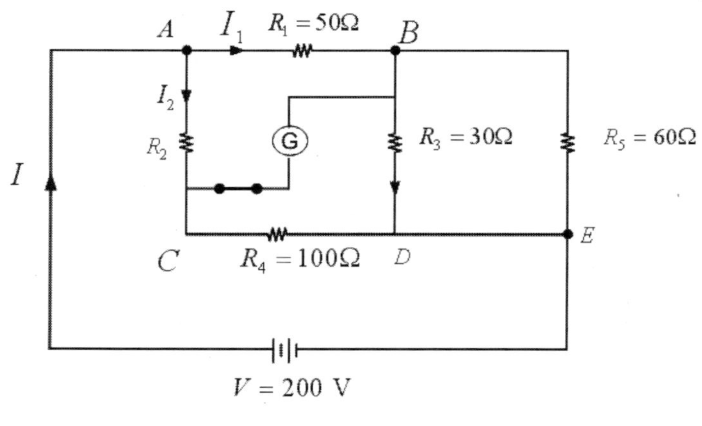

답 (a) $R_2 = 250\ \Omega$; (b) 142.857 V; (c) $I_2 = 0.57$ A; (d) $R_3' = 120\ \Omega$

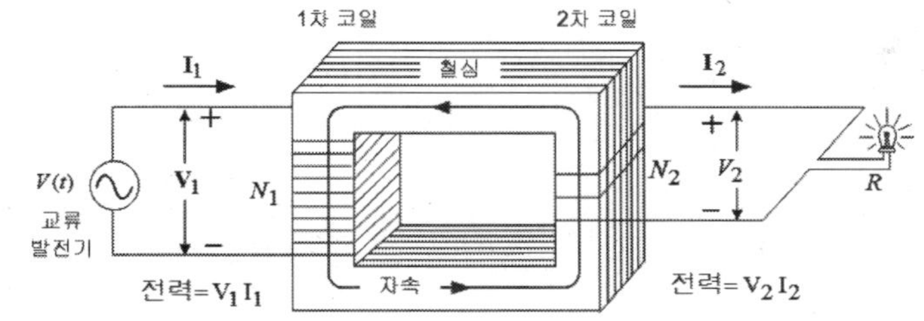

Chapter

5

전류의 자기장

전류가 흐르는 도선의 주위에는 자기장이 생기고 열이 발생할 뿐만 아니라 전기 분해나 전기 도금 등에서와 같이 화학 작용도 일어난다. 여러 가지 형태의 도선에 흐르는 전류는 어떤 자기장을 만들며, 전류의 자기작용은 전종, 전기 모터, 라디오, 텔레비전 등 여러 분야에서 이용되고 있다. 이 장에서는

1. 자기의 기본적인 성질
2. 전류에 의하여 발생하는 자기장
3. 자기장 내에서 전류나 전하가 받는 힘

등등에 대하여 공부해 보자.

5.1 자기장(자장=자계)

전류 또는 자성 물질에 의하여 발생하는 자기적인 영향이 존재하는 공간을 **자기장, 자장** 또는 **자계**(magnetic field)라고 한다. 공간 내의 임의의 점에서 자계는 방향과 크기를 갖는 벡터량으로 표시되어야 한다. 자기장 벡터를 나타내기 위하여 두 가지 기호 B와 H를 모두 사용하기도 한다. 둘 다 자계(자기장)라고 부르기도 하여 약간의 혼돈이 있으나, 전후 문맥에서 구별할 수가 있다.[39]

그러나 필요한 경우 다음 정의식과 같이, 엄밀히 구별해야만 한다.

(1) B = 자속밀도벡터 (magnetic flux density vector)

자속밀도벡터의 SI 단위는 N/(A·m)이다. 단위 면적당 자속으로 나타내기도 하며 테슬라(tesla, 기호: T)라고 부른다.

$$\frac{\text{힘}}{\text{전류}\times\text{도선의 길이}}=\frac{F}{I\cdot L}=\frac{\text{뉴턴}}{\text{암페어}\cdot\text{미터}}=\frac{\mathrm{N}}{\mathrm{A\cdot m}}=\mathrm{T}=\mathrm{Wb/m^2}$$

(2) H = 자계 세기 벡터(magnetic field intensity vector)

자계세기벡터의 SI 단위는 "도선의 단위 길이당 전류" 즉, A/m이다.

$$\frac{\text{전류}}{\text{도선의 길이}}=\frac{I}{L}=\frac{\text{암페어}}{\text{미터}}=\frac{\mathrm{A}}{\mathrm{m}}$$

자유 공간에서 B와 H가 비례하는 관계를 갖는다.

$$\mathrm{B}\propto\mathrm{H} \tag{5.1a}$$

39) 두 물리량 "자속밀도 B"와 "자기장의 세기 H"는 엄밀히 구별되어야 한다. 그러나 편의상 "자계(자기장)의 세기 B", "자계(자기장)의 세기 H" 또는 "자계(자기장) B", "자계(자기장) H"라고 표현하기도 한다. 자세한 학습을 위해서는 전기자기학 교과서를 참고하기 바란다.

$$B = \mu_0 H = 4\pi \times 10^{-7} H \tag{5.1a}$$

여기서, 비례상수

$$\mu_0 = 4\pi \times 10^{-7} \quad [H/m]$$

는 자유공간의 투자율(permeability of free space)이다.[40]

자기적인 현상의 일부 예로서 다음과 같은 예가 있다.

(1) 자석 주위의 공간에 쇠붙이나 철가루를 뿌리면 일정한 형태로 배열된다.
(2) 말굽자석이나 막대자석이 쇠붙이를 끌어당긴다.
(3) 자침이 남북을 가리킨다.
(4) 전류가 흐르는 주위의 나침반이 움직인다.

여기서는 이러한 자기적인 현상에 대하여 알아보기로 하자.

40) "자속밀도 $\mathbf{B}$"와 "자기장의 세기 $\mathbf{H}$"와는 다음 관계를 만족한다.

$$B = \mu_0 H \ [T], \quad H = \frac{B}{\mu_0} \ [A/m] \ .$$

5.2 자석과 자기장

철(Fe)이나 니켈(Ni) 또는 이러한 쇠붙이들이 혼합된 물질들은 철로 된 물체를 끌어당기거나, 자유롭게 움직일 수 있도록 수평으로 매달면 남북 방향을 가리키는 성질을 가진다. 이와 같은 성질을 **자기** 또는 **자성**이라고 하며, 자성을 가진 물체를 **자석**이라고 한다. 막대자석의 주위에 철가루를 뿌리면 철가루가 일정한 모양으로 늘어서며, 자석의 양 끝은 철가루를 강하게 끌어당긴다. 이와 같이, 철가루를 강하게 끌어당기는 자석의 양 끝을 각각 **자기극**이라고 한다.

나침반의 바늘은 남북을 가리키게 되는데, 북쪽을 가리키는 바늘의 끝을 N**극**이라고 하고 남쪽을 가리키는 바늘의 끝을 S**극**이라고 한다. 막대 자석의 경우도 북쪽을 가리키는 끝을 N**극**이라고 하고 남쪽을 가리키는 끝을 S**극**이라고 한다. 같은 종류의 자극끼리는 서로 밀어내고 다른 종류끼리는 서로 끌어당기는 힘이 작용한다. 자극끼리 작용하는 힘을 **자기력**이라고 한다.

자석은 자기력이 미치는 벡터 공간 즉 **자기장** H(단위: A/m)를 발생시킨다. 따라서, 이와 비례하는 자속밀도 B(단위: 테슬라 T)를 발생시킨다.

자기장 H는 벡터이므로 크기와 방향을 갖는 물리량이다. 자기장 H의 방향은 자기장 내의 한 점에 N극을 놓았을 때 받는 힘의 방향으로 정한다. 따라서 S극이 자기장에서 받는 힘의 방향은 자기장의 방향과 반대 방향이다. 이는 전기장의 방향을 (+)전하가 받는 방향으로 정의한 것과 같은 방법이다.

이러한 자기장의 방향은 자기력선으로 표시할 수 있는데, 자기력선을 얻기 위하여 얇은 종이 위에 철가루를 뿌리면 그림 5.1과 같이 철가루의 배열이 생긴다.

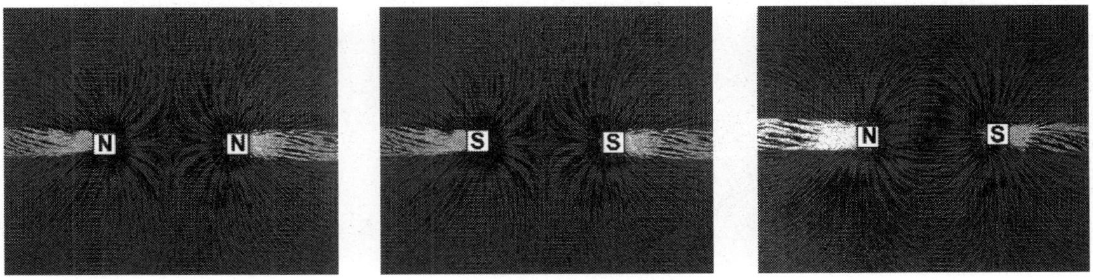

그림 5.1 자석 주위의 자기력선

자석의 내부 및 외부 공간에 분포하는 자기력선을 표시하며, 자기력선은 자석 내부와 외부에서 폐곡선을 이루며, 갈라지거나 서로 만나지 않는다. 자기력선 위의 한 점에 자침을 놓으면 자침의 N극은 자기력선의 접선 방향을 가리키며, 접선 방향이 그 점에서의 자기장의 방향을 나타낸다.

자기력선이 밀한 곳은 소한 곳보다 자기장의 세기가 강하다.

자석의 N극에서 발생하여 S극으로 유입하는 자기력선을 집합적 개념으로 표현할 경우, **자기력 선속** 또는 **자속**(magnetic flux)이라고 한다[41]. 단면 면적 $1\ \text{m}^2$를 수직으로 관통하는 자기력선을 **자속 밀도 벡터**(magnetic flux density vector), $\mathbf{B}$라고 한다.

앞서 말했듯이, 자속 ϕ (단위 Wb)의 밀도 단위는 Wb/m^2 또는 N/(A·m)를 쓰고 이것을 **테슬라**(T)라고 한다. 즉, **자속 밀도 벡터**(magnetic flux density vector) $\mathbf{B}$의 단위는

$$1\ \text{T} = 1\ \text{Wb/m}^2 = 1\ \frac{\text{N}}{\text{A·m}} \tag{5.2}$$

이다. 따라서 자기장에 수직인 단면 S (단위 m^2)를 지나는 자속을 ϕ (단위 Wb)라고 할 때 그 곳의 자속 밀도 벡터의 크기 B는

$$B = \frac{\phi\ (\text{Wb})}{S\ (\text{m}^2)} = \frac{\phi}{S}\ \ (\text{단위 T}) \tag{5.3}$$

이다.

41) 자속 Φ[Wb]는 자속밀도벡터 $\mathbf{B}$ [Wb/m^2]가 표면 $\mathbf{s}$ [m^2]를 수직으로 관통하는 성분들의 적분으로 정의한다.

$$\Phi = \int_S \mathbf{B} \cdot d\mathbf{s}$$

Hayt, W. H. Jr, Engineering Electromagnetics, 5th ed. McGraw-Hill, p.237, New York, 1989, ISBN 0-07-027406-1

5.3 전류가 만드는 자기장

자기장은 자석 주위에서 만들어진다. 또 전류가 흐르는 도선의 주위에도 자기장이 생긴다. 이는 전류가 흐르고 있는 도선 주위에 나침반을 가까이 가져가면 나침반의 바늘이 움직이는 현상으로 확인할 수 있다. 여러 종류의 도선에 전류가 흐를 때 생기는 자기장의 방향과 세기는 어떻게 되는지 알아보기로 하자.

1. 직선 전류가 만드는 자기장 H

전기 현상과 자기 현상은 오랫동안 서로 무관한 현상으로 생각되어 왔다. 그러나 1820년 **외르스테드**[42]는 도선에 전류가 흐를 때 직선 도선 주위에 놓인 자침이 움직이는 사실을 발견하여 전기와 자기 현상이 서로 관련되어 있음을 실험으로 알아냈다.

그림 5.2와 같이, 수평한 종이 위에 철가루를 뿌린 다음 면과 수직하게 설치한 도선의 위쪽 방향으로 전류를 흘려보내면, 도선 주위의 철가루는 도선을 원의 중심으로 하는 동심원 모양으로 배열되는 현상이 생긴다. 자기장 H의 방향을 알기 위하여 나침반을 놓으면 나침반 바늘의 *N*극이 일정한 방향으로 지시함을 확인할 수가 있다. 자기장 H와 자속밀도 B는 비례하므로 자기장 H의 방향과 자속밀도 B의 방향은 같다.

결과로부터 전류의 방향과 자기장의 방향의 관계를 찾을 수 있다. 전류의 흐름을 반대로 하면, 나침반의 바늘은 180° 회전하여 반대 방향을 가리키게 된다.

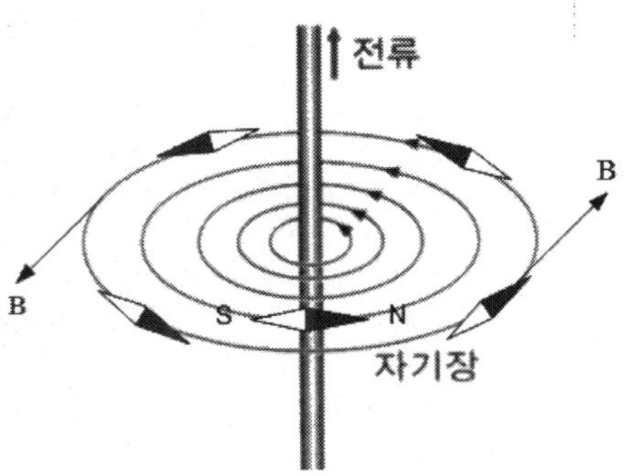

그림 5.2 직선 전류가 만드는 자속밀도 B에 의한 철가루 배열

42) 외르스테드(Oersted, Hans Christian ; 1777~1851) : 덴마크의 물리학자 · 화학자. 전류의 자기 작용을 최초로 발견하여 전자기학의 창시자가 되었다.
출처 또는 인용 : Hans Christian Ørsted (1997). Karen Jelved, Andrew D. Jackson, and Ole Knudsen, translators from Danish to English. Selected Scientific Works of Hans Christian Ørsted, ISBN 0-691-04334-5, pp.421-445

직선 전류가 만드는 자기장을 "오른손"과 "오른손 나사"를 이용하여 확인하면 그림 5.3과 같다. 오른손의 엄지를 전류의 방향으로 향하게 하고 도선을 움켜쥐면 네 손가락이 가리키는 방향이 도선 주위에 생기는 자기장의 방향이 된다. 즉, 전류가 흐르는 방향으로 오른 나사를 전진시킬 때, 나사가 돌아가는 시계 방향이 자기장의 방향이 된다. 전류 방향과 자기장 방향의 관계를 정의하는 법칙을 **암페어의 법칙**(Ampère's law)이라고 한다.

그림 5.3과 같이, 도선에 전류가 흐를 때 도선에서 수직 거리 r만큼 떨어진 곳에서의 자속밀도 B는, 전류의 세기 I에 비례하고 도선으로부터의 거리 r에 반비례한다. 즉,

$$B_{\text{직선}} = k_{\text{직선}} \frac{I}{r} = 2 \times 10^{-7} \frac{I}{r} \ \text{T (tesla)} \tag{5.4}$$

가 된다. 여기서 k는 비례 상수로서 B의 단위를 T(tesla), 전류의 단위를 A, 거리 r의 단위를 m로 하면,

$$k_{\text{직선}} = 2 \times 10^{-7} \ \text{N/A}^2 \tag{5.5}$$

이다. 비례 상수 $k_{\text{직선}}$의 값은 전류가 흐르는 두 도선 사이에 작용하는 힘의 관계에서 결정된다.

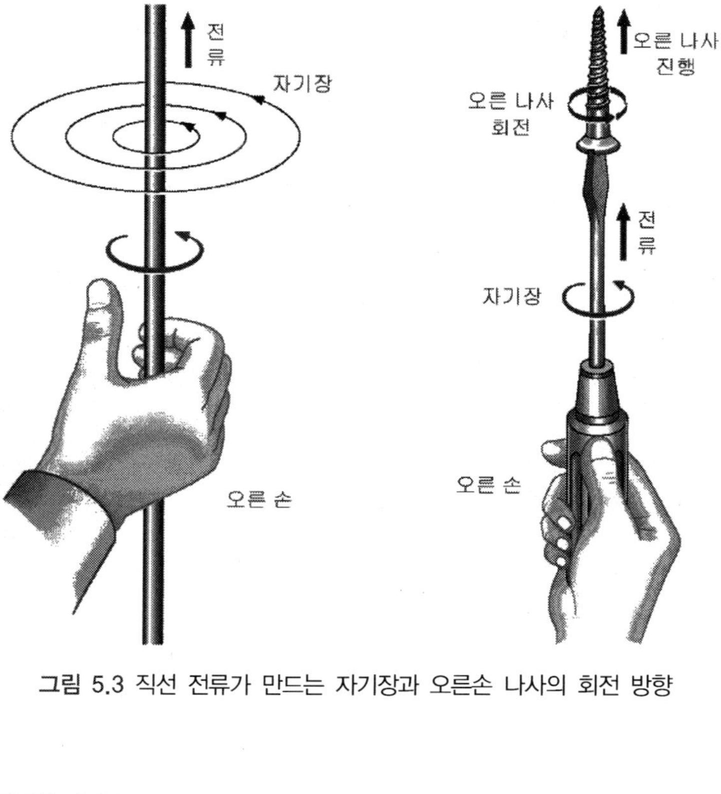

그림 5.3 직선 전류가 만드는 자기장과 오른손 나사의 회전 방향

인물탐구

그림 5.4 **암페어**

암페어 (André-Marie Ampère , 1775-1836)[43]

French physicist and mathematician who was one of the founders of the science of classical electromagnetism, which he referred to as "electrodynamics". He is also the inventor of numerous applications, such as the solenoid (a term coined by him) and the electrical telegraph. An autodidact, Ampère was a member of the French Academy of Sciences and professor at the École polytechnique and the Collège de France. professor at the École polytechnique and the Collège de France.

43) 출처 : https://en.wikipedia.org/wiki/Andr%C3%A9-Marie_Amp%C3%A8re
"앙페르" 라고도 한다.

예제 1

그림과 같이, $+y$ 방향의 균일한 자기장 H에 의하여 자속 밀도 B가 형성되어 있는 공간이 있다. 자기장 H 속에서 연직면과 $30°$의 각을 이루는 평면 S를 지나는 자속 밀도 B는 얼마인가? (단, 평면 S의 면적은 $0.4\ \mathrm{m}^2$이고 평면을 관통하는 자속은 $5\ \mathrm{Wb}$ 이다)

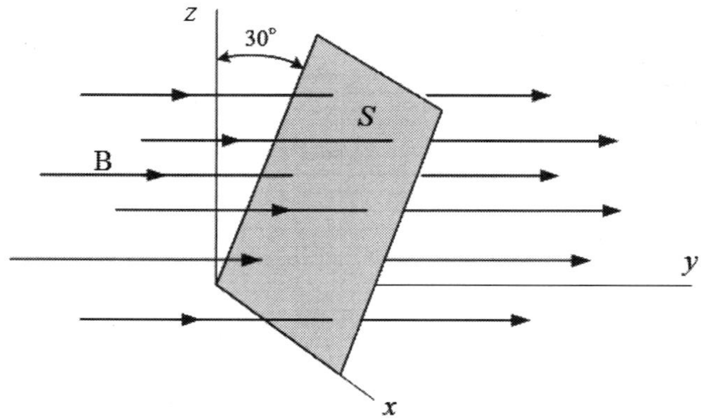

| 풀이 |

자속 $\phi = BA\cos\theta$에서 자속밀도벡터의 크기는

$$B = \frac{\phi}{A\cos\theta} = \frac{5\ \mathrm{Wb}}{0.4\ \mathrm{m}^2 \times \cos 30°} = 14.4\ \mathrm{T}$$

따라서, 벡터로 나타내면, $\mathbf{B} = 14.4\,\hat{\boldsymbol{x}}\ \mathrm{T}$

답 $\mathbf{B} = 14.4\,\hat{\boldsymbol{x}}\ \mathrm{T}$

예제 2

전류 $3\ \mathrm{A}$가 흐르는 긴 직선 도선에서 수직거리 $50\ \mathrm{cm}$ 떨어진 곳의 자속밀도벡터의 크기는 얼마인가?

| 풀이 |

$$B = 2\times 10^{-7}\frac{I}{r} = 2\times 10^{-7}\frac{3}{0.5} = 1.2\times 10^{-6}\ \mathrm{T}$$

답 $1.2\times 10^{-6}\ \mathrm{T}$

예제 3

그림과 같이 무한히 긴 두 직선 전류가 평행하게 20 cm 떨어져서 화살표 방향을 흐르고 있다. 두 도선에서 10 cm 떨어진 중간 지점 P 에서의 지면 속으로 향하는 자속밀도벡터의 크기는?

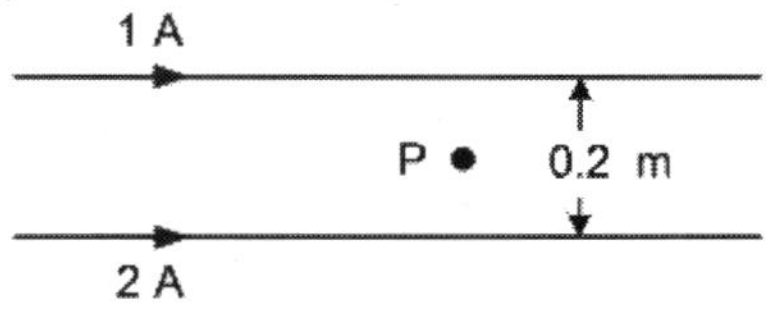

| 풀이 |

직선 전류 1 A에 의해 지면 속으로 향하는 자기장과 직선 전류 2 A에 의해 지면 앞으로 생기는 자속밀도벡터의 크기의 차이를 구한다.

$$B = B_2 - B_1 = 2\times10^{-7}\times\frac{2}{0.1} - 2\times10^{-7}\times\frac{1}{0.1}$$

$$= 2\times10^{-7}\times\left(\frac{2}{0.1}-\frac{2}{0.1}\right) = 2\times10^{-6}\ \mathrm{Wb/m^2}$$

답 $2\times10^{-6}\ \mathrm{Wb/m^2}$

예제 4

그림과 같이, 두 도선 A, B 에 각각 5 A와 3 A의 전류가 서로 반대 방향으로 흐르고 있다. 이때 점 P의 자속 밀도가 0이라면 도선 B에서 점 P까지의 거리 r은 몇 m인가?

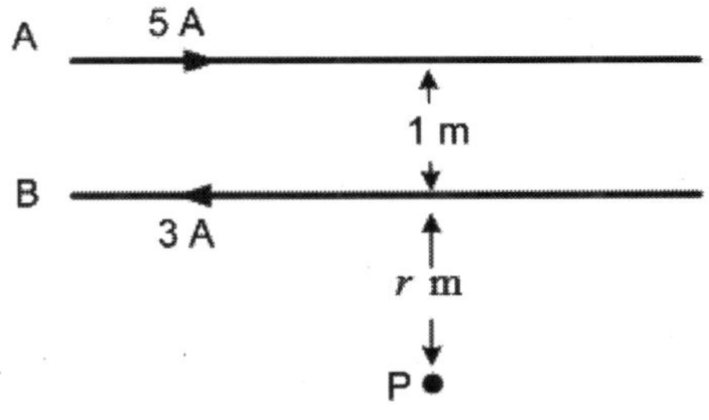

| 풀이 |

점 P 에서 5 A의 전류가 만드는 자속 밀도는

$$B_{\mathrm{A}} = 2\times10^{-7}\frac{5}{(1+r)}$$

이며 지면의 뒷 방향이고, 3 A의 전류가 만드는 자속 밀도는

$$B_{A}=2\times10^{-7}\frac{3}{r}$$

이며 지면의 앞 방향을 향한다.

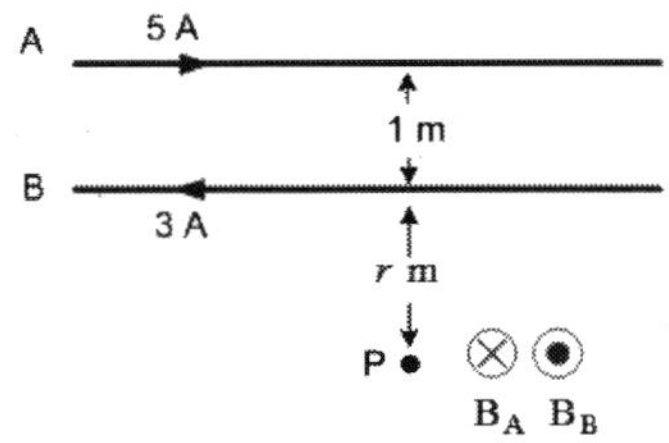

따라서, 점 P에서 자속 밀도가 0이 되려면 $B_A=B_B$이면 되므로,

$$2\times10^{-7}\frac{5}{(1+r)}=2\times10^{-7}\frac{3}{r},\quad \therefore r=1.5\text{ m}$$

답 $r=1.5\text{ m}$

예제 5

멀리 떨어져서 전류가 흐르는 네 도선이 지면에 수직을 이루고 있다. 전류 A와 B는 지면 앞으로 나오는 방향, C와 D는 지면 뒤로 들어가는 방향으로 흐를 때, 네 도선 근처의 자기력선 모양을 그려라.

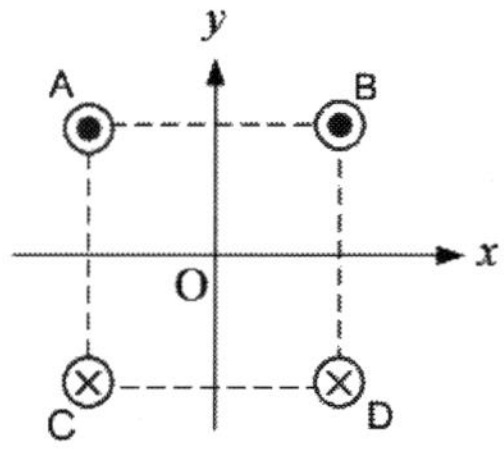

| 풀이 |

암페어 법칙을 이용하여 자기장의 방향을 찾는다.

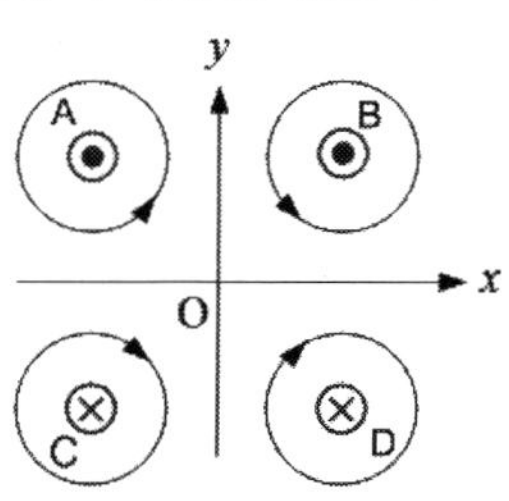

2. 원형 전류가 만드는 자기장

그림 5.5와 같이 원형으로 되어 있는 도선에 전류가 흐르면, 직선 도선에 전류가 흐를 때와 흡사하게 **원형 전류** 주위의 자력선이 배열된다. 즉, 원형으로 되어 있는 도선에 전류를 흘렸을 때는 짧은 직선 도선에 전류가 흐를 때 발생하는 자기장 H를 중첩한 것과 같다.

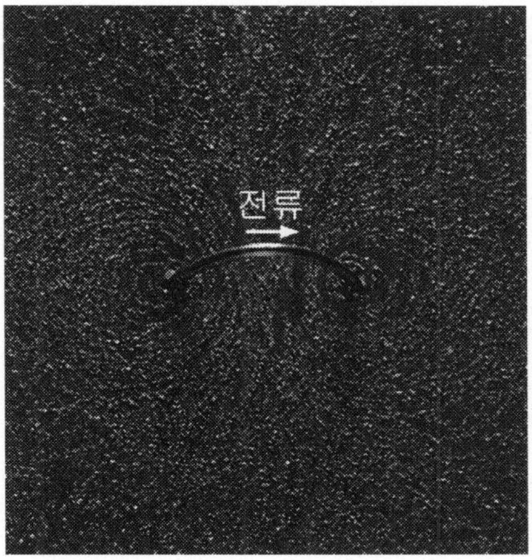

(a) 원형 전류가 만드는 자기장에 의한 철가루 배열

(b) 원형 전류와 자기장의 방향

그림 5.5 원형 전류가 만드는 자기장 H

알기 쉽게 나타내면 그림 5.6와 같다.

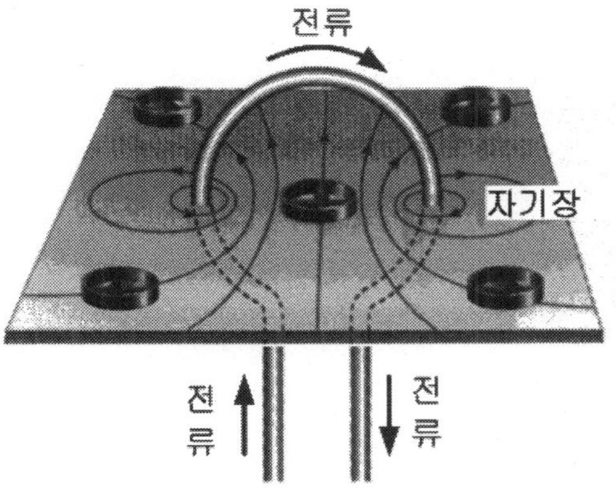

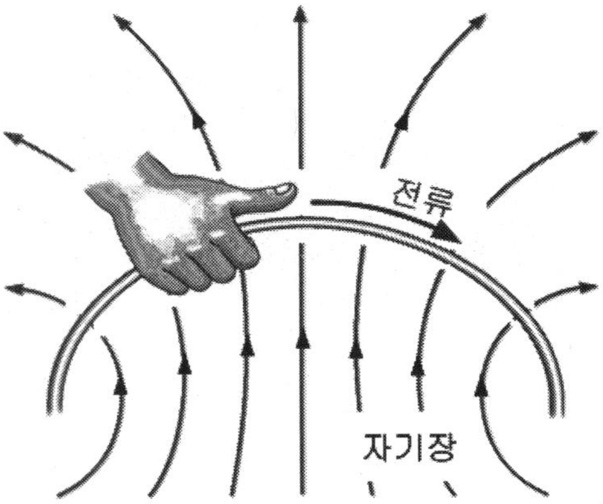

그림 5.6 원형 전류가 만드는 자기장과 오른손

원의 중심 부분에서는 자기력선이 원의 단면을 수직으로 뚫고 지나가지만, 도선에 가까운 곳에서는 암페어의 법칙에 따라 도선을 중심으로 동심원을 이루는 자기력선이 발생한다.

전류의 방향을 오른나사의 회전 방향과 일치시키면, 원형 전류가 만드는 자기장 **H** 의 방향은 나사의 진행 방향이다.

원형 전류에 의한 내부 중심 부분의 자속밀도의 세기 B 는 전류 I 에 비례하고, 원의 반지름 r 에 반비례한다. 즉,

$$B_{원형} = k_{원} \frac{I}{r} = 2\pi \times 10^{-7} \frac{I}{r} \quad \text{T} \tag{5.6}$$

이다. 식 (5.6)에서 비례 상수 $2\pi \times 10^{-7}$은 직선 전류가 만드는 자기장의 비례 상수 $k_{직선}$의 π 배이다. 도선을 N 번 감았을 때는 자속밀도의 세기 B 는,

$$B = 2\pi \times 10^{-7} \frac{NI}{r} \quad \text{T} \tag{5.7}$$

이다.

예제 1

반지름 5 cm 인 원의 둘레를 따라 도선을 30바퀴 감은 코일이 있다. 이 코일에 0.5 A 의 전류가 흐를 때 중심의 자속 밀도는 몇 T 인가?

| 풀이 |

$B = 2\pi \times 10^{-7} \frac{NI}{r}$ 에서,

$$B = 2\pi \times 10^{-7} \times \frac{30 \times 0.5}{0.05} \simeq 1.9 \times 10^{-4} \text{ T}$$

답 $B \simeq 1.9 \times 10^{-4}$ T

예제 2

지구 자기장의 세기가 0.5×10^{-4} T인 곳이 있다. 반지름 10 cm로 20바퀴 감아서 만든 원형 도선의 중심에서 지구 자기장이 상쇄되도록 하려면 몇 A의 전류를 흐르게 하여야 하는가?

| 풀이 |

20바퀴 감고 반지름이 r인 원형 도선에 전류 I가 흐를 때의 중심 부분에서의 자속밀도는

$$B=2\pi\times10^{-7}\frac{20\times I}{r}$$

이며, $r=0.1$ m, $B=0.5\times10^{-4}$ T

$$0.5\times10^{-4}=2\pi\times10^{-7}\frac{20\times I}{0.1}$$

$$\therefore I=4.0 \text{ A}$$

답 $I=4.0$ A

예제 3

그림과 같이 평면 xy의 직선 x–축을 따라 흐르는 10 A의 전류가 원점 O에서 휘어져서 동일 평면상에서 반지름 1 cm의 원형으로 한 바퀴 돌고, 원점 O에서 절연상태로 교차한 후 오른쪽으로 직선을 따라 전류를 흐르게 하였다.

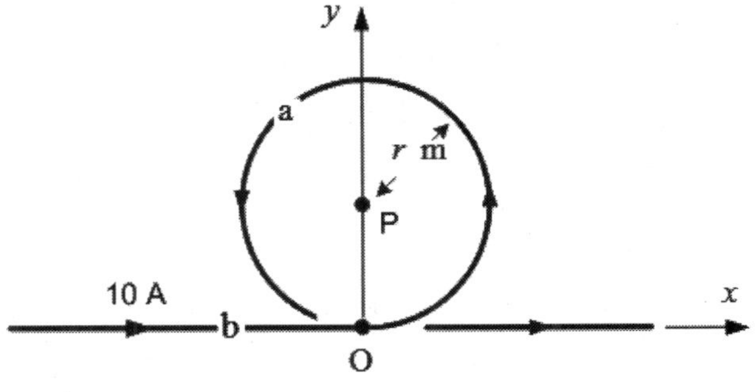

이 원형 도선의 중심 P에서의 자기장은 몇 T인가?

| 풀이 |

원형 도선의 중심 P 에서의 자속 밀도는 원형 도선 (a)과 직선 도선 (b) 에 흐르는 전류에 의한 자속 밀도의 합이다. 두 자속의 방향이 모두 지면 아래를 향하므로

$$\begin{aligned} B_P &= B_a + B_b \\ &= 2\pi \times 10^{-7} \frac{10}{1\times 10^{-2}} + 2\times 10^{-7} \frac{10}{1\times 10^{-2}} \\ &= 8.3\times 10^{-4}\ \mathrm{T} \end{aligned}$$

답 $B = 8.3\times 10^{-4}$ T

3. 솔레노이드가 만드는 자기장 H

긴 원통에 주변을 따라 여러 번 감은 도선을 **솔레노이드**(solenoid)라고 하며, 원형으로 된 도선을 여러 개 겹쳐 놓은 것과 같다. 솔레노이드에 전류가 흐르면 원형 전류가 합쳐진 것처럼, 내부의 자기력선은 솔레노이드 축에 평행하고 자기장 **H**는 거의 균일하다.

그림 5.7은 솔레노이드가 만드는 자기장의 방향을 나타낸다.

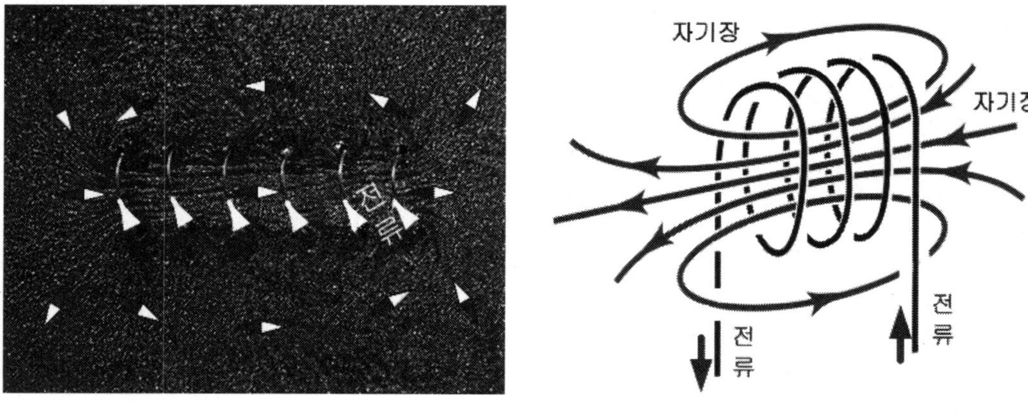

(a) 솔레노이드가 만드는 자기장에 의한 철가루 배열　　(b) 솔레노이드 전류와 자기장

그림 5.7 솔레노이드가 만드는 자기장

솔레노이드에 의한 자기장 **H** 는 막대자석에 의한 자기장과 비슷하다. 자기장 **H**의 방향은 그림 5.8과 같이, 오른손의 네 손가락을 전류의 방향으로 감아쥐었을 때 엄지손가락이 가리키는 방향이 N극이 된다.

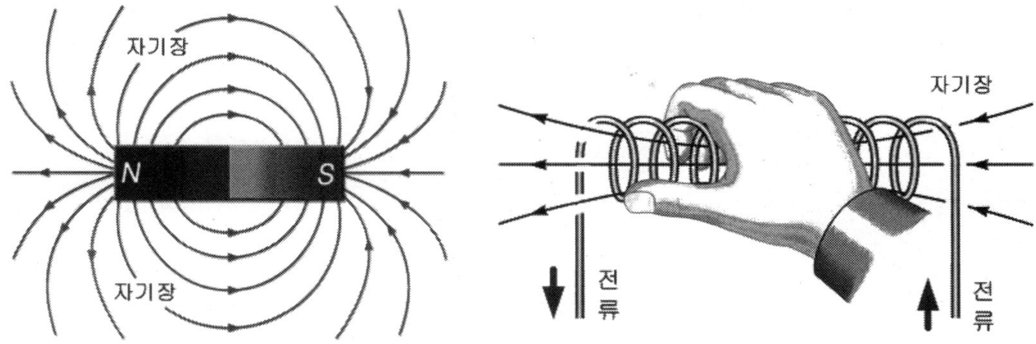

그림 5.8 자석과 솔레노이드가 만드는 자기장

즉, 솔레노이드에 흐르는 전류는 여러 개의 원형 전류를 합친 전류로 볼 수 있기 때문에 내부의 자기장 **H**의 세기는 축에 평행하고 균일하다.

솔레노이드 속의 자속밀도의 세기 B는 솔레노이드 원통 길이의 단위 길이당 감은 수 $n(=N/l)$와 전류의 세기 I에 비례하므로

$$B \propto nI \text{ [T]} \tag{5.8}$$

의 관계가 있다. 이를 비례 상수를 써서 등식으로 나타내면, B는

$$B_{\text{솔레}} = k_{\text{솔레}}\, nI = 4\pi \times 10^{-7}\, nI \text{ T} \tag{5.9}$$

가 된다. 여기서 $k_{\text{솔레}}$는 비례 상수이며 값은 $4\pi \times 10^{-7}$ Wb/(A·m)이다.

전류가 흐르는 솔레노이드 속에 연철 막대를 넣으면 연철은 자기장에 의하여 자석이 된다. 이 자석의 극은 오른손을 펴서 전류 쪽으로 솔레노이드를 감아 쥘 때 엄지손가락이 가리키는 방향이 N극이 된다.

전자석은 코일에 흐르는 전류는 세기를 변화시켜 자기장의 세기를 변화시킬 수 있을 뿐만 아니라 전류를 끊으면 자성을 잃게 되므로 이용 범위가 넓다. 전자석을 이용한 기구로서는 전화기, 전동기 등이 있으며, 원자핵을 연구하는 데 쓰이는 입자 가속 장치인 사이클로트론에도 이용된다.

예제 1

길이가 10 cm, 반지름이 3 cm인 원통의 외부에 코일을 100회 감았다. 이 코일에 전류가 1 A가 흐르고 있을 때 원통 내부의 자속 밀도를 구하여라.

| 풀이 |

$B = 4\pi \times 10^{-7} nI$에 $n = 1000$ 회/m, $I = 1$ A 를 대입한다.

$$\therefore B = 4\pi \times 10^{-7} \times 1000 \times 1 = 4\pi \times 10^{-4} \text{ Wb/m}^2$$

답 $B = 4\pi \times 10^{-4}$ Wb/m^2

예제 2

그림과 같은 감은 수 $n = 10$인 솔레노이드가 있다. 도선의 저항과 전자의 내부저항을 무시하고 다음 물음에 답하여라.

(a) 스위치를 눌러 주면 솔레노이드의 어느 쪽이 N극이 되는가?

(b) 가변 저항의 값을 2배로 하면 솔레노이드 내부의 자기장의 세기는 몇 배로 되는가?

(c) 감은 수를 $n' = 20$, 가변 저항의 값을 2배로 하면 솔레노이드 내부의 자기장의 세기는 몇 배로 되는가?

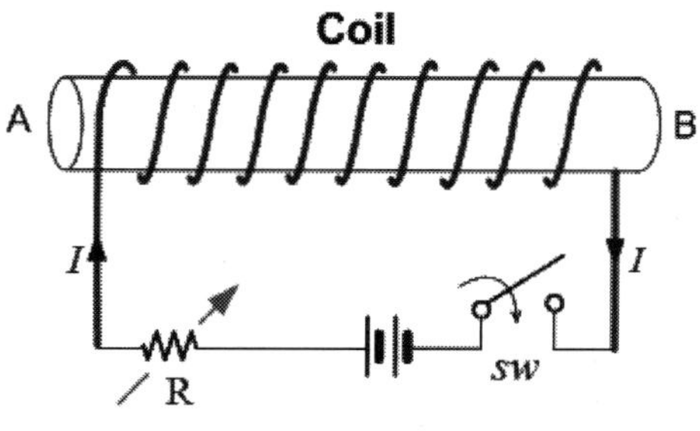

| 풀이 |

(a) N극의 방향 : 오른손으로 솔레노이드를 감아 쥘 때 엄지손가락이 가리키는 방향이 N극이므로 A쪽이 N극이다.

(b) 자속밀도의 세기 : 식 $B_{솔레} \propto nI$에서 전류는 저항에 반비례하므로 저항을 2배로 하면 전류는 1/2배가 된다. 자속밀도의 세기 B(단위 T)는 전류에 비례하므로, 전류가 1/2배로 되면 자기장 H의 세기도 1/2배로 된다.

(c) 식 $B_{솔레} \propto nI$ 에서 자속밀도의 세기 B (단위 T)는 감은 수와 전류의 곱에 비례한다. 감은 수 2배, 전류가 1/2배로 되었으므로

$$2 \times (1/2) = 1$$

따라서, 자속밀도에 비례하는 자기장의 세기는 변동이 없다.

답 (a) N 극의 방향 A쪽; (b) 자기장 H의 세기 1/2배; (c) 변동이 없다.

예제 3

길이가 50 cm 인 솔레노이드에 도선이 2000번 감겨 있다. 이 솔레노이드 내부의 자속 밀도가 0.08 T 라면 이 솔레노이드 회로에 흐르는 전류는 몇 A 인가?

| 풀이 |

$B = 4\pi \times 10^{-7} \frac{N}{l} I$ 에서

$$0.08 = 4 \times 3.14 \times 10^{-7} \frac{2000}{0.5} I$$

$$\therefore I = 16 \text{ A}$$

답 $I = 16$ A

5장 연습문제

01 무한히 긴 직선 도선에 2 A의 전류가 흐르고 있을 때 도선에서 0.5 m 떨어진 곳의 자속밀도 B는 몇 T인가?

답 8×10^{-7} T

02 아래 그림과 같이 나란한 두 개의 도선 #1, #2에 전류 2 A와 1 A가 반대 방향으로 흐를 때 A, B 및 C 각 점에서의 자속밀도의 비는 얼마인가?

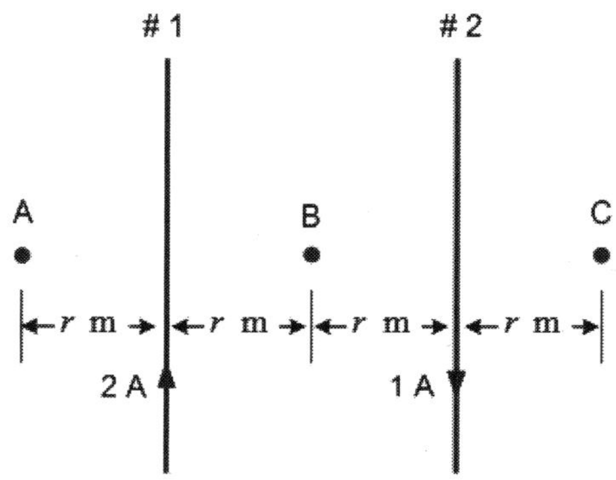

답 5 : 9 : 1

03 한 변의 길이가 1 m인 정사각형의 네 모서리에 도선 A, B, C, 및 D를 서로 평행하게 세워 놓고, 오른쪽 그림과 같이 각각의 도선에 10 A의 전류를 흘렀다. (단, ⊙는 지면에 수직하게 나오는 방향이고, ⊗는 지면에 수직하게 들어가는 방향이다)

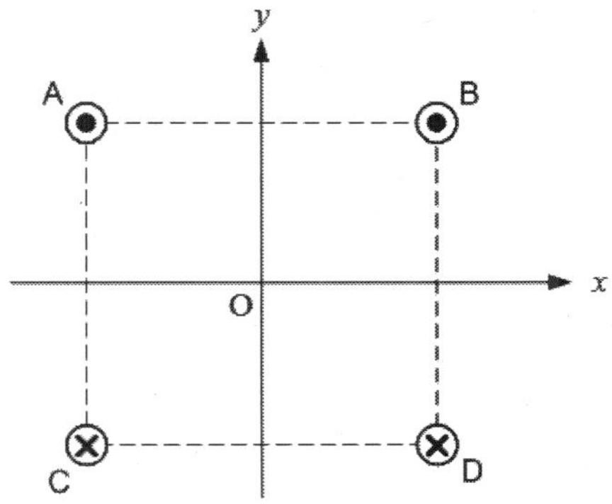

(a) 중심에서 자기장의 방향은 어느 방향인가?

(b) 중심에서 자속밀도의 세기는 얼마인가?

답 (a) x-방향; (b) 8×10^{-6} T

04 그림과 같이, 1×10^{-7} C으로 균일하게 대전된 반지름이 2π cm인 원형 고리가 중심축 둘레를 매초 100 회전하고 있다. 중심부에서 자속밀도는 얼마인가?

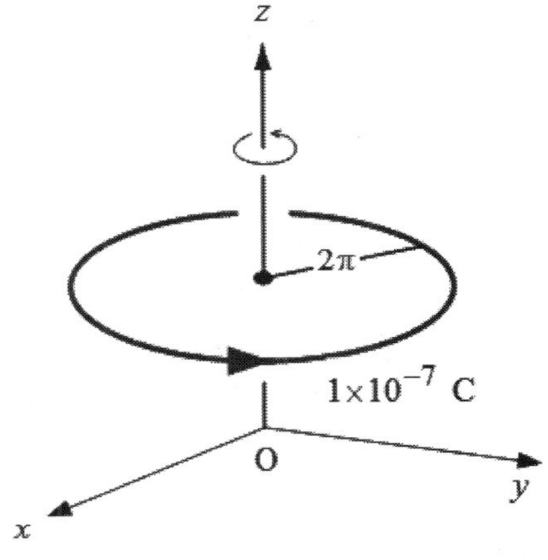

답 10^{-10} T

05 길이가 $0.5\ \mathrm{m}$인 도선을 원통에 규칙적으로 250번 감은 솔레노이드 코일에 $0.3\ \mathrm{A}$의 전류를 흐르게 하면 내부의 자속밀도는 몇 T인가?

답 $1.9 \times 10^{-4}\ \mathrm{T}$

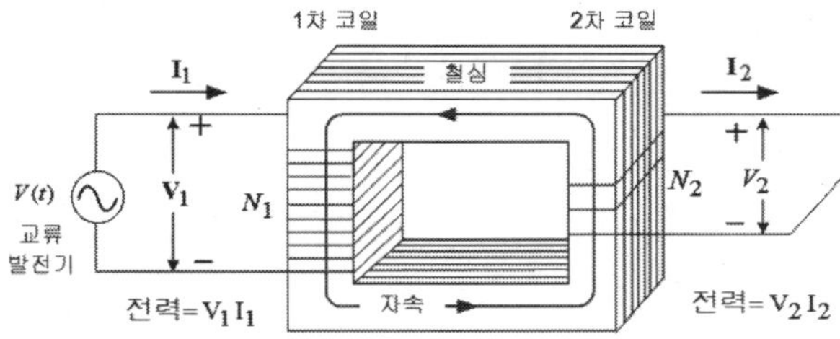

Chapter 6

전자기력

전류가 흐르는 도선의 주위에 자기장을 발생시키고 자석에 힘을 작용하는 현상을 외르스테드가 발표하였다. 암페어[44]는 이와 반대되는 현상으로서, "자석이나 전류가 만드는 자기장도 전류에 힘을 미칠 것이라고 예상하였으며, 서로 힘이 작용한다."는 사실을 밝혀냈다.

그가 발견한 법칙 즉, 암페어의 힘 법칙(Ampère's force law)은 전류가 흐르는 도선 사이에는 작용하는 흡인력 또는 반발력이 작용한다는 법칙이다. 이 법칙을 이용하여 전류의 세기의 단위 ampere (약어 A)를 정의한다.

진공 속에서 1 m 떨어져 있는 굵기를 무시할 수 있는 원형단면을 갖는 무한 길이의 두 평행도선에 같은 세기의 전류를 흐르게 하여 1 m 당 작용하는 힘이 2×10^{-7} N 일 때, 각 도선에 흐르는 전류의 세기를 1 A로 정의한다.

자기장 속에서 전류와 운동하는 전하가 받는 힘에 대하여 자세히 공부해 보자.

---

44) 인용 : Serway, R. A and Jewett; J. W. Serway's principles of physics: a calculus based text, 4th ed., Belmont, CA: Thompson Brooks/Cole (2006). p.746. ISBN 0-53449143-X.

6.1 전자기력

전하는 주위에 전기장을 만든다. 전기장 안에 있는 전하는 힘을 받는다. 전류가 만드는 자기장은 그 안에 놓여 있는 자석에 힘을 미친다. 반대로, 자석이나 전류에 의한 자기장 안에 있는 도선에 전류가 자기장 속에서 받는 힘의 크기와 방향은 어떻게 되는지 알아보기로 하자.

1. 전류가 자기장에서 받는 힘

전기장 안에 있는 전하는 힘(즉, 전기력)을 받는다. 자기장 안에 있는 도선에 전류가 흐르면 전류가 만드는 자기장과의 상호 작용으로 도선은 힘을 받는다. 따라서 전류도 자기장 속에서 힘을 받는데, 도선의 전류가 자기장 속에서 받는 힘을 **전자기력**(electromagnetic force)이라고 한다.

도선 내의 전기 에너지는 자기장 속에서 운동에너지의 형태로 전환될 수 있다. 이것이 전기 에너지를 사용하여 회전운동을 하는 전동기의 기본 원리이다. 선풍기, 전기 믹서기, 청소기, 세탁기에 사용되는 전기모터의 회전 운동은 전자기력을 이용한 제품들이다. 선풍기의 경우 날개 뒤쪽에 전동기가 있다. 이때 전동기는 전기 에너지를 운동에너지로 변환하는 에너지 변환장치라 볼 수 있다.

자기장 속에 있는 도선에 전류가 흐를 때 자기장의 방향과 도선에 흐르는 전류의 방향으로 도선이 받는 힘의 방향을 어떻게 결정하는가? 이 전자기력의 크기와 방향은 어떻게 되는지 알아보자.

힘 벡터를 찾아내기 위하여 세 가지 방법 즉,

플레밍의 왼손 법칙, 자기력선의 중첩, 벡터 곱

이 있다. 하나씩 살펴보자.

(1) 플레밍의 왼손 법칙(Fleming's left-hand law)을 이용하는 방법

왼손을 이용하여, 자기장 속에 있는 도선에 전류가 흐를 때 자기장의 방향과 도선에 흐르는 전류의 방향으로 도선이 받는 힘의 방향을 결정하는 규칙이다. 자기장 속에서 전류가 흐를 때 전류가 받는 힘의 방향을 왼손을 이용하여 알아볼 수 있다. 전자기력의 방향은 그림 6.1과 같이, 가운뎃 손가락을 전류 방향으로 왼손의 두 번째 손가락을 N극에서 S극 쪽으로 향하도록 하는 자계의 방향으로 일치시키면 도선이 받는 힘은 엄지손가락의 방향과 같다. 전자기력의 방향은 전류의 방향에 수직이고 자기장의 방향과도 수직이다. 이를 **플레밍의 왼손 법칙**(Fleming's left-hand law)이라고 한다[45].

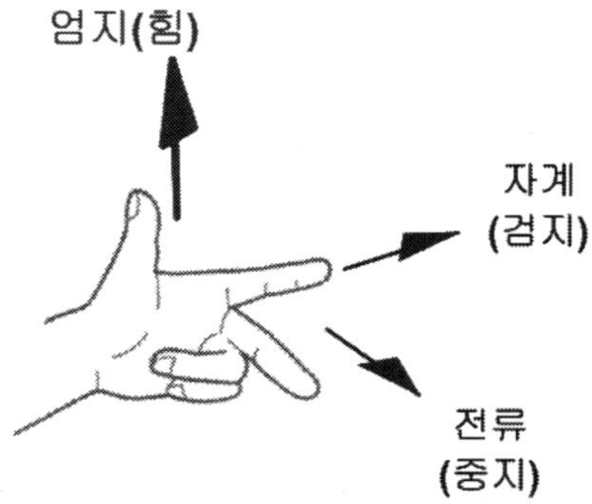

그림 6.1 플레밍의 왼손 법칙

그림 6.2는 자기장 속에서 전류 도선이 받는 방향을 나타내고 있다. 플레밍의 왼손 법칙에 의한 전자기력의 방향을 나타낸다.

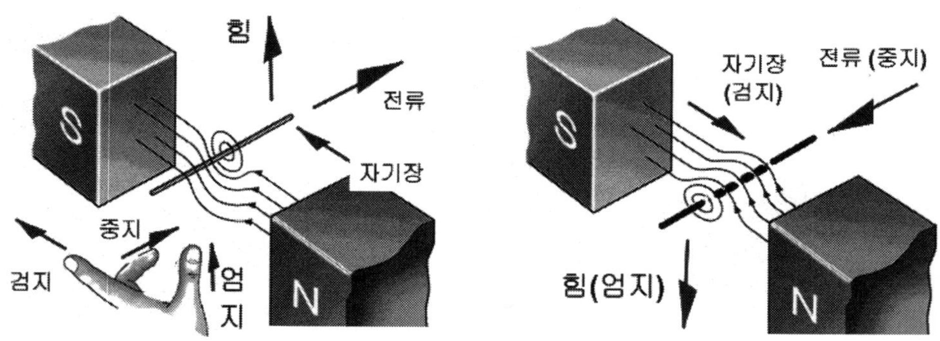

(a) 도선이 위쪽으로 힘을 받는 경우 (b) 도선이 아래쪽으로 힘을 받는 경우

그림 6.2 플레밍의 왼손 법칙에 의한 전자기력의 방향

자석의 극을 서로 반대로 바꾸거나 전류 방향의 반대로 하면 전류가 자기장 속에서 받는 힘의 방향도 반대로 바뀐다.

45) 오른손은 발전기 원리를 설명할 때 이용한다.

(2) 자기력선의 중첩 성질을 이용하는 방법

그림 6.2 (a)에서, 도선의 아래쪽은 두 개의 자기력선(자석에 의한 것과 전류에 의한 것)이 보강되어 강하게 되고, 위쪽은 상쇄되어 약하게 된다. 따라서 자기력선이 밀(密)한 곳에서 소(疏)한 곳으로, 즉 도선은 아래쪽으로부터 위쪽 방향의 힘을 받는다.

그림 6.2 (b)에서, 도선의 아래쪽은 두 개의 자기력선이 상쇄되어 약하게 되고, 위쪽은 보강되어 강하게 된다. 따라서 자기력선이 밀한 곳에서 소한 곳으로, 즉 도선은 위쪽으로부터 아래쪽 방향의 힘을 받는다.

(3) 두 벡터의 "벡터 곱(vector product)"을 이용하는 방법

전류가 흐르는 도선이 균일한 자기장에 수직으로 놓여 있을 때, 도선에 흐르는 전류가 받는 전자기력 $\mathbf{F}$ 는 자계 $\mathbf{B}$, 길이가 L 인 도선 전류의 세기 $\mathbf{I}L$, 자기장에서 전류가 받는 힘 $\mathbf{F}$ 는 두 벡터 $\mathbf{I}L$과 $\mathbf{B}$의 벡터 연산

$$\mathbf{F} = \mathbf{I}L \times \mathbf{B} \tag{6.1}$$

로 주어진다. 힘의 크기는

$$F = ILB \sin\theta \tag{6.2}$$

여기서 θ는 자기장과 도선이 이루는 각을 뜻한다. 힘의 방향은 $\mathbf{I}L$로부터 $\mathbf{B}$ 방향의 오른 나사를 돌릴 때, 나사가 진행하는 방향이다. 여기서 자기장의 단위는 T, 도선의 길이와 전류의 세기의 단위는 각각 m와 A이고 전자기력의 단위는 뉴턴(N)이 된다.

즉, 전류의 방향과 자기장 방향이 수직일 경우

$$F = ILB\sin\theta = ILB \sin 90^\circ = ILB \tag{6.3}$$

로서 최댓값을 갖는다. 평행일 경우

$$F = ILB\sin\theta = ILB \sin 0^\circ = 0 \tag{6.4}$$

로서 최솟값을 갖는다.

자기장에 수직으로 놓여 있는 직선 도선에 1 A의 전류가 흐르고 있을 때, 이 도선 1 m가 자기장과 도선에 대하여 직각으로 받는 힘이 1 N이 될 수 있는 자기장의 세기 B 는 1 T이다.

지구 표면에서의 자기장의 세기는 위치에 따라 다르나 대체로 $2 \sim 4 \times 10^{-5}$ T 정도이다.

전류가 자기장 속에서 받는 힘의 크기는, $\sin\theta$ 의 변화 특성에 따라, 전류의 방향이 자기장의 방향과 수직일 때 최대이며, 전류의 방향이 자기장의 방향과 수직이 아닐 때는 자기장과 전류의 방향이 이루는 각이 감소함에 따라 전자기력의 세기는 감소한다. 따라서 자기장의 방향과 전류의 방향이 일치하면 자기장 속에 놓여 있는 도선에 흐르는 전류는 힘을 받지 않는다.

- 예제 1

자속 밀도가 10 Wb/m^2인 균일한 자기장에 대하여 30° 방향으로 놓인길이 10 cm의 도선에 전류 5 A가 흐르고 있다. 도선이 받는 힘을 구하여라.

| 풀이 |

$$F = ILB\sin\theta$$
$$= 5\,\text{A} \times 0.1\,\text{m} \times 10\,\text{Wb/m}^2 \times \sin 30° = 2.5\,\text{N}$$

답 $F = 2.5$ N

- 예제 2

그림과 같이 두 도선 a, b에 각각 화살표 방향으로 전류 I_1, I_2 가 흐를 때 도선 b는 어느 동서남북 어느 방향으로 힘을 받을까?

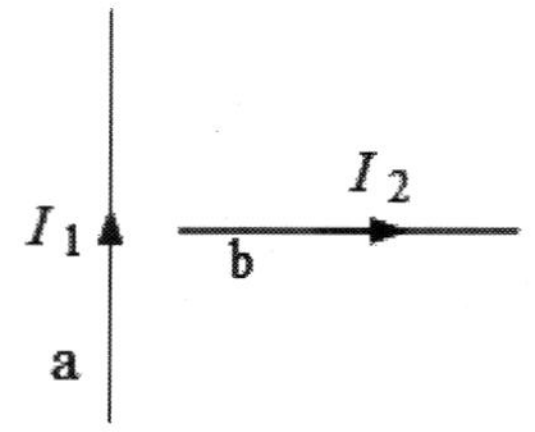

| 풀이 |

(1) 플레밍의 왼손 법칙(Fleming's left-hand law)을 이용하는 방법

전류 **I** L를 중지방향(동쪽, x방향)으로, 자속밀도 **B**를 검지방향 (지면 뒤쪽, y 방향)으로 일치시키면, 힘 **F**는 엄지(북쪽 z방향)으로 향하게 된다.

(2) 자기력선의 중첩 성질을 이용하는 방법

지면 뒤쪽을 양(positive)의 방향으로 정하자. 전류 I_1에 의하여 도선 a의 동쪽에는 지면 속으로 향하는 자속밀도 B_1이 생긴다. 전류 I_2 의하여 도선 b의 남쪽 영역에서는 지면 속으로 향하는 자속밀도 B_2가, 북쪽 영역에서는 지면 앞으로 향하는 자속밀도 B_2가 생긴다. 도선 b의 북쪽 영역에서는 상쇄되어 $B_1 - B_2$, 남쪽 영역에서는 보강되어 $B_1 + B_2$ 가 생긴다. 따라서 북쪽 영역의 자기장이 약하므로, 도선 b는 북쪽으로 밀리는 힘을 받는다.

(3) 두 벡터의 "벡터 곱(vector product)"을 이용하는 방법

전류의 세기 $\mathrm{I}L$를 x방향으로, 자속밀도 $\mathbf{B}$를 y방향으로 일치시키고 벡터 연산 $\mathrm{I}L \times \mathbf{B}$ 을 하면, 전자기력 $\mathbf{F}$는 z방향 즉, 북쪽을 향하게 된다.

답 북쪽

예제 3

그림과 같이 직선 도선 a와 일정한 모양을 유지하는 직사각형 도선 b가 동일 평면에 놓여 있고 각각에 I_1, I_2 의 전류가 흐를 때 직사각형 도선은 방향 동서남북 어느 방향으로 힘을 받을까?

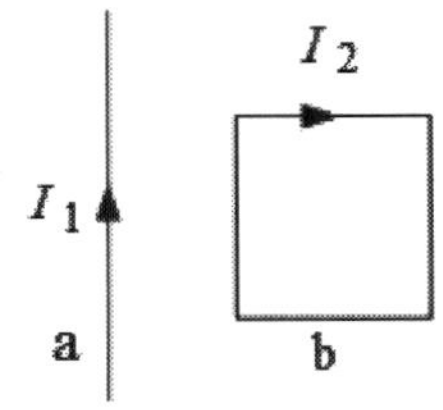

| 풀이 |

전류의 방향이 같으면 인력, 반대이면 척력이 작용한다. 또, 거리가 가까울수록 받는 힘은 크다. 따라서 도선 b는 동쪽으로 힘을 받는다.

[참고] 도선이 쉽게 변형될 수 있다면?

마주보는 평행도선을 흐르는 전류의 반향이 반대이므로, 서로 미는 힘을 나타낸다.
각 모서리에서 두 도선들이 고정되어있어서 변형이 없다.
그러나, 도선 중앙지점은 힘을 받게 된다. 따라서 사각형은 원의 꼴로 변형된다.

답 동쪽

2. 평행한 직선 전류 사이에 작용하는 힘

자석에 의하여 생성된 자기장 속을 흐르는 전류는 힘을 받는다. 마찬가지로, 전류에 의하여 생성된 자기장 속에 있는 전류도 힘을 받는다. 이러한 현상의 결과로서, 평행한 두 도선에 흐르는 전류들끼리는 어떤 힘이 서로 작용할까?

평행한 두 개의 직선 도선에 전류를 흐르게 하면, 하나의 도선에 흐르는 전류는 상대방 전류가 만드는 자기장 속에 있으므로 각기 상대방 전류에 의한 전자기력을 받게 된다.

그림 6.3과 같이, 평행한 두 도선에 각각 전류 I_1과 I_2가 흐르는 경우를 고려한다.

도선 a에 흐르는 전류 I_1은 암페어 오른손 법칙을 만족하는 동심원의 자기장 B_1을 만들며, 그 자기장 B_1 속에 놓여 있는 전류 I_2는 전자기력을 받는다. 도선 b 에 흐르는 전류 I_2도 암페어 오른손 법칙을 만족하는 동심원의 자기장 B_2을 만들며, 그 자기장 B_2 속에 놓여 있는 전류 I_1 는 전자기력을 받게 된다. 따라서 도선 a에서 거리 r 만큼 떨어진 곳에서의 자속밀도의 세기 B는

$$B_{직선} = k\frac{I_2}{r} \tag{6.5}$$

가 된다.

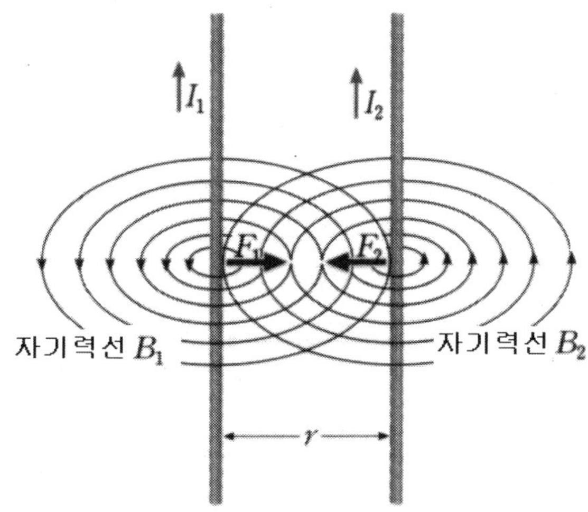

그림 6.3 평행 직선 전류에 작용하는 힘

예제 1

공간에서 2 m 떨어진 두 평행한 직선 도선 a, b에 1 A와 9 A의 전류가 같은 방향으로 흐르고 있다. 자기장의 세기가 0이 되는 곳은 1 A가 흐르는 도선에서 몇 m 떨어진 곳인가?

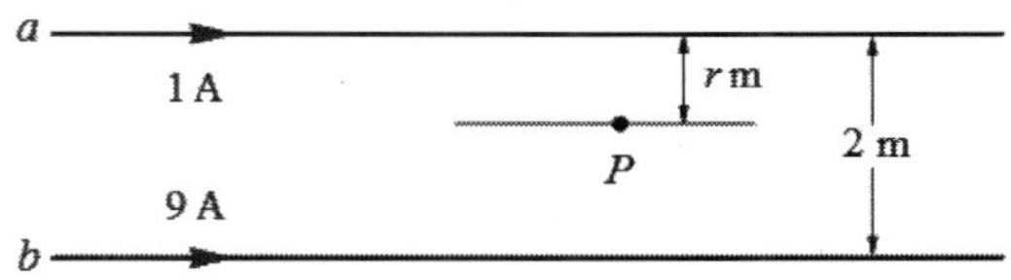

| 풀이 |

$$k\frac{1}{r}=k\frac{9}{2-r},\ k\frac{1}{r}=k\frac{9}{2-r},\ 9r=2-r,\ r=0.2\ \mathrm{m}$$

답 $r=0.2\ \mathrm{m}$

예제 2

세 점 a, b, c가 거리 $2r$씩 떨어져 있고, 각 점들의 중앙 지점을 관통하여 한 쌍의 평형 도선이 위치한다. 각 도선에 1 A와 2 A의 전류가 흐르고 있다. 세 점 a, b, c의 자속 밀도의 크기 비 $B_a : B_b : B_c$는 얼마인가?

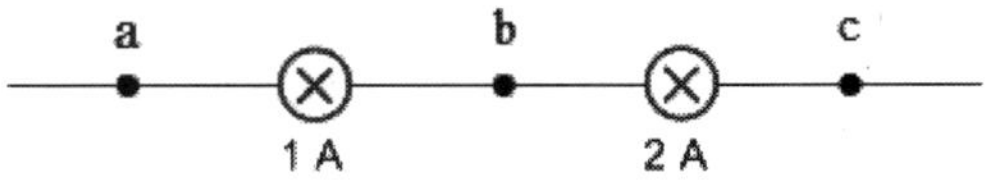

| 풀이 |

세 점 a, b, c 의 위쪽을 양(positive) 의 방향으로 정하자.

$$B_a : B_b : B_c = (k\frac{1}{r}+k\frac{2}{3r}) : (k\frac{2}{r}-k\frac{1}{r}) : (-k\frac{2}{r}-k\frac{1}{3r})$$

정리하면,

$$B_a : B_b : B_c = \frac{5}{3r} : \frac{1}{r} : \frac{-7}{3r} = 5:3:-7$$

따라서, 크기 비는 $B_a : B_b : B_c = 5:3:7$ 이다.

답 $B_a : B_b : B_c = 5:3:7$

도선 a에 의하여 생성되는 자기장의 I_1으로부터 r만큼 떨어진 곳에 전류 I_2가 흐르는 길이 l인 도선이 받는 전자기력은

$$F = B_{직선}\ I_2\, l = k\frac{I_1 I_2}{r}\, l \tag{6.6}$$

이 된다. 즉, 두 직선 도선에 각각 전류 I_1, I_2가 흐를 때 각 도선의 길이 l인 부분이 받는 힘 F는

$$F = 2\times 10^{-7}\frac{I_1 I_2}{r} l \tag{6.7}$$

이 된다.

그림 6.4는 플레밍의 왼손 법칙에 의하여 평행 직선 전류에 작용하는 힘을 나타낸다.

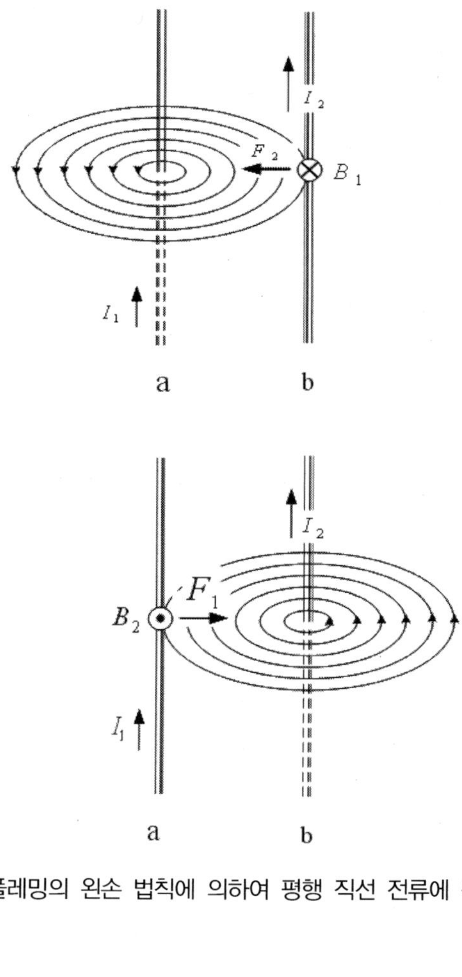

그림 6.4 플레밍의 왼손 법칙에 의하여 평행 직선 전류에 작용하는 힘

두 평행 도선에 흐르고 있는 전류 사이에는 힘이 작용한다. 힘의 크기는 같고 방향만 서로 반대로 작용한다. 즉, 그림 6.5와 같이, 두 직선 전류의 방향이 같을 때는 흡인력이 작용하고 두 전류의 방향이 반대일 때는 반발력 작용한다.

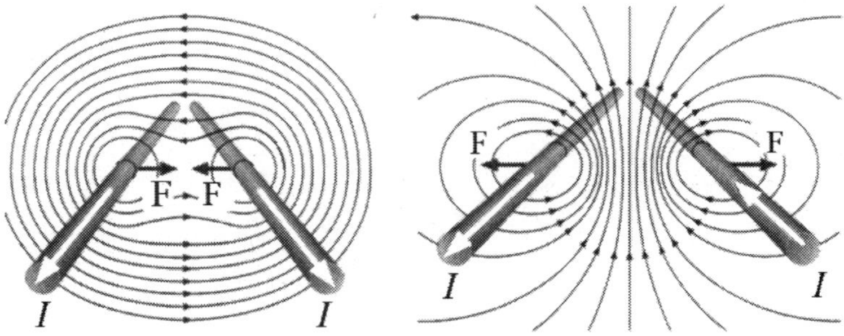

(a) 전류의 방향이 같을 때 (b) 전류의 방향이 반대일 때

그림 6.5 전류가 흐르는 두 평행 도선 사이에 작용하는 힘

예제 3

무한히 긴 직선 도선 두 개가 평행하게 놓여 있다. 서로 r 만큼 떨어뜨려 놓고 전류를 흘렸을 때 서로 작용하는 힘이 F 였다. 이 두 직선 도선이 $2r$ 만큼 떨어져 있을 때 작용하는 힘의 크기는?

| 풀이 |

무한 길이의 일부분인 길이 l인 도선이 받는 힘은,

$F = 2 \times 10^{-7} \frac{I_1 I_2}{r} l$ 에서

$$\therefore F \propto \frac{1}{r} \text{ 이므로, } \frac{F}{2}$$

답 $\frac{F}{2}$

예제 4

평행한 두 도선에 3 A와 4 A의 전류가 서로 반대 방향으로 흐르고 있다. 두 도선이 10 cm 떨어져 있을 때, 3 A의 도선 1 m에 작용하는 전자기력은 몇 N이 되는가?

| 풀이 |

3 A의 전류가 흐르고 있는 도선 1 m에 작용하는 힘 F는

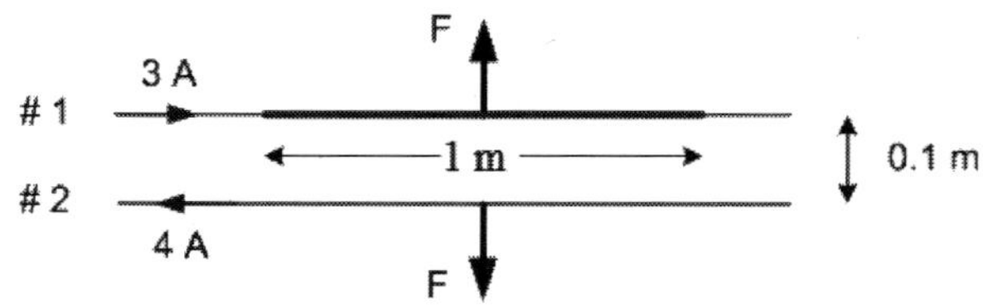

$$F = 2 \times 10^{-7} \frac{I_1 I_2}{r} l = 2 \times 10^{-7} \times \frac{3 \times 4}{0.1} \times 1 = 2.4 \times 10^{-5}\,\text{N}$$

이 되며 척력이다.

답 척력, $F = 2.4 \times 10^{-5}\,\text{N}$

3. 대전 입자가 자기장 속에서 받는 힘

작은 입자(원자핵이나 소립자)를 쪼개거나 미세 구조를 밝히기 위해서는 큰 에너지를 갖는, 대전된, 작은 입자(전자나 양성자 같은 하전입자)를 강력한 전기장이나 자기장 속에서 가속시켜 큰 운동 에너지를 갖는 상태에서 입사시켜야 한다. 전기장(**E**)과 자기장(**H**)을 이용하여 대전 입자를 가속시키고 궤도 반지름이 점점 커지는 원운동을 하다가 원자핵으로 진입하도록 고안된 장치가 **입자 가속기(particle accelerator)**이다. 흔히 볼 수 있는 CRT(cathode-ray tube, **음극선관**) 텔레비전 수상기는 간단한 형태의 입자 가속기이다. 입자 가속기에서와 같이 자기장 내에서 운동하는 대전 입자는 어떤 힘을 받는지 알아보자.

대형 강입자 충돌기(大型强粒子衝突器, Large Hadron Collider, 줄여서 LHC)는 CERN(유럽 원자핵연구단체)에서 세운 입자 가속 및 충돌기로, 스위스 제네바 근방에 위치하고 있다. 2008년 9월 10일, 가동을 시작하였다. LHC는 초전도 입자들의 에너지를 증가시키기 위한 가속 장치와 함께 27km 자석 링으로 구성되어 있다. 목표 에너지 수치는 13 TeV로 세계 최대, 최고 에너지의 입자 가속기다[46].

우주의 근본 구조를 연구하기 위하여 가장 복잡한 과학적 도구를 사용하고 있다. 미립자 연구에서 가장 중요한 연구 도구이다.

그림 6.6 입자가속기

전류는 양전하가 운동하는 현상이고, 운동하는 대전 입자는 자기장 속에서 힘을 받게 된다. 운동하는 대전 입자가 자기장에 의하여 받는 힘의 크기와 힘의 방향에 대하여 알아보자. 전류가 흐르는 도선이 자기장에 의하여 받는 힘을 미시적으로 분석해 보면 도선 내에 있는 운동하는 대전 입자(즉, 전자)들이 받는 힘이다. 도선을 따라 흐르는 전류는 자유 전자의 흐름에 의한 것이고, 자기장 속에 놓인 도선을 따라서 흐르는 전류는 힘을 받는다. 자기장 속에서 전류가 힘을 받는 원인은 도선 내부의 자유 전자(즉 대전 입자)가 힘을 받기 때문이다.

그림 6.7은 자기장 H 에 수직으로 놓인 도선 내에서 자유 전자가 이동하는 것을 모형으로 나타낸 것이다. 자기장 B 에 수직으로 놓인 길이 l 인 도선에 전류 I가 흐르면 도선이 받는 힘 F는 $F = IlB$가 된다.

46) http://cds.cern.ch/record/1495143
http://home.web.cern.ch/about

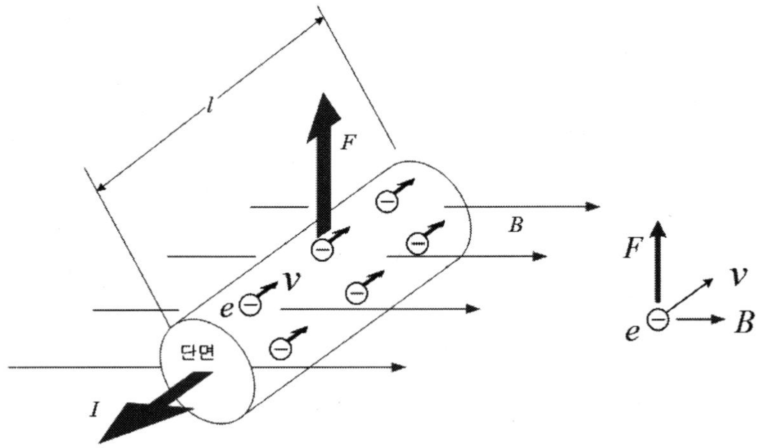

그림 6.7 운동하는 입자가 자기장 속에서 받는 힘

자기장 B에 수직으로 놓인 길이 l인 도선에 전하량이 $q=e$인 자유 전자 N개가 v의 속력으로 시간 t 동안 지난다고 하면, 단위 시간의 도선 단면을 통과하는 전하량 즉, 전류의 세기 I를 구할 수 있다. 전류란 단위 시간에 도선의 어떤 단면적을 지나는 전하량으로 정의할 수 있으므로

$$I=\frac{Nq}{t} \tag{6.8}$$

로 나타낼 수 있다. 여기서 N은 대전 입자의 개수이고, q는 대전 입자의 전하량이다. 그러므로 자기장에서 대전 입자가 받는 전자기력은

$$F=BIl=B\left(\frac{Nq}{t}\right)l=NqvB \tag{6.9}$$

로 되고, 대전입자 1개가 받는 힘의 크기는,

$$F=qvB \tag{6.10}$$

가 된다. 따라서 일반적으로 전하량 q인 대전 입자가 전기장 E 속에서 받는 힘 $F_e=qE$, 자기장 B 속에서 받는 힘 즉, 자기력 F는

$$F_m=qvB$$

이다. 전기장 (E)과 자기장(B)이 동시에 존재하는 공간에서 받는 힘은

$$F = qE + qvB = q(E + vB) \qquad (6.11)$$

이 된다. 힘을 **로렌츠의 힘**(Lorentz force)이라고 한다. 이때 로렌츠의 힘 F의 방향은 자기장 B와 대전 입자의 속도 v에 직각인 방향이다. 이들의 방향 관계는 플레밍의 왼손 법칙에서 I의 방향과 (+)전하의 속도의 방향을 대응시키면 된다.

예제 1

그림과 같이 전류 I가 북쪽으로 흐르는 직선 도선을 향하여 전자가 동쪽으로부터 도선에 직각인 방향으로 접근할 때, 이 전자가 받는 로렌츠 힘의 방향을 구하여라.

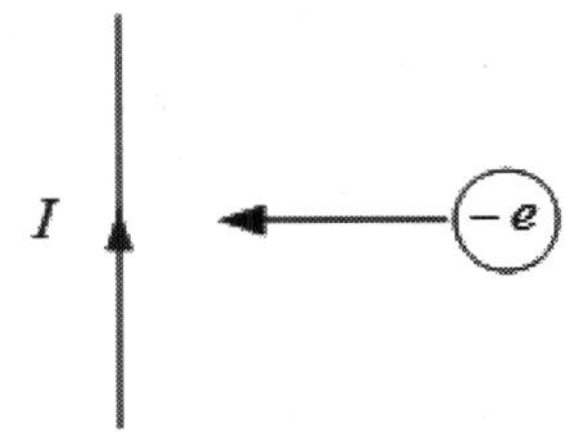

| 풀이 |

도선 오른쪽에 생기는 자기장의 방향은 지면 속으로 향한다. 접근하는 전자는 북쪽 방향으로 로렌츠 힘을 받는다.

답 북쪽 방향.

예제 2

자속밀도가 5 T인 자기장을 향하여 수직한 방향으로 10^7 m/s의 속도로 입사할 때 4×10^{-2} N의 힘을 받았다면 이 대전 입자의 전하량은 몇 C인가?

| 풀이 |

$F = Bqv$에서 q는

$$q = \frac{F}{Bv} = \frac{4\times10^{-2}}{5\times10^{7}} = 8\times10^{-10}\ \mathrm{C}$$

답 $q = 8\times10^{-10}$ C.

4. 등속 원운동의 원심력

대전 입자의 속도 $\mathbf{v}$ 및 자계 $\mathbf{B}$ 가 각 θ를 이룰 때 대전 입자에 작용하는 힘 $\mathbf{F}$는

$$\mathbf{F} = q\mathbf{v} \times \mathbf{B}$$

이다. 벡터 $q\mathbf{v}$ 와 벡터 $\mathbf{B}$ 의 벡터 곱(vector product)으로 나타난다.

힘 $\mathbf{F}$ 를 크기로 나타내면

$$F = qvB \sin\theta \tag{6.12}$$

된다.

$\theta = 90^\circ$ $\theta = 0$이면 힘을 받지 않으므로 $F = 0$이 된다.

$\theta = 90^\circ$ 이면, 즉 수직으로 입사하면, 원운동을 하게 된다.

$\theta = 0^\circ$ 도 아니고 $\theta = 90^\circ$ 도 아니면, **나선 운동**을 하게 된다.

균일한 자속 밀도 B 인 자계 H 속에 자기장과 수직하게 전하량 q인 입자가 속도 크기 v로 그림 6.8과 같이 입사되었다면, 이 대전된 입자의 운동의 방향에 수직인 힘이 작용한다. 이 대전 입자는 자기장에 수직인 면내에서 원운동을 하게 된다.

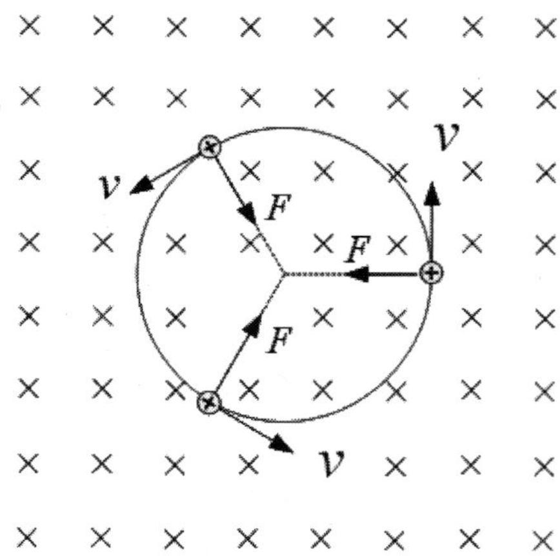

그림 6.8 자기장 내의 대전 입자의 원운동

이때 원의 반지름을 r, 대전 입자의 질량을 m이라고 하며, 로렌츠 힘이 원운동의 구심력

$$\frac{mv^2}{r} \tag{6.13}$$

과 같아지므로,

$$\frac{mv^2}{r} = qvB, \quad \frac{mv}{r} = qB \tag{6.14}$$

의 관계가 성립된다. 여기서 대전 입자의 궤도 반지름 r를 구하면

$$r = \frac{mv}{qB} \tag{6.15}$$

를 얻을 수 있다. 이 경우 같은 종류의 대전 입자들의 속도 크기 v가 같아지면 대전 입자의 궤도 반지름과 대전 입자의 질량은 비례한다. 이 원리를 이용하여 질량 분석기를 만들어 **동위원소**를 분리해 낼 수 있다. 그리고 대전 입자의 원운동 주기 T는

$$\frac{2\pi r}{v} \tag{6.16}$$

이므로

$$r = \frac{mv}{qB} \tag{6.17}$$

와의 관계에서

$$T = \frac{2\pi r}{v} = \frac{2\pi m}{qB} \tag{6.18}$$

을 얻을 수 있다. 이 식에서 알 수 있듯이, 주기 T는 궤도 반지름 r에 관계없다.

여기서 대전 입자의 원운동의 주기는 입자의 속도에 무관하고, 속도가 커지면 큰 원궤도를 그려주지만 주기는 일정하다.

이 원리 대전 입자를 가속시켜서 큰 운동 에너지를 갖는 입자 가속 장치인 사이클로트론에 이용된다. 이 외에도 텔레비전 수상기, 전자 현미경, 질량 분석기 등에도 이 원리를 이용하고 있다.

그리고 전위차 V인 평행한 커패시터 사이에는 전하 q인 대전 입자가 가속될 때 입자가 받은 일은 qV이며, 이 일은 입자의 운동 에너지로 나타난다. 이때 입자의 속도 크기를 v라고 하면

$$\frac{1}{2}mv^2 = qV \tag{6.19}$$

에서

$$v = \sqrt{\frac{2qV}{m}} \tag{6.20}$$

가 된다. 따라서 식 (6.15)와 (6.20)에서

$$\frac{q}{m} = \frac{2V}{B^2r^2} \tag{6.21}$$

의 관계를 얻을 수 있으며, 여기서

$$\frac{q}{m} \tag{6.22}$$

는 비전하[比電荷]이다.[47]

만일, 그림 6.9와 같이 대전 입자가 속도 크기 v로, 균일한 자기장 B 속으로 각 θ로 비스듬히 입사하였다면, 자기장에 평행한 속도 성분인 v_x는 $v\cos\theta$로 자기력을 받지 않아 등속 직선 운동을 하며, 자기장에 수직한 속도 성분 v_y는 $v\sin\theta$로 자기력이 구심력이 되어 등속 원운동을 한다. 따라서 대전 입자가 나선 운동을 한다.

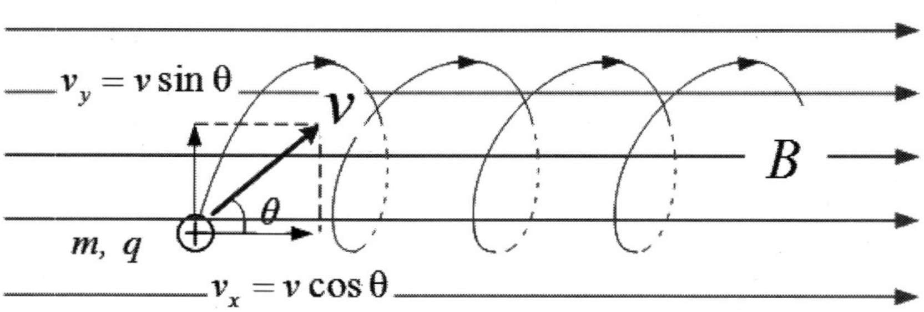

그림 6.9 자기장에 비스듬히 입사한 대전 입자의 운동

47) specific charge, mass-to-charge ratio

예제 1

그림과 같이 지면에 수직이며 균일한 자기장 영역에, 전하량과 속력은 같으나 질량이 다른 여러 종류의 입자를 자기장과 수직인 방향으로 입사시켰다. 입사점 O와 입자가 도달한 점 P 사이의 거리를 d이라 할 때, 입자의 질량 m과 d의 관계는 어떤 함수 관계인가?

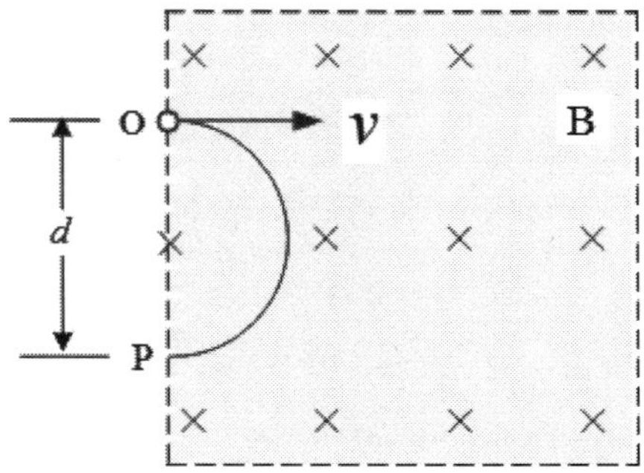

| 풀이 |

$$Bqv = m\frac{v^2}{r},\ r = \frac{mv}{Bq}$$

$$\therefore \frac{d}{2} = \frac{mv}{Bq},\ d = 2\frac{v}{Bq}m \quad \therefore d = km$$

일차함수 관계이다.

답 일차함수 관계

예제 2

자속 밀도가 10 Wb/m^2인 균일한 자기장으로 수직하게 운동하는 전자의 속도가 2×10^{-3} m/sec 이라고 한다. 전자가 받는 힘의 크기를 구하여라.

| 풀이 |

$$F = qvB$$
$$= (1.6\ \text{C}) \times (2\times10^{-3}\ \text{m/sec}) \times (10\ \text{Wb/m}^2)$$
$$= 3.2\times10^{-21}\ \text{N}$$

답 $F = 3.2\times10^{-21}$ N

예제 3

전기장과 자기장이 서로 수직으로 주어진 공간에 전하 q 가 이들 장에 수직으로 입사되었다. 이때 이 전하가 등속 직선 운동을 계속하였다면 전하의 속도 크기 v 는? (단, 전기장의 크기는 E, 자속밀도의 크기는 B, 전하의 질량은 m이다.)

| 풀이 |

$qE = qvB$ 에서 $v = \frac{E}{B}$

답 $v = \frac{E}{B}$.

예제 4

그림과 같이 x축 방향으로 전자가 운동하고 있다. 이때 전기장을 y축 방향으로 가하고도 이 전자가 직진하려면 자기장을 어느 방향으로 걸어야할까?

(a) $+x$ 방향 (b) $-x$ 방향 (c) $+z$ 방향 (d) $-z$ 방향

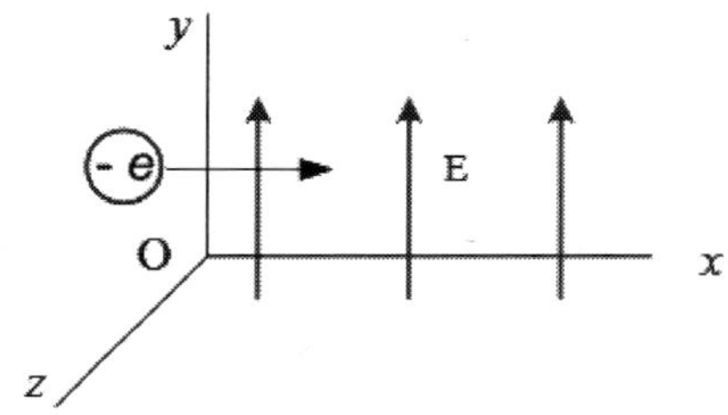

| 풀이 |

전기장과 자기장에서 받는 힘의 크기는 같고 방향은 반대이어야 한다.
따라서 자기장을 $+z$-방향으로 걸어야 한다.

답 $+z$-방향

-예제 5

직선 도선에 10 A의 전류가 흐르고 있다. 이 도선으로부터 5 cm 떨어진 곳에서 전하량 1.6×10^{-19} C인 전자가 그림과 같이 오른쪽으로 10^7 m/s의 속도로 운동할 때 이 전자가 받는 힘의 크기는?

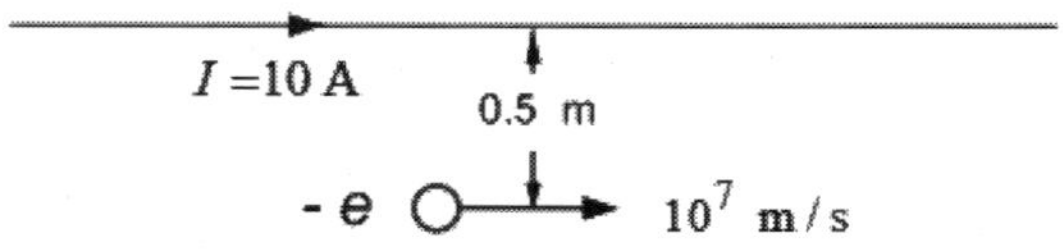

| 풀이 |

자기장 $B=2\times10^{-7}\dfrac{I}{r}$ 에서 B를 구하고 $F=qvB$에 대입해서 힘을 구한다.

$$B=2\times10^{-7}\frac{I}{r}=2\times10^{-7}\frac{10}{0.05}=2\times10^{-7}\times200=4\times10^{-5}$$

이므로,

$$\begin{aligned}F=qvB&=1.6\times10^{-19}\times10^{7}\times4\times10^{-5}\\&=6.4\times10^{-17}\,\text{N}\end{aligned}$$

이다.

답 $F=6.4\times10^{-17}$ N

6.2 전자기력의 응용

전류가 자기장 속에서 받는 힘 즉, (전)자기력을 이용하는 기기에는 전동기, 전류계, 전압계, 스피커, 질량 분석기 그리고 입자 가속기(사이클로트론) 등 여러 가지가 있다. 여기서는 전자기력을 응용한 기기들의 원리에 대하여 알아보기로 하자.

1. 전동기

그림 6.10에 보인 **전동기(電動機, electric motor)**는 전기 에너지를 역학적 에너지(즉 기계적인 일)로 바꾸는 대표적인 전기 기기[機器]이다[48]. 선풍기, 세탁기, 에어컨, 에스컬레이터, 전동차 등이 그 예가 된다.

그림 6.10 전동기(motor)

그림 6.11은 전동기가 동작하는 원리를 나타낸다. 전동기는 자속 밀도가 B 인 균일한 자기장 속에 사각형 코일을 적절하게 위치시키고, 이 코일이 축을 중심으로 할 수 있도록 하였다. 사각형 코일 끝에 **정류자(commutator)**라고 하는 반원통형 금속을 연결해 놓은 것으로서 가동 코일이 계속 회전하도록 되어 있다. 사각형의 단면을 가진 코일에 전류 I 를 인가하면 코일에는 자기장에 의하여 $F = IlB$ 의 전자기력이 작용하여 코일이 회전하게 된다.

48) 반대로 기계적 에너지를 전기 에너지로 변환하는 장치가 발전기(electric generator)이다.
사진출처 : https://ko.wikipedia.org/wiki/%EC%A0%84%EB%8F%99%EA%B8%B0
http://terms.naver.com/entry.nhn?docId=941097&cid=47338&categoryId=47338

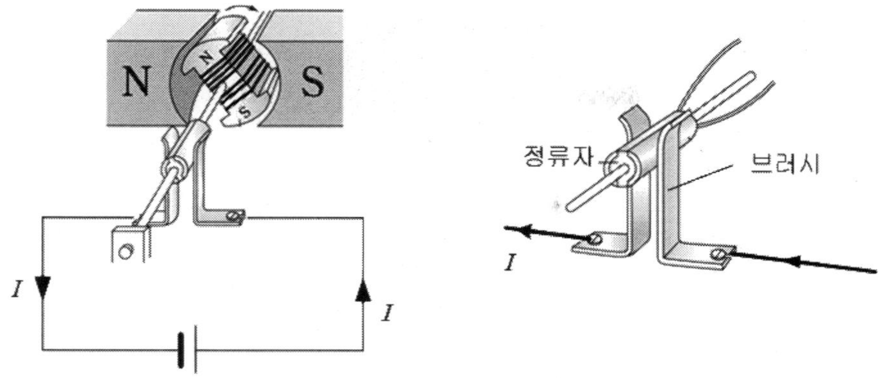

그림 6.11 전동기의 원리

코일이 회전하여 코일 면이 자기장과 수직이 되는 순간에 회전하려는 힘은 0이 되지만, 코일은 회전하던 관성에 의하여 좀 더 회전하게 된다. 이때 정류자에 의하여 자동적으로 전류의 방향이 바뀌게 되므로 코일에는 항상 같은 방향의 회전력이 발생하게 된다. 이와 같은 방식으로 코일은 계속해서 같은 방향으로 돌아가는 것이다. 실제의 전동기는 이렇게 회전하는 코일이 여러 개 있어서 회전시키는 힘도 크고 거의 일정한 속도의 회전력으로 자연스럽고 매우 빠르게 회전할 수 있다. 또, 코일의 단면 부분의 자기장을 더 강하게 하기 위하여 철심 위에 코일을 감아 사용하고 있다.

2. 전류계

회로의 소자를 흐르는 전류를 측정하기 위한 장비로서 아날로그 **전류계**(ammeter)는

> "전류가 자기장 속에서 받는 힘의 크기는 전류의 세기에 비례한다."

는 원리를 이용하여 힘에 의한 **모멘트**를 이용하는 장비이다(그림 6.12). 가동 코일형 전류계는 강한 자석 N극과 S극이 만드는 두 극 사이에서 사각형의 가동 코일이 자기장에 직각인 방향으로 자유롭게 회전할 수 있도록 하고, 전류를 자기장에 직각인 방향으로 흘리면 오른손을 폈을 때 정지하여지는 자기장과 전류에 직각인 방향으로 도선이 힘을 받게 된다.

그림 6.12 전류계의 외형

그런데 고정 자석 N 극과 S극이 만드는 자기장 속에 있는 사각형의 코일은 그림 6.13에서 보는 바와 같이, 길이가 같고 전류의 방향이 서로 반대이므로, 이 도선이 받는 힘의 방향이 서로 반대가 되어 짝힘이 생기게 되므로 시계 방향으로 회전하게 된다.[49]

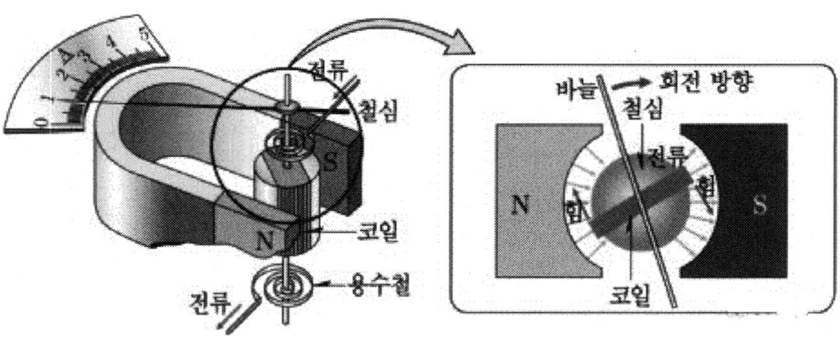

그림 6.13 전류계의 구조

그러므로 가동 코일의 회전각은 짝힘에 비례하고, 짝힘은 전류의 세기에 비례하므로 회전각을 전류의 세기에 비례하도록 눈금을 만들면 전류를 측정할 수 있다.

가동 코일은 계속해서 회전하는 것이 아니고 가동 코일이 회전하면서 용수철을 감게 되어 용수철의 탄성력과 회전력이 비기는 데에서 멈추게 된다. 전류계는 전류의 세기를 측정하는 계기이기 때문에 측정하고자 하는 회로에 직렬로 연결시켜야 한다. 이때, 전류계 자체에도 내부 저항이 있기 때문에 전류계에 전류가 흐르게 되면 전류 I와 내부저항 r_0로 인한 Ir_0만큼의

49) 사진출처 : http://terms.naver.com/entry.nhn?docId=941097&cid=47338&categoryId=47338
디지털 전류계도 있다. 편리하게는 클램프미터를 사용하여 전류를 측정하기도 한다.

전압 강하가 일어나게 되어 R 에 걸어 준 전압과 차이가 생겨서 원래의 전류를 측정할 수 없게 된다. 따라서 Ir_0에 의한 전압 강하를 막기 위하여 내부저항값을 될 수 있는 대로 작게 하여야 한다. 그리고 전류계에 큰 전류가 흐를 경우 가동 코일이 타 버리게 될 우려가 있기 때문에 가동 코일과 병렬로 분류기를 달아, 대부분의 전류가 분류기를 통하여 흐르게 하고 일부만이 가동 코일에 흐르게 함으로써 계기를 보호하고 있다. 전류계의 분류기는 그림 6.14와 같이, 전류계 내부저항 r_0의

$$\frac{1}{n-1} \text{ 배} \tag{6.23}$$

의 저항을 전류계로 측정할 수 있는 범위의 n 배까지 측정 가능하도록 한 것이다.

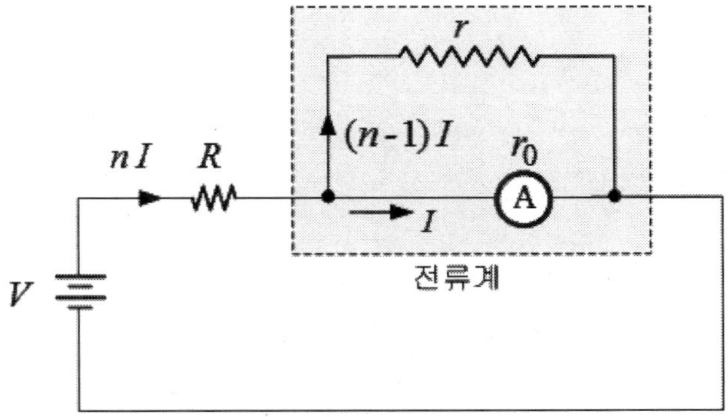

그림 6.14 전류계의 내부 회로

전류계에 흐르는 전류 I의 n 배인 nI의 전류가 회로에 흐를 때 분류기에는 $(n-1)I$의 전류가 흐르며, 전류계와 분류기에 걸리는 전압은 같으므로

$$Ir_0 = (n-1)Ir \tag{6.24}$$

의 관계가 있다. 따라서 분류기의 저항 r은

$$r = \frac{r_0}{n-1} \tag{6.25}$$

가 된다. 즉, I의 전류만을 측정할 수 있는 전류계를 가지고 분류기를 연결하면 I의 n배인 nI의 전류도 측정할 수 있다.

- 예제 1

최대 2 A까지 측정할 수 있는 내부저항 4 Ω인 전류계로 최대 10 A까지 측정하고자 한다. 분류기 저항 r은 몇 Ω이 되어야 하는가?

| 풀이 |

10 A 중 8 A는 분류기로 흘러야 한다. 이때 분류기와 전류계에 생기는 전압 강하는 같아야 하므로

$$2 \times 4 = 8\,r, \quad \therefore r = 1\,\Omega$$

답 $r = 1\,\Omega$

3. 전압계

전압계의 동작 원리는 전류계의 동작 원리와 같으며 저항이 비교적 큰 저항기를 전류계의 가동 코일에 직렬로 연결한 것이다(그림 6.15).

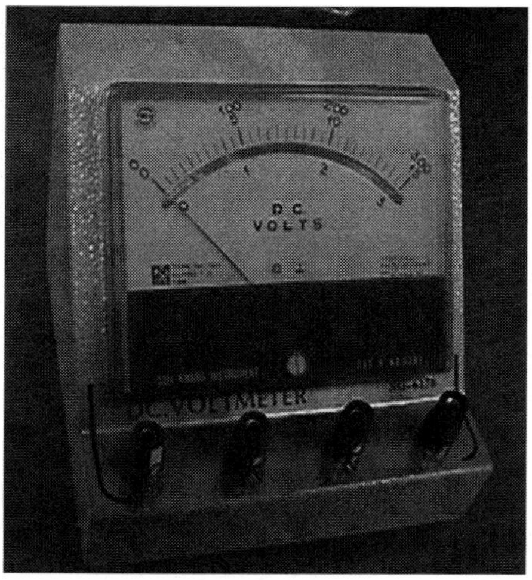

그림 6.15 전압계의 외형

전압계는 그림 6.16의 가동 코일 a, b 양 끝에서 측정하려는 전압이 전압계 양 끝에 걸려 전압계에 흐르는 전류에 의한 가동 코일의 짝힘의 크기를 바늘의 회전각으로 표시하도록 한 것이다. 그러나 전압계에 많은 전류가 흘러서 a, b에 나타나야 할 전압에 영향을 주어서는 안 되기 때문에 전압계 앞에 상당히 큰 저항을 직렬로 연결시킨다.

이 저항을 전압계의 **배율기**(multiplier)라고 하는데, 전압계로 측정할 수 있는 전압 V의 n 배인 전압 nV를 측정할 수 있게 된다. 다시 말하면, 전압계의 내부저항 r_0의 $(n-1)$배의 저항을 전압계에 직렬로 연결하면 전압계로 측정할 수 있는 범위는 n배가 된다.

이때 배율기의 저항을 r이라고 하면

$$\frac{V}{r_0} = \frac{(n-1)V}{r} \tag{6.26}$$

의 관계가 있으므로 r은

$$r = r_0(n-1) \tag{6.27}$$

이며, 전압계에 직렬로 연결해야 한다.

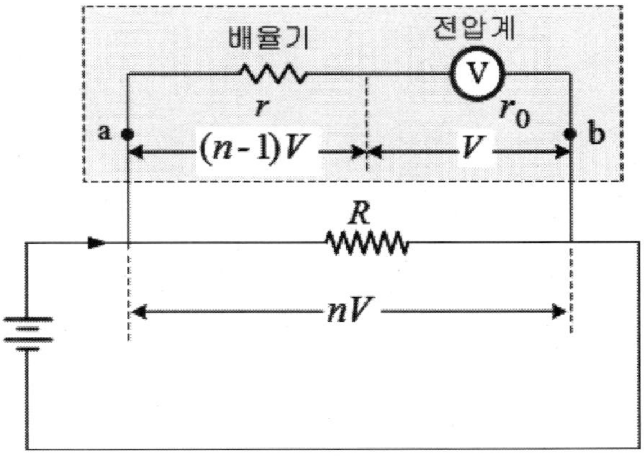

그림 6.16 전압계의 내부 회로

- 예제 1

한 눈금이 2 mA씩이고 내부저항이 10 Ω인 전류계로 한 눈금이 1 V씩인 전압계로 사용하려고 한다. 몇 Ω의 저항을 배율기로 하면 되는가?

| 풀이 |

2 mA의 전류가 흐를 때 1 V가 되어야 한다. 따라서 이때 저항 R은 옴의 법칙에서

$$R = \frac{V}{I} = \frac{1\ \text{V}}{2 \times 10^{-3}\ \text{A}} = 500\ \Omega$$

이 되어야 하며 내부저항이 10 Ω이므로 연결해 주어야 할 배율기의 저항 r은

$$r = 500 - 10 = 490\ \Omega$$

이다.

답 $r = 490\ \Omega$의 저항

6장 연습문제

01 지면을 향하는 균일한 자기장 B속을 오른쪽 그림과 같이 속도 v로 운동하는 양 전하 q가 있다. 이때 전하에 작용하는 자기력은 동서남북 중에서 어느 쪽인가?

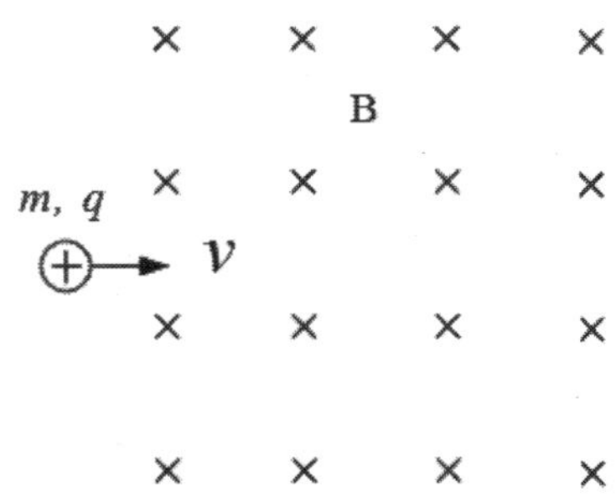

답 북쪽

02 길이 1 m인 두 평행 직선 도선에 각각 10 A의 전류가 흐를 때 두 도선에 작용하는 힘이 1 N이다. 전류가 20 A일 때, 두 도선 사이에 작용하는 힘을 구하여라.

답 4 N

03 거리 0.1 m 떨어진 두 평행 도선이 있다. 한 쪽에 1 A의 전류가 흐르고 다른 쪽의 도선에는 2 A의 전류가 같은 방향으로 흐를 때, 평행 도선 1 m당 작용하는 힘을 구하여라.

답 4×10^{-6} N

04 아래 그림과 같이 동일 평면에서 평행하고 무한히 긴 세 개의 직선 전류가 화살표 방향으로 흐르고 있다. 전류 B에 길이 1 m당 작용하는 힘의 크기와 방향을 구하여라.

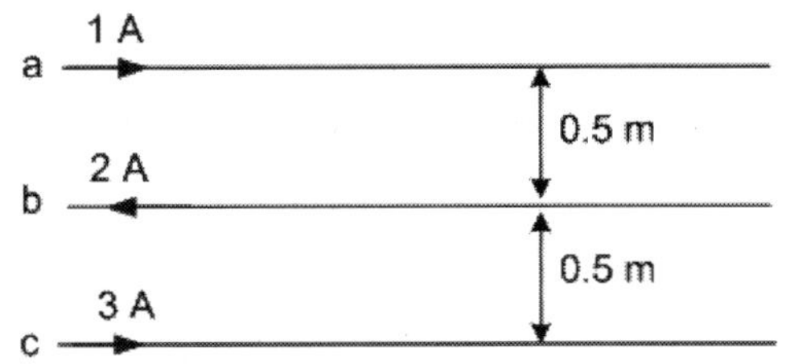

답 1.6×10^{-6} N (a) 방향

05 긴 평행 도선이 지면에 수직으로 들어가는 방향의 균일한 자기장 $B = 4 \times 10^{-7}$ T에 직교하도록 놓여 있다. 1 A의 전류가 서로 반대 방향으로 흐를 때 도선 사이의 거리가 얼마이면 도선에 작용하는 힘이 0이 되겠는가?

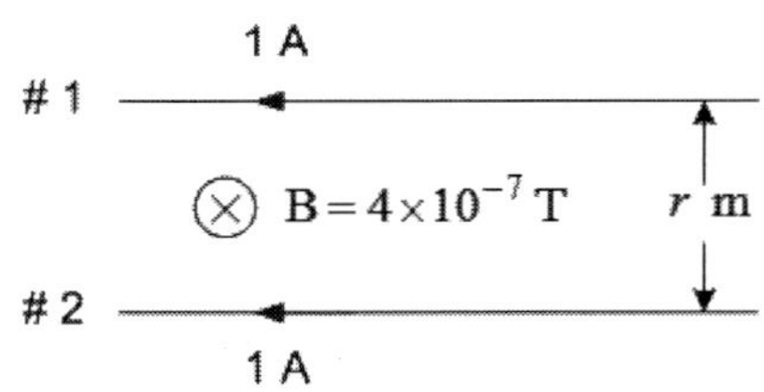

답 0.5 m

06 전기장 E가 y–축 방향으로 가해진 상태에서 x–축 방향으로 전자가 운동하고 있다. 전자가 그대로 직진하게 하려면 자기장 B를 어느 방향으로 가해 주어야 하는가?

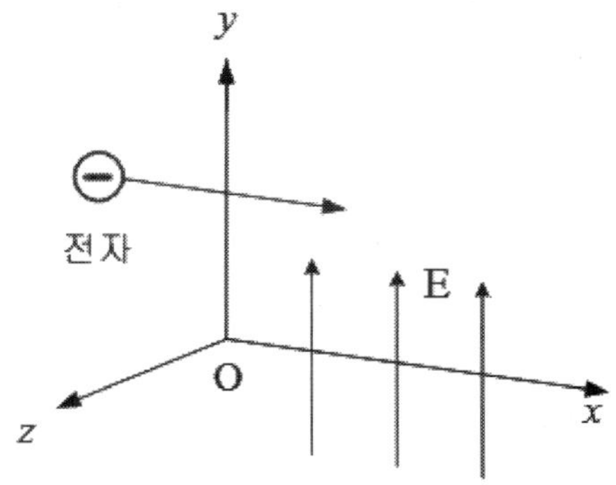

답 $+z$ 방향

07 자기장의 세기가 $5\ \mathrm{T}$인 곳에서 자기장에 수직한 방향으로 입사한 대전 입자가 있다. 이 입자의 속력이 $10^7\ \mathrm{m/s}$일 때 $4\times10^{-2}\ \mathrm{N}$의 힘을 자기장으로부터 받았다면, 이 대전 입자가 띤 전하량은 몇 C인가?

답 $8\times10^{-10}\ \mathrm{C}$

08 그림과 같이, 지면으로 들어가는 자속 밀도 $B = 0.5\ \mathrm{T}$인 균일한 자기장이 형성되어 있다. 자기장 속으로 질량 $m = 1.6 \times 10^{-27}\ \mathrm{kg}$이고 전하량 $q = 1.6 \times 10^{-19}\ \mathrm{C}$인 양전하 가 속력 $v = 10^7\ \mathrm{m/s}$로 수직으로 입사하였다.

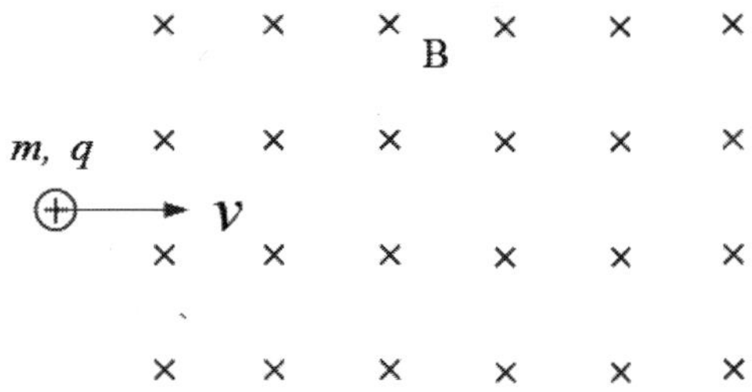

(a) 양전하가 받는 로렌츠 힘의 크기는 몇 N인가?

(b) 양전하의 입사 속도를 2배로 해주면 궤도 반지름은 몇 배가 되겠는가?

답 (a) 8×10^{-13} N; (b) 2배

09 질량 $9.1 \times 10^{-31}\ \mathrm{kg}$, 전하량 $-1.6 \times 10^{-19}\ \mathrm{C}$의 전자가 $2.4 \times 10^{-4}\ \mathrm{T}$인 자기장 방향과 직각으로 속도 $1.5 \times 10^7\ \mathrm{m/s}$로 입사할 때 (a) 전자의 원운동의 반지름과 (b) 주기는 각각 얼마인가?

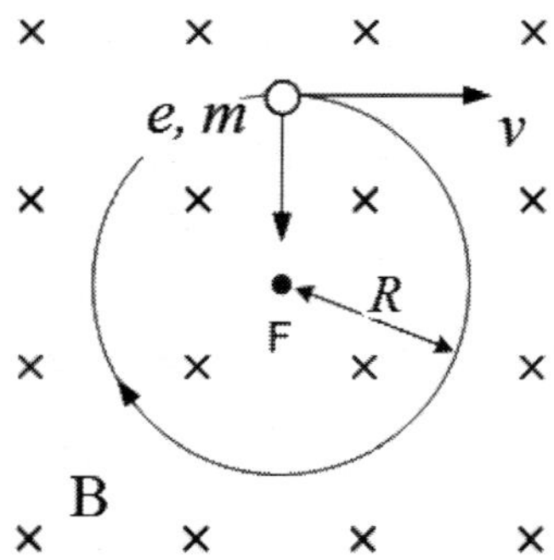

답 (a) 0.36 m; (b) 1.5×10^{-7}초

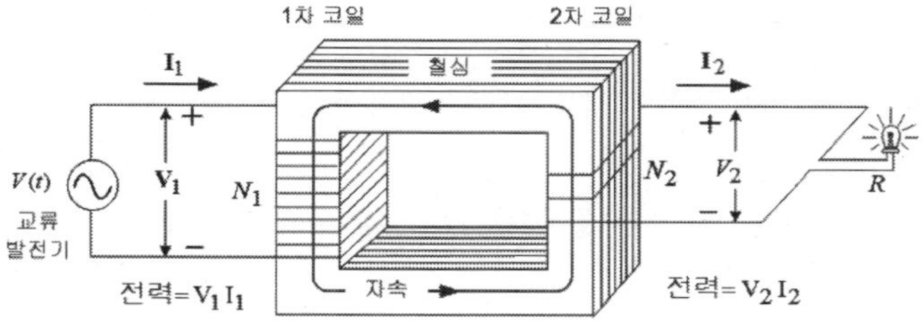

Chapter

7

전자기 유도

전류가 자기장을 발생시킨다는 사실이 알려진 후 과학자들은 반대 현상 즉, 자기장으로부터 전류를 얻어 내려고 많은 노력을 하였다. 그 결과,

1. Faraday는 전자기 유도 법칙을 발견하였다.
2. Maxwell은 전기장과 자기장의 상호 관계에 관한 이론으로 전자기파의 존재를 예언하고 빛의 전자기파설을 주장하였다.

우리는 여기서 전자기 유도 원리에 대하여 알아보고 전자기파의 발생에 대하여 학습한다.

7.1 전자기 유도

우리는 앞에서, 다음과 같은 내용을 학습하였다.

(1) 전류가 흐르는 도선 주위에는 자기장이 생긴다.
(2) 자기장 속에서 전류가 흐르는 도선은 힘을 받는다.
(3) 자기장 속에서 운동하는 대전 입자는 힘을 받는다.

우리는 여기서 이와의 반대 현상 즉, 다음 사항을 학습하기로 하자.

(1) 자기장 속에서 도선을 운동시키면 전류를 얻을 수 있는가?
(2) 이때 생긴 전류의 방향과 자기장의 방향과는 어떤 관계가 있는가?

1. 유도 기전력

자기장 속에서 도선을 움직이든지, 또는 도선을 고정시키고 자기력선속을 변화시키든지, 또는 둘 다를 변화시키든지 하면 도선에 전류가 발생하지 않을까? 많은 과학자들은 수천 년 전에 발견된 전기와 자기가 서로 관계가 없는 별개의 것으로 생각하였다. 그러나 1820년에 **외르스테드(Oersted)**가 전류가 흐르는 도선 주위에 자기 현상이 나타나는 것을 발견한 후, 1831년에 **패러데이(Faraday)**는 자기장을 변화시키면 자기장 속에 있는 도선에 전류를 얻을 수 있다는 전자기 유도에 관한 일반 법칙을 발견하게 되었다.

이러한 현상을 다음과 같은 전자기 유도 실험으로 알아보자.

전자기 유도 실험

목 표 솔레노이드 속에서 자석이 운동할 때 코일에서 유도 전류가 발생하는 원리를 확인한다.

준비물 막대자석, 솔레노이드 코일, 검류계, 도선

유의점 유도 기전력은 코일의 감은 수, 자석의 세기, 자석의 상대적인 운동 속도 등에 관계된다. 검류계 바늘의 진동 폭이 유도 기전력의 크기를 나타내는 관계를 살펴본다.

방 법 ① 그림과 같이 솔레노이드 코일을 검류계에 연결시킨다.

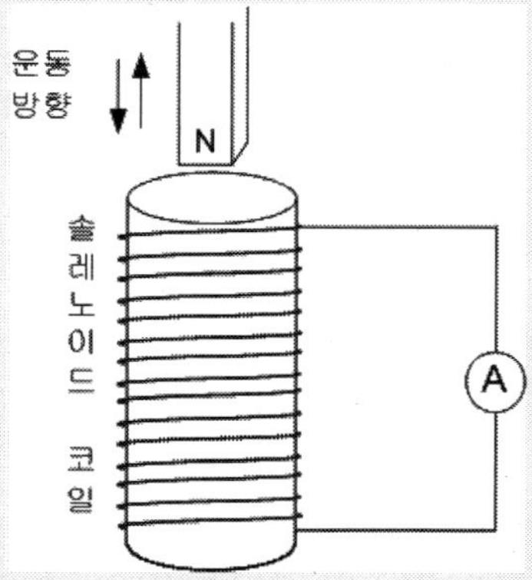

전자의 유도 실험

② 자석의 N극을 코일 속에 넣었다 빼었다 반복한다.
③ 자석의 움직이는 속도를 빠르게도 해보고 느리게도 해 본다.

확인사항 ① 자석을 코일 속에 넣었다 빼었다 하면 검류계의 바늘은 어떻게 되는가?
② 자석의 움직이는 속도를 빠르게 할 때와 느리게 할 때 검류계 바늘의 운동의 크기를 조사해 보자.
③ 자석을 코일 근처에서 정지시키면 어떤 현상이 일어나는가?
④ 자석의 극을 바꾸어서 실험해도 같은 결과가 나온다고 할 수 있는가?
⑤ 자석을 움직이는 대신 자석을 정지시키고 코일을 움직여 주면 어떤 현상이 일어나는지 조사해 보자.

실험 결과에 의하면,

> (1) 자석이나 코일이 움직이지 않을 때는 전류가 유도되지 않는다.
> (2) 자석이나 코일이 상대적으로 운동할 때는 전류가 유도된다.
> (3) 자석과 코일을 가까이할 때와 멀리할 때 전류는 반대방향으로 흐른다.

이와 같이, 자석과 코일의 상대 운동으로 코일에 전류가 유도되는 현상을 **전자기 유도**(electromagnetic induction)고 한다.

회로에서 전류가 흐르려면 전지와 같은 에너지원이 있어서 회로를 구동(drive)시켜야 한다. 전자기 유도 현상에 의하여 전류가 흐르려면 전지에 해당하는 기전력이 있어야 하는데, 이때 기전력은 코일의 운동이나 자석의 운동으로 인하여 코일의 양 끝에 유도되므로 이를 **유도 기전력**이라고 하고 이와 같이 전자기 유도에 의하여 생긴 전류를 **유도 전류**(induced current)라고 한다.

2. 전자기 유도의 법칙

(1) 패러데이의 법칙

자석을 코일에 접근시키면 자석의 자기력선이 코일의 원형 면적 S를 더 많이 지나가게 되므로, 면적 S를 지나가는 자기력선의 수, 자기력선속이 시간적으로 변한다.

전자기유도(電磁氣誘導)는 자기장이 변하는 곳에 있는 도체에 전위차(전압)가 발생하는 현상을 말한다. 전자기유도 현상을 처음 수학적으로 설명한 사람은 마이클 패러데이였다. 전자기유도는 발전기와 전기 모터 등의 전기구동기의 원리를 설명해 준다.

패러데이[50]는 자속을 사용하여 실험 사실을 체계적으로 정리하고 다음과 같은 법칙을 발견하여 유도 기전력의 크기를 정의하였다.

---

50) "인용" : (a) https://en.wikiquote.org/wiki/Michael_Faraday
(b) Hart, Michael H. (2000). 《The 100: A Ranking of the Most Influential Persons in History》. New York. ISBN 0-89104-175-3.

“유도 기전력의 크기는 코일 속을 지나는 자속의 시간적 변화율에 비례하고,
또 코일의 감은 횟수에 비례한다.”

횟수가 N 인 코일에 시간 Δt 동안에 코일의 자속이 $\Delta \Phi$ 만큼 변했다면, 유도 기전력의 크기 V 는

$$V \propto N\frac{\Delta \Phi}{\Delta t} \tag{7.1}$$

가 된다. 이것을 **패러데이의 법칙**이라 한다.

패러데이의 법칙
유도 기전력의 크기는 코일의 단면을 지나는 자기력선속의 변화율에 비례하고, 또 코일의 감은 횟수에 비례한다.

인물탐구

그림 7.1 패러데이

마이클 패러데이(Michael Faraday, Fellow of the Royal Society, 1791~1867)[51)]

전자기학과 전기화학 분야에 큰 기여를 한 영국의 물리학자[physicist, 당시에는 자연 철학자(natural philosopher)라고 불렀다]이자 화학자였다. 전자기 유도, 반자성 현상, 전기 분해 등의 주요한 연구를 하였다. 패러데이는 어린 시절에 정식적인 교육을 거의 받지 못했음에도 불구하고, 역사적으로 매우 훌륭한 과학자로서 남겨져 있다. 주요 업적 중의 하나로서 전자기장의 개념을 도입하였다.

51) 인용 및 그림출처 : http://en.wikipedia.org/wiki/https://en.wikipedia.org/wiki/Michael_Faraday

(2) 렌츠의 법칙

그러면 코일에 유도 기전력이 생겼을 때 유도 전류는 어느 방향으로 흐르지는 알아보자. 유도 전류의 방향을 알아낸 과학자는 렌츠이다[52].

인물탐구

그림 7.2 렌츠

하인리히 렌츠(Heinrich Friedrich Emil Lenz, 1804-1865)

독일의 물리학자. 패러데이의 전자기 유도 법칙을 자세히 연구하여 1833년에 '렌츠의 법칙'을 발표하였다. 렌츠의 법칙은 전자기 유도의 방향에 관한 법칙이다. 전자기 유도에 의해 만들어지는 전류는 자속의 변화를 방해하는 방향으로 흐른다는 법칙이다. 인덕턴스의 기호 L은 그를 기리기 위하여 붙여진 기호이다.

렌츠[53]는 전자기 유도에 의해 나타난 유도 전류는 코일 속에 지나가는 자속의 변화를 방해하는 방향으로 흐르게 된다. 이 법칙을 **렌츠의 법칙**(Lenz's law)이라고 한다.

렌츠의 법칙

코일을 통과하는 자기력선속이 변화할 때 유도되는 전류는, 그 자기력선속의 변화를 방해하는 방향으로 흐르게 된다.

그림 7.3과 같이, 자석의 N극이 코일에 접근하는 방향으로 운동하면 코일을 지나는 자기력선속이 증가하므로, 증가를 방해하는 방향이 되도록, 새로운 자기력선속이 점선과 같이 발생하여 유도 전류가 흐르게 된다. 반대로 자석의 N극을 코일에서 멀어지는 방향으로 운동시키면 코일 속을 지나는 자기력선속이 감소하게 되므로 자기력선속의 감소를 방해하는 방향으로 유도 전류가 흐르게 된다.

52) "Heinrich Friedrich Emil Lenz (1804-1865)". National High Magnetic Field Laboratory. Retrieved June 9, 2012.
53) "Heinrich Friedrich Emil Lenz (1804-1865)". National High Magnetic Field Laboratory. Retrieved June 9, 2012. https://en.wikipedia.org/wiki/Heinrich_Lenz

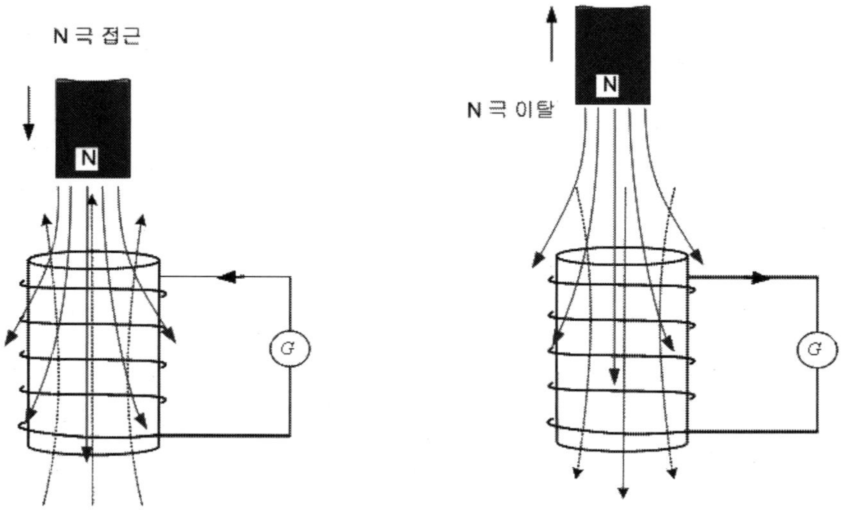

(a) 자석의 N극이 코일에 접근 또는 이탈할 때 유도 전류의 방향

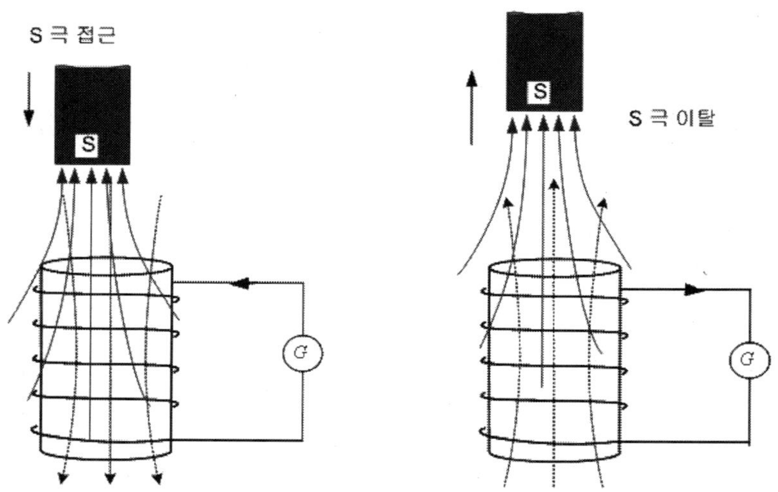

(b) 자석의 S극이 코일에 접근 또는 이탈할 때 유도 전류의 방향

그림 7.3 유도 기전력의 발생

(3) 패러데이-렌츠의 법칙

패러데이의 법칙에 의한 유도기전력의 크기와, 렌츠의 법칙에 의한 유도 전류의 방향을 결정할 수 있다.

(i) **패러데이**는 유도 기전력의 크기를 정의하였다.

유도 기전력 V는 자기력선속의 시간적 변화율에 비례한다.

$$V \propto N\frac{\Delta \Phi}{\Delta t} \tag{7.2}$$

(ii) **렌츠**는 유도 전류가 코일을 지나는 자기력선속의 변화를 방해하는 방향으로 흐르는 유도 전류의 방향을 정의하였다. 유도 기전력이 자속의 변화를 방해하는 방향으로 발생한다는 것을 나타내기 위하여 (−)부호를 사용한다.

두 법칙을 종합하면,

$$V = -N\frac{\Delta \Phi}{\Delta t} \tag{7.3}$$

이 된다. 유도기전력의 크기에 (−)부호를 사용하여 나타낸 식 (7.3)를 **패러데이-렌츠의 전자기 유도 법칙**이라고 한다.

패러데이- 렌츠의 전자기 유도 법칙

$$V = -N\frac{\Delta \phi}{\Delta t}$$

유도 기전력의 크기는 코일 속을 지나는 자속의 시간적 변화율과 코일의 감은 횟수에 비례하고, 유도 전류가 흐르는 방향은 자기력선속의 변화 방향이다.

이때 자기력선속의 단위를 Wb, 시간의 단위를 초(s)로 쓰면 유도 기전력의 단위는 볼트(V)이다. 즉, 코일을 지나는 자기력선속(자속) 또는 자기력선의 수가 변할 때 생기는 유도 기전력의 크기 V는 코일의 감은 수 N에 비례하고 코일을 지나는 자기력선속 또는 자기력선속의 시간적 변화율

$$\frac{\Delta \phi}{\Delta t} \tag{7.4}$$

에 비례하며, 기전력의 방향은 그것에 의한 유도 전류가 자속의 변화를 방해하는 방향이 된다. 패러데이-렌츠의 전자기 유도 법칙의 예를 들어 보자. 그림 7.4와 같이 자기장 속에서 ㄷ자

형태의 도선을 설치하고 좌우로 움직일 수 있는 도선 막대를 올려두고, 이 막대를 우측으로 속도 v 로 운동시킨다.

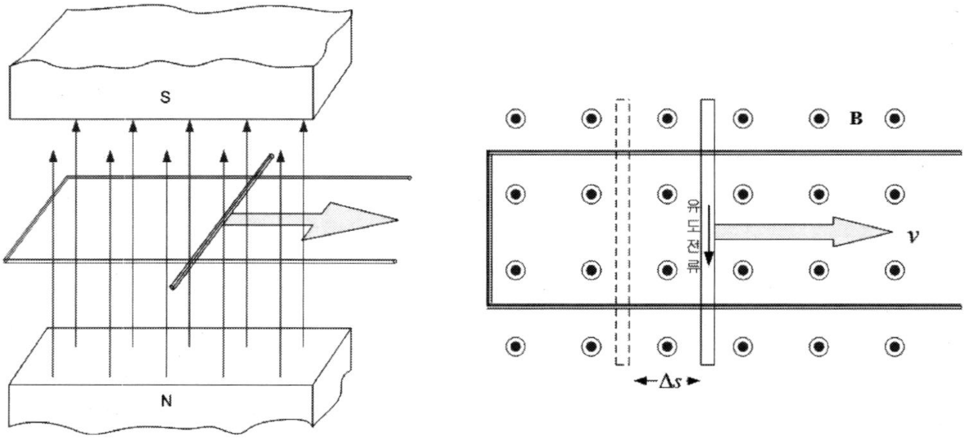

그림 7.4 전자기 유도 전류

코일 면의 넓이를 S, 자속 밀도를 B 라고 하면 코일 면을 통과하는 총자기력선속은 식에서 $\phi = BS$ 이다. 따라서 전자기력선속이 ϕ_1 에서 Δt 시간 사이에 ϕ_2 로 변하면 자기력선 속의 변화는 $\Delta\phi = \phi_2 - \phi_1$ 이고 도선의 감은 횟수를 N 이라고 할 때 유도 기전력 V는 패러데이-렌츠의 전자기 유도 법칙에 의하여

$$V = - N\frac{\Delta\phi}{\Delta t} \tag{7.5}$$

로 표시된다.

- 예제 1

그림과 같이 놓인 자석 위에서 원형 도선을 평행 이동의 낙하를 시켰다.

(a) 이때 도선에 생기는 유도 전류의 방향은 위에서 내려다 볼 때 어느 방향이냐?

(b) 자석이 없는 경우보다 낙하하는 속력의 크기를 비교하여라.

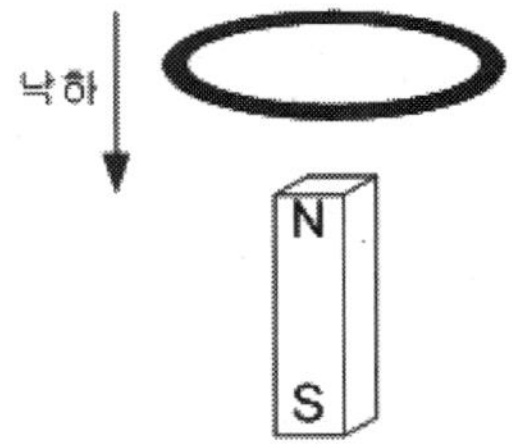

| 풀이 |

(a) 자속의 변화를 방해하는 방향으로 유도 현상이 일어나므로 원형 도선의 아래 부분이 N극으로 된다. 유도 전류의 방향은 시계 방향이다.

(b) 자속의 변화를 방해하기 때문에 느리게 낙하한다.

- 예제 2

그림과 같이 평행한 두 도선 a, b가 있다. 도선 a의 동쪽 방향으로 전류가 흐를 때, 도선 b를 a에 접근시키면 도선 b 에 생기는 유도 전류의 방향을 구하여라.

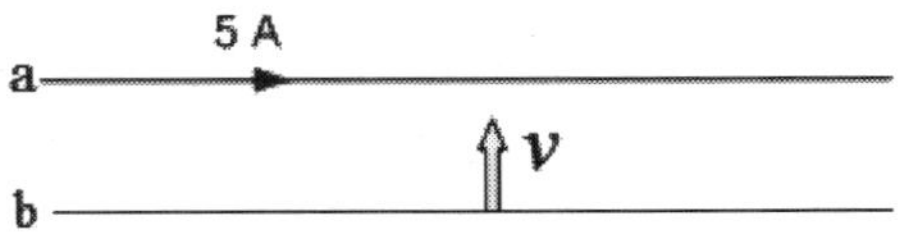

| 풀이 |

렌츠의 법칙을 적용하면, b 도선을 물리치는 쪽으로 유도 전류가 생긴다.

즉, a도선의 전류와 반대 방향의 유도 전류가 발생된다. 따라서 서쪽으로 유도 전류가 생긴다.

답 서쪽

예제 3

그림과 같이 공간에 균일하게 분포된 자기장 내에 원형의 코일을 그 면이 자기장과 수직이 되도록 놓았다. 시간에 따라 자기장의 세기를 변화시켰더니 3 V의 기전력이 코일에 유도되었다. 같은 조건하에서 원의 반경이 2배였다면 코일에 유도된 기전력을 구하여라.

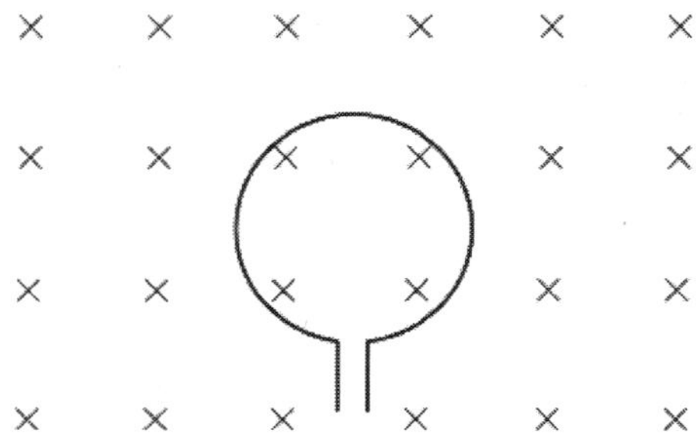

| 풀이 |

$V_i = -\frac{\Delta\Phi}{\Delta t}$ 에서

$$\Delta\Phi = B \cdot \Delta A, \quad \therefore V_i \propto \Delta A(\text{면적})$$

답 12 V

예제 4

아래 그림과 같이 반지름이 0.1 m 인 원형 도선이 자계 속에 수직하게 놓여 있다. 자속이 매초당 0.3 T 의 비율로 증가되고 있다.

(a) 원형 도선에 유도되는 기전력의 크기를 구하여라.

(b) 원형 도선에 유도되는 기전력의 방향을 구하여라.

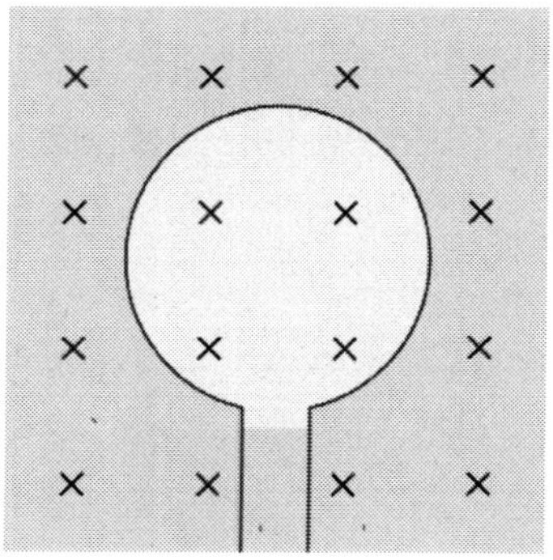

| 풀이 |

(a) 식 (7.2)에서 감긴 수 $N=1$이고, 자기력선속의 변화량은 $\Delta\phi=(\Delta B)\cdot S$ 이다. 따라서 유도 기전력의 크기 V는

$$V=\frac{(\Delta B)\cdot S}{\Delta t}=\frac{(0.3\ \mathrm{T})\times[\pi\times(0.1\ \mathrm{m})^2]}{1\ \mathrm{sec}}=3\pi\times10^{-3}\ \mathrm{V}$$

(b) 렌츠의 법칙에 의하여 방향은 반시계 방향이다.

답 (a) $V=3\pi\times10^{-3}\ \mathrm{V}$; (b) 반시계 방향

예제 5

그림과 같이 세기가 10 T인 균일한 자기장 속에 반지름이 0.1 m인 원형 도선이 놓여 있다. 도선으로 이루어지는 면을 0.1초 동안에 자기장에 수직인 현재 위치에서 화살표 방향으로 90° 회전시켜 자기장과 나란히 위치가 되도록 해주면 도선에 유도된 기전력의 방향과 크기는? (단, 자기장의 방향은 지면에 수직 뒤쪽이다.)

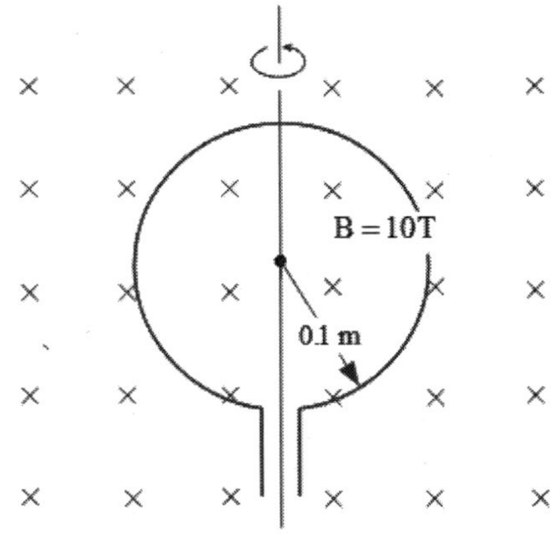

| 풀이 |

$$V_{ind}=-\frac{\Delta\Phi}{\Delta t}=-\frac{B\Delta A}{\Delta t}=-\frac{10\times0.1^2\pi}{0.1}=-\pi\ [\mathrm{V}]$$

답 시계 방향, $\pi\,[\mathrm{V}]$

예제 6

반지름이 $10\ \mathrm{cm}$가 되도록 원형 코일을 한 바퀴 감아서 균일한 자기장에 그림처럼 코일면이 수직하도록 놓았다. 자속 밀도(자기장의 세기)를 매초당 $0.1\ \mathrm{Wb/m^2}$(또는 $0.1\ \mathrm{T}$)의 일정한 비율로 감소시킬 때 코일의 유도 기전력은?

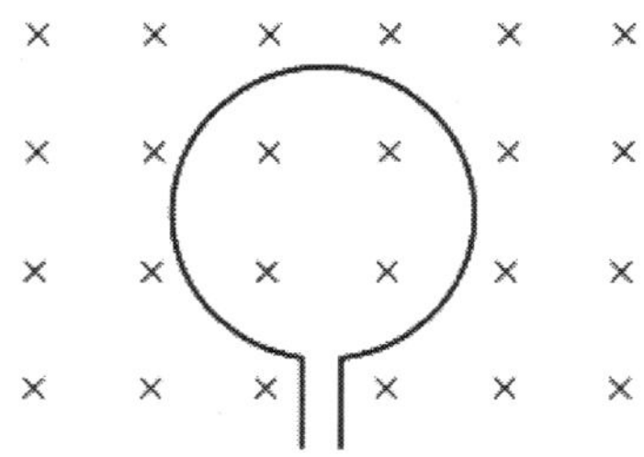

| 풀이 |

$$V_{ind} = -\frac{\Delta\Phi}{\Delta t} = -\frac{\Delta B\cdot A}{\Delta t} = -\frac{0.1\times 0.1^2\pi}{1} = -10^{-3}\pi\ [\mathrm{V}]$$

답 $V_{ind} = -10^{-3}\pi\ [\mathrm{V}]$

예제 7

감은 수가 500회, 단면적이 $20\ \mathrm{cm^2}$인 코일이 자기장에 수직하게 놓여 있다. 코일을 지나는 자기장이 0.1초 동안 $5\times10^{-2}\ \mathrm{T}$ 만큼 변하였다. 코일에 유도되는 기전력의 크기를 구하여라.

| 풀이 |

$$V_{ind} = -N\frac{\Delta\Phi}{\Delta t} = -N\frac{\Delta B\cdot A}{\Delta t}$$

크기는

$$V_{ind} = N\frac{\Delta\Phi}{\Delta t} = N\frac{\Delta B\cdot A}{\Delta t} = NA\ \frac{\Delta B}{\Delta t}$$

$$= 500\times[(20)\times(10^{-2})^2]\times\frac{5\times10^{-2}}{0.1} = 0.5\ \mathrm{V}$$

답 $V_{ind} = 0.5\ \mathrm{V}$

3. 운동하는 도선이 자기장에서 생성하는 유도기전력

그림 7.5와 같이, 지면 앞 방향의 자기장 속에서 ㄷ형의 레일(rail)의 위에서 도선 AD를 우측 화살표 방향으로 움직이면 도선에 유도 기전력이 발생하여 전류가 유도된다.

도선의 운동 방향은 자계의 방향과 수직을 이루고 있다. 유도 기전력이 발생하는 원리를 살펴보자. 길이 l 인 도선을 자기장 B 에 수직으로 놓고 도선 AD가 속력 v 로 오른쪽으로 움직여서 Δt 초 후 $A'D'$로 이동하였다면, 이동 전의 루프 면적은 $ABCD$이고, 이동 후 $ADD'A'$ 만큼 더 증가한다.

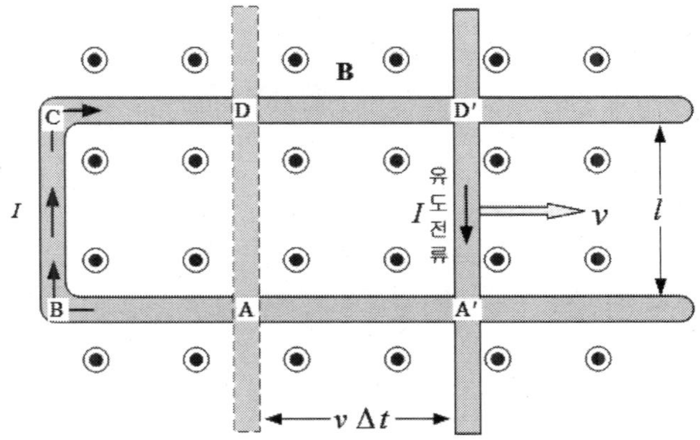

그림 7.5 운동하는 도선의 유도 기전력

코일 $ABCD$ 를 한 번 감은 코일이라고 하자. AA'의 길이는 $v \cdot \Delta t$ (m)이므로 도선 이동 후, 코일을 통과한 자기력선속은

$$ADD'A'\text{의 면적, 즉 } v \cdot \Delta t \cdot l \tag{7.6}$$

을 관통하는 수만큼 증가하게 된다. 즉, Δt초 동안에 자기력선속의 변화 $\Delta \phi$는

$$\Delta \phi = B \times \Delta S = B \times (v \cdot \Delta t \cdot l) \tag{7.7}$$

이다. Faraday의 전자기 유도 법칙에 의해 발생한 유도 기전력은 다음과 같이 나타낼 수 있다.

$$V = -\frac{\Delta \phi}{\Delta t} = -\frac{B \cdot v \cdot l \cdot \Delta t}{\Delta t} = -B \cdot l \cdot v \tag{7.8}$$

여기서 (−)부호는 유도 기전력의 방향이 자속의 변화를 방해하는 방향으로 생기는 것임을 의미한다. 균일한 자기장에서 직전 도선이 자기장 B와 각 θ를 이루고 속력 v로 운동할 때의 유도 기전력의 크기는 자기장과 수직인 방향의 도선의 길이가 $l \sin\theta$가 되므로 이때 유도 기전력은

$$V = -Blv\sin\theta \tag{7.9}$$

로 표시된다. 이때 유도 기전력의 단위는 모두 SI 단위로 유도되어 V이다. 따라서 유도 기전력은 운동하는 도선의 속도와 같이, 그리고 자기장의 세기에 비례함을 알 수 있다.

전자기 유도에 의한 유도 기전력의 방향은 유도 전류의 방향이다. 즉, 오른손의 엄지, 검지 및 중지를 그림 7.6과 같이 서로 수직이 되게 한다.

엄지의 방향을 도선의 운동방향, 검지의 방향을 자기장의 방향, 중지가 가리키는 방향이 유도 기전력의 방향이 된다.

이것을 **플레밍의 오른손 법칙**(Fleming's right-hand law)이라고 하며, 운동하는 도선이 자기장 안에서 유도 기전력을 발생시키는 방향을 판단할 때에 사용한다.

플레밍의 오른손 법칙 (발전기 법칙)

플레밍의 오른손 법칙은 자계에 관하여 상대적인 운동을 하는 도선에서, 도선 내부에서 유도되는 전류의 방향을 구하는데 사용된다.

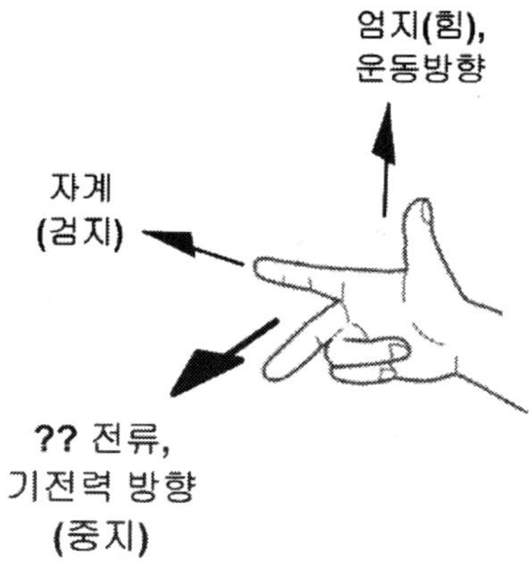

그림 7.6 플레밍의 오른손 법칙

예제 1

단면적 5.0 cm^2, 감은 수가 100 회, 저항이 0.03 Ω 인 코일이 있다. 코일에 수직으로 외부 자기장이 가해졌으며 0.4 sec 후에 크기가 1.5 T 에서 1.8 T 로 변동하였다.

(a) 코일에 유도된 기전력 V_{emf}은 얼마인가?

(b) 코일의 유도 전류 I_{emf}는 얼마인가?

| 풀이 |

(a) Faraday의 전자기 유도 법칙에 의하여

$$V_{emf} = -N\frac{\Delta\Phi}{\Delta t} = -100 \times \frac{(1.8\,\mathrm{T} - 1.5\,\mathrm{T})(5.0 \times 10^{-4}\mathrm{m})}{0.4\,\mathrm{s}} = -3.75 \times 10^{-2}\ \mathrm{V}.$$

(b) $I_{emf} = \dfrac{V_{emf}}{R} = \dfrac{-3.75 \times 10^{-2}\mathrm{V}}{0.03\ \Omega} = -1.25\ \mathrm{A}$

답 (a) $V_{emf} = -3.75 \times 10^{-2}$ V; (b) $I_{emf} = -1.25$ A

예제 2

그림과 같이 자속 밀도가 2 N/(A·m)인 균일한 자기장에 수직하게 직사각형 구리 도선을 놓고 그 위에 길이 1 m인 구리 막대 ab 를 가로 질러서 10 m/s로 등속 운동시키고 있다. 이 회로의 저항은 2 Ω 이고 구리 막대 ab의 위치에 관계없이 일정하다. 다음 물음에 답하여라.

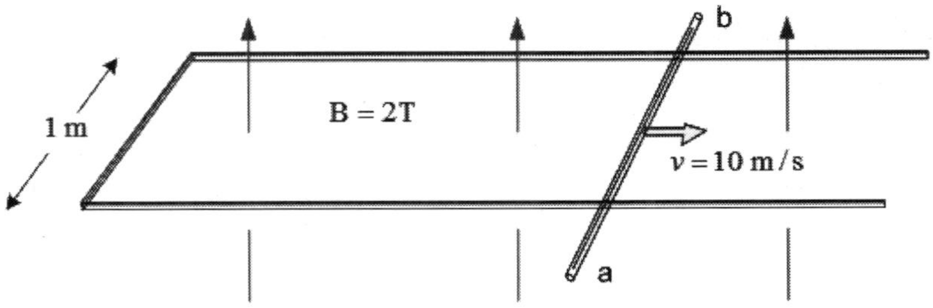

(a) 이 회로에 나타나는 유도 기전력의 방향은?

(b) 유도 기전력의 크기는 몇 V 인가?

(c) 회로에 흐르는 유도 전류는 몇 A 인가?

(d) 회로에 나타나는 전력은 몇 W 인가?

(e) 구리 막대 ab를 계속 10 m/s로 등속 운동시키는 데 필요한 힘은 몇 N 인가?

| 풀이 |

(a) 플레밍의 오른손 법칙을 이용한다. $a \rightarrow b$

(b) $V_{ind} = -vlB = 10 \times 1 \times 2 = 20\,\mathrm{V}$

(c) $I_{ind} = \dfrac{V_{ind}}{R} = \dfrac{20}{2} = 10\,\mathrm{A}$

(d) $P = V_{ind} \cdot I_{ind} = 20 \times 10 = 100\,\mathrm{W}$

(e) 역학적 에너지가 전기 에너지로 변환된다.

$V_{ind} \cdot I_{ind} = F \cdot v$, $20 \times 10 = F \times 10$, $\therefore F = 20\,\mathrm{N}$

답 (a) $a \rightarrow b$;(b) $V_{ind} = 20\,\mathrm{V}$; (c) $I_{ind} = 10\,\mathrm{A}$;
(d) $100\,\mathrm{W}$; (e) $F = 20\,\mathrm{N}$

예제 3

그림과 같이 $-z$–축 방향의 자기장 $B(\mathrm{T})$에서 길이가 $L(\mathrm{m})$인 도체 막대를 y–축과 나란하게 속도 $v(\mathrm{m/s})$로 $+x$–축 방향으로 이동시킬 때,

(a) 막대에 유도되는 기전력의 방향을 구하여라.

(b) 막대에 유도되는 기전력의 크기를 구하여라.

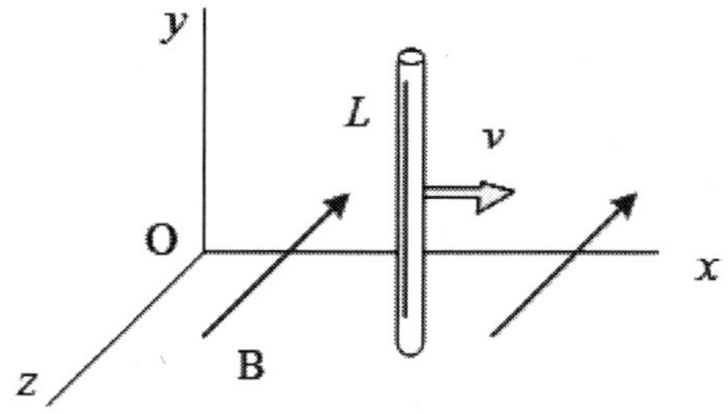

| 풀이 |

(a) $+y$축 방향

(b) 도선이 단위 시간에 그리는 넓이가 lv이므로 자속의 변화는 Blv이다.

답 (a) $+y$방향; (b) Blv

7.2 자체 유도와 상호 유도

자석에 의한 자기력선의 변화에 의하지 않고 도선에 흐르는 전류의 변화에 의해서 생기는 전자기 유도 현상에 대하여 알아보자.

도선에 전류가 흐를 때 전류의 변화가 일어나면 자기 회로에 그 전류의 변화를 방해하는 방향으로 유도 전류가 흐르는데, 이와 같은 현상을 **자체 유도**(self-induction)라고 하고 1,2차 솔레노이드 코일에서 1차 코일의 전류 변화가 2차 코일에 유도 기전력이 유도되는 현상을 **상호 유도**(mutual-induction)라고 한다.

1. 자체 유도

코일에 흐르는 전류를 변화시키면 코일에 어떤 영향이 나타날까? 그림 7.7과 같이, 코일 자체에 흐르는 전류의 세기가 변하면 코일에는 자속이 변화하게 되고, 이 자속의 변화를 방해하는 새로운 자속이 발생하는 방향으로 코일에 유도 기전력이 생긴다. 이러한 현상을 **자체 유도**(self-induction)라고 하고 이 기전력을 **자체 유도 기전력**이라고 한다.

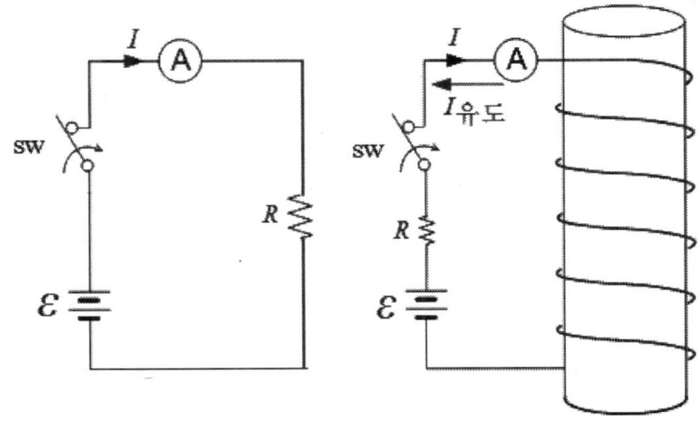

(a) 저항 회로에서는 순간 자체 유도 현상이 나타나지 않는다.

(b) 인덕터 회로에서는 스위치를 닫는 순간 자체 유도 현상이 나타난다.

그림 7.7 자체 유도 실험

유도되는 기전력은, 코일에 흐르는 전류의 변화를 방해하는 방향으로 생기므로 **역기전력**(back electro-motive force)이라고도 한다.

그림 7.8(a)와 같이, 스위치 S 를 닫으면 전류가 흐르고 이때 코일의 전류가 I 만큼 증가하면 자속도 증가하며, 동시에 자속의 증가를 방해하는 자속이 생기도록 유도 전류 $I_{유도}$가 흐른다. 그림 7.8(b) 와 같이, 스위치 S를 열어 전류가 I 만큼 감소하면 코일을 지나는 자속이 감소하므로 자속의 감소를 방해하는 방향으로 유도 전류가 흐른다.

즉, 코일에 유도되는 전류의 방향은, 스위치를 닫아 전류가 증가할 때는 원래 전류와 반대 방향으로 발생하고, 스위치를 열어 전류가 감소할 때는 원래 전류와 같은 방향으로 흐른다.

그러나 스위치를 닫은 후, 흐르는 전류가 변하지 않으면 자기력선속의 시간적 변화도 생기지 않으므로 자체 유도 기전력은 0이 된다. 코일이 만드는 자기장은 전류의 세기에 비례하므로 유도 기전력은 전류의 시간적 변화율에 비례한다.

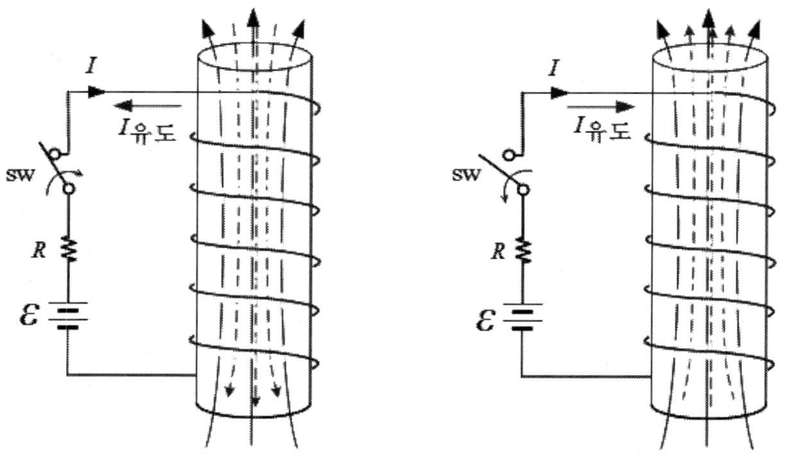

(a) 스위치를 닫아 전류가 증가할 유도 전류 (b) 스위치를 열어 전류가 감소할 때의 유도 전류

그림 7.8 코일의 자체 유도

그림 7.9은 코일에 흐르는 전류의 변화를 나타낸다.

따라서 코일에 흐르는 전류가 Δt초 동안 ΔI 만큼 변할 때 자체 유도 기전력 V는

$$V = -L\frac{\Delta I}{\Delta t} \tag{7.10}$$

이다. 여기서 비례 상수 L을 **자체 인덕턴스**(self-inductance)라고 하며, 코일의 감은 수, 길이, 재질, 단면적, 철심의 유무 등에 의하여 결정되고 단위는 **헨리**(henry, H)를 사용한다.

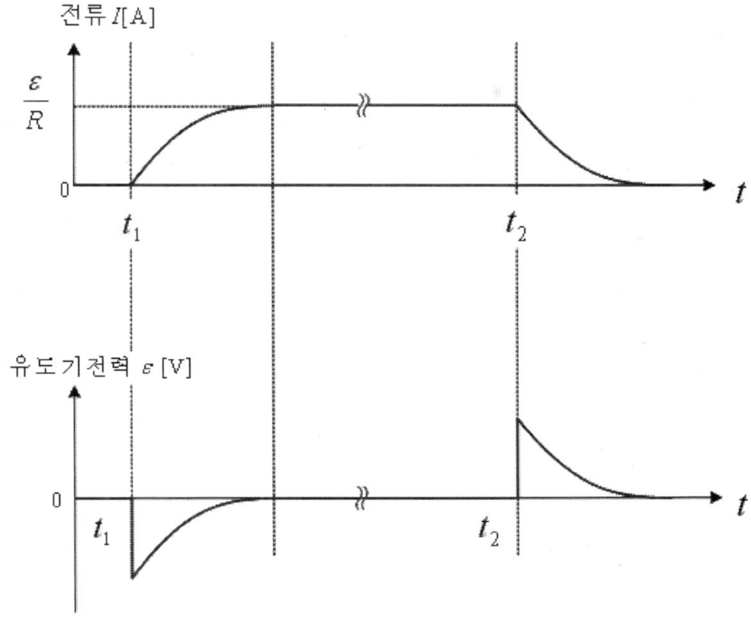

그림 7.9 코일에 흐르는 전류의 변화

인덕턴스 1 H는 매초 1 A의 전류 변화가 있을 때 코일에 생기는 자체 유도 기전력이 1 V일 때의 자체 인덕턴스이다.

코일에 전류가 흐르면 전류에 의하여 생성되는 전기 에너지는 코일이 만드는 주변 공간에서 자기장으로 축적된다. 자체 인덕턴스 L 인 코일에 전류 I가 흐를 때에 축적되는 에너지 U는

$$U = \frac{1}{2} L I^2 \tag{7.11}$$

이 된다.

예제 1

어떤 코일에 흐르는 전류가 0.2초 동안에 10 A에서 5 A로 감소하여 100 V의 자체 유도 기전력이 코일 양 끝에 생겼다. 이 코일의 자체 유도 계수는 몇 H인가?

| 풀이 |

$$V_{ind} = -L\frac{\Delta I}{\Delta t},\ 100 = -L\frac{5-10}{0.2},\ \therefore L = -\frac{20}{-5} = 4\ \mathrm{H}$$

답 $L = 4\ \mathrm{H}$

2. 상호 유도

두 개의 솔레노이드 코일 L_1과 L_2이 인접하게 놓여있다. 코일 L_1의 전류 변화에 의하여 코일 L_2에 유도되는 기전력에 대하여 알아보자.

그림 7.10과 같이, 코일 L_1의 스위치를 열고 닫으면, 코일 L_1의 전류에 의하여 자기장이 변하므로 코일 L_2에 자속이 변하게 되어 코일 L_2에 유도 기전력에 의한 전류가 흐른다. 즉, 1차 코일에 흐르는 전류의 세기가 변화할 때 2차 코일에 유도 기전력이 생기는 것을 알 수 있다. 이와 같이, 한 코일에 흐르는 전류의 세기가 변화할 때 다른 코일에 유도 기전력이 생기는 현상을 **상호 유도**(mutual-inductance)라고 한다. 유도 기전력은 2차 코일에 주어지는 자속의 변화를 방해하는 방향으로 생기므로 유도 전류는 1차 코일의 전류의 변화를 방해하는 방향으로 흐른다.

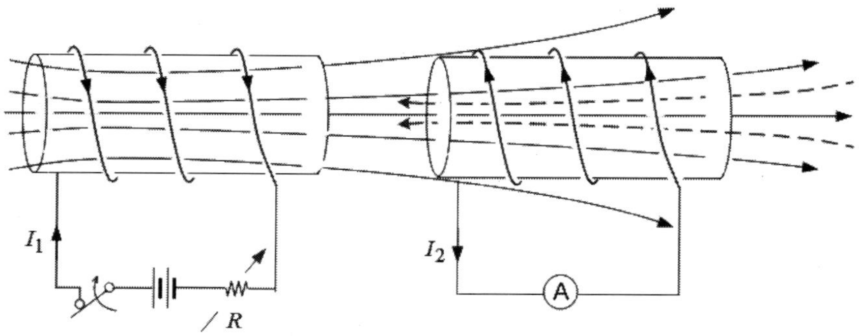

(a) 1차 코일 자체에 발생하는 자기력선　(b) 2차 코일에 유도되는 자기력선

그림 7.10 상호 유도

유도 기전력의 크기는 자기장의 시간적 변화율에 비례한다. 그런데 자기장의 세기는 전류의 세기에 비례하므로 이때 유도 기전력은 1차 코일에 흐르는 전류의 시간적인 변화율에 비례하게 된다. 따라서 1차 코일의 전류의 세기가 Δt 시간 동안에 ΔI 만큼 변화할 때 유도 기전력 V는

$$V = -M\frac{\Delta I}{\Delta t} \tag{7.12}$$

가 된다. 여기서 M을 **상호 인덕턴스**(mutual-inductance)라고 하며, 단위는 헨리(henry, H)를 쓴다. 식 (7.12) 부호(−)는 유도 기전력의 방향이 전류의 변화를 방해하는 방향으로 생기는 것을 의미한다. 코일의 감은 수, 재질, 단면적, 철심, 두 코일의 상대적 위치에 따라 결정되는 상수이다.

이와 같은 상호 유도 원리를 이용하여 교류 전압을 높이기도 하고 낮추기도 하는 장치를 변압기라고 한다. **변압기**(transformer)라고 한다.

예제 1

1차 코일과 2차 코일의 상호 유도 계수가 5 H일 때, 1차 코일에 10 A의 전류가 1/1000초마다 단속되면 2차 코일의 양 끝에 발생하는 기전력은?

| 풀이 |

$$V_{ind} = -M\frac{\Delta I}{\Delta t},\ V_{ind} = -5 \times \frac{10\ \text{A}}{(1/1000)\ \text{sec}} = -5\times 10^4\ \text{V}$$

답 $V_{ind} = -5\times 10^4\ \text{V}$

예제 2

다음 그림은 철심에 1차 코일과 2차 코일을 감은 모습과 1차 코일에 흐르는 전류의 변화를 그린 것이다. 1차 코일의 전류의 변화에 따른 2차 코일에 유도되는 기전력의 모양은? (단, $a\to R\to b$의 방향을 (+)로 한다.)

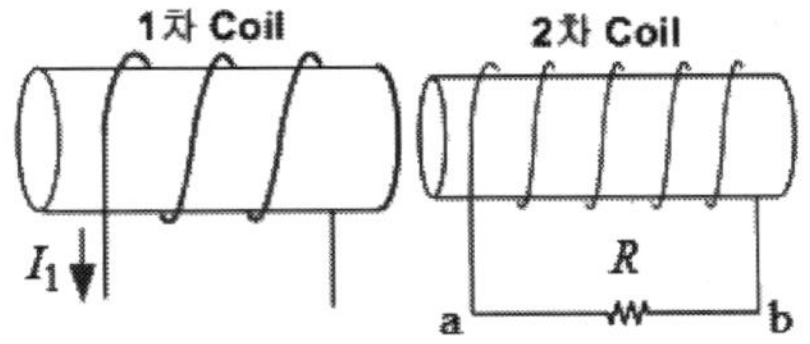

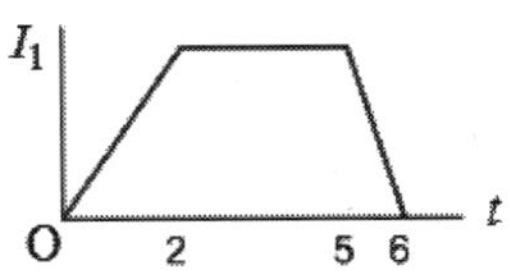

| 풀이 |

1차 코일에 전류가 증가할 때는 2차 코일에 흐르는 유도 전류는 1차 코일에 흐르는 전류의 방향과 반대이다. 또 전류가 감소할 때는 유도 전류가 같은 방향으로 흐르게 된다.

답

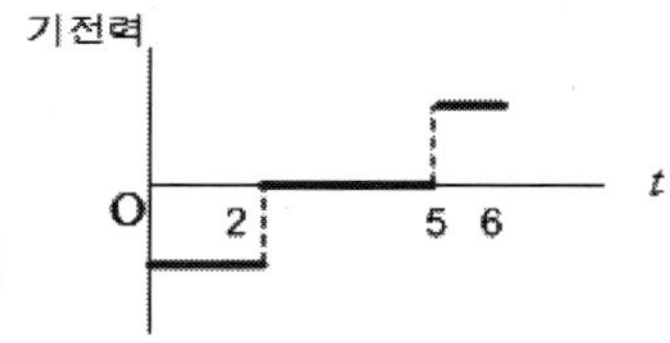

3. 변압기

그림 7.11은 변압기를 나타낸다. 변압기에서 철심은 1차 코일에서 생긴 자속이 2차 코일을 지나게 하는 역할을 한다.

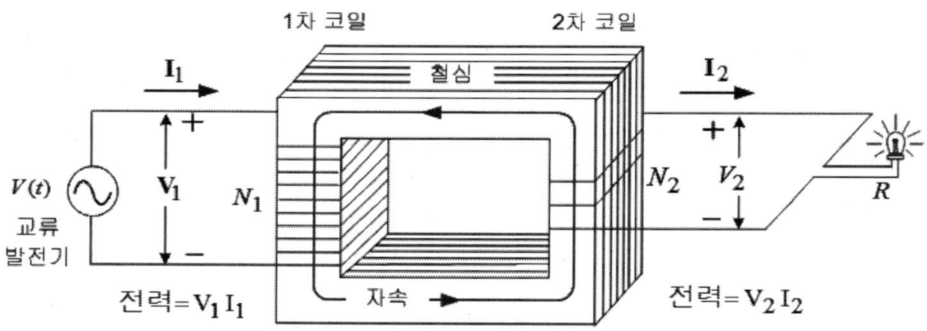

그림 7.11 변압기

1차 코일에 교류 전원을 연결하면 전류가 시간에 따라 변하면서 자속도 변하므로 상호 유도에 의하여 2차 코일에는 유도 기전력이 생긴다. 이때 각 코일에는 같은 자속이 지나므로 감긴 횟수당 기전력은 같다. 따라서 각 코일의 감은 수를 N_1, N_2라고 하고, 1차 코일에 주어진 교류 전압을 V_1, 2차 코일에 유도된 전압을 V_2라고 하면

$$\frac{V_1}{V_2} = \frac{N_1}{N_2} \qquad (7.13)$$

의 관계가 성립된다. 이때 $N_2 > N_1$이면 승압용 변압기이고, $N_2 < N_1$이면 강압용 변압기이다.

변압기에서 에너지의 손실이 없다면 에너지 보존의 관계에서 1차 코일에 들어가는 전력과 2차 코일에 나오는 전력은 같아야 한다.

따라서 1차 코일에 흐르는 전류의 세기 I_1과 2차 코일에 흐르는 전류의 세기 I_2 사이에는

$$V_1 I_1 = V_2 I_2 \tag{7.14}$$

의 관계가 있으므로

$$\frac{I_1}{I_2} = \frac{V_2}{V_1} = \frac{N_2}{N_1} \tag{7.15}$$

와 같이 된다.

예제 1

그림과 같은 변압기에서 N_1의 감은 수가 N_2의 감은 수의 $\frac{1}{10}$일 때 N_2에 생기는 기전력은 N_1에 가한 전압의 몇 배인가?

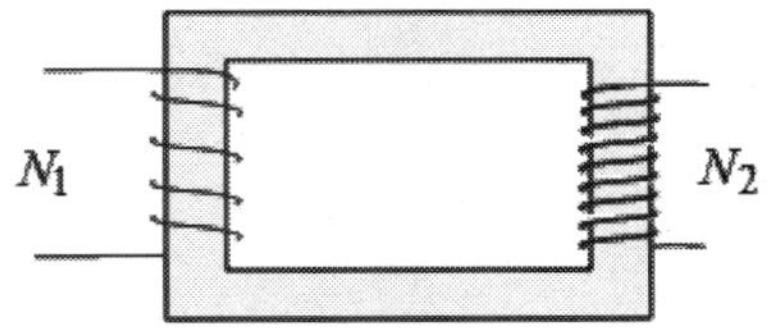

| 풀이 |

$N_1 : N_2 = V_1 : V_2$

$\frac{1}{10} : 1 = V_1 : V_2$, $V_1 : V_2 = 1 : 10$

$\therefore$ 10 배

답 10 배

예제 2

주상 변압기에서 3,300 V의 전압을 220 V로 낮추어서 가정에 전력을 보내고 있다. 어느 가정에서 1.1 kW의 헤어드라이어를 쓸 때 다음 물음에 답하여라.

(1) 헤어드라이어에 흐르는 전류는 몇 A인가?

(2) 주상 변압기의 1차 코일에 흐르는 전류는 몇 A인가?

| 풀이 |

1차 코일과 2차 코일에 전달하는 전력은 에너지 보존 법칙에 의해서 같다.

(a) 전력 $P = VI$, $\therefore I = \frac{P}{V} = \frac{1100\text{W}}{220\text{V}} = 5\text{ A}$

(b) $I = \frac{P}{V} = \frac{1,100\text{ W}}{3,300\text{ V}} = \frac{1}{3}\text{ A}$

답 (a) 5 A; (b) $\frac{1}{3}$ A

7장 연습문제

01 플레밍의 왼손 법칙과 오른손 법칙의 차이를 설명하여라.

02 감은 수가 200회, 단면적이 $20\ \mathrm{cm}^2$인 코일이 자기장에 수직하게 놓여 있다. 코일을 지나는 자기장이 시간에 따라 그림과 같이 변할 때 유도 기전력은?

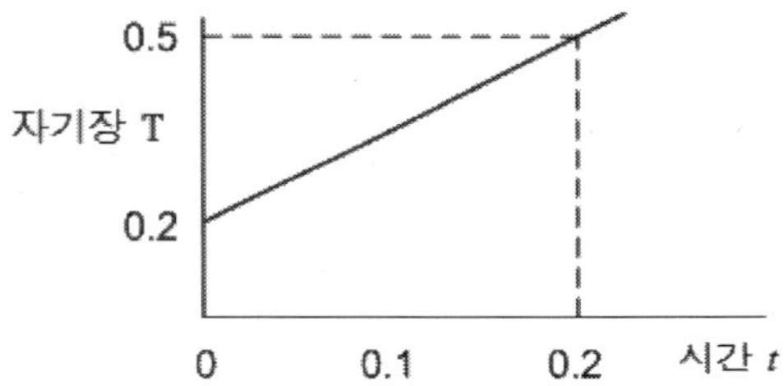

답 $V_{ind} = 0.6\ \mathrm{V}$

03 감은 수가 1회, 한 변 길이가 $0.3\,\text{m}$, 전기저항이 $0.2\,\Omega$인 정사각형 도선이 자기장에 수직하게 놓여 있다. 그래프는 시간 $0 \sim 0.2\,\text{sec}$동안 도선을 지나는 자기장 변화를 나타낸다.

(a) 도선을 흐르는 전류의 방향을 구하여라.

(b) 도선에 생기는 유도 기전력을 구하여라.

(c) 유도 전류의 세기를 구하여라.

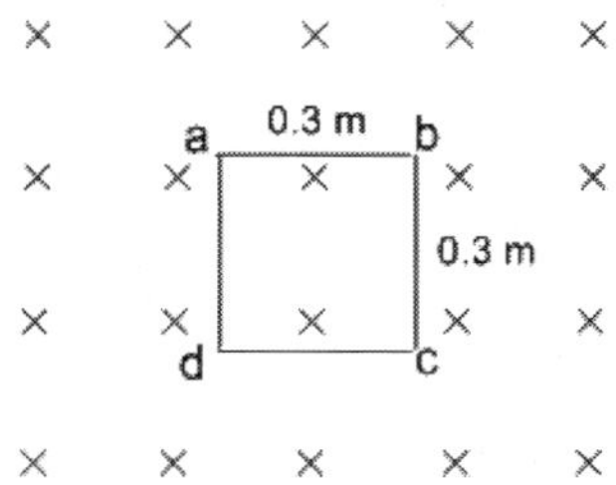

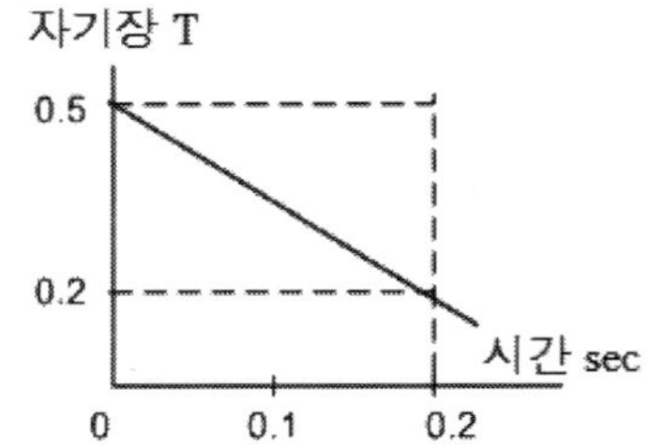

답 (a) $V_{ind} = 0.135\ \text{V}$; (b) $I_{ind} = 0.675\ \text{A}$

04 그림과 같이 자기장 영역으로부터 사각형 모양의 도선 $abcd$를 화살표 방향으로 끌어올 때, 도선에 흐르는 전류 I의 방향과 도선 cd가 자기장으로부터 받는 힘 $\mathbf{F}$의 방향은 동서남북 중 어느 쪽인가?

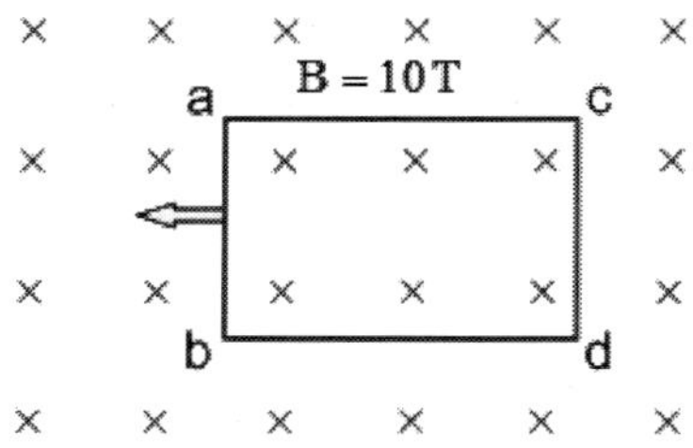

답 동쪽

05 균일한 자기장에 3 m × 4 m 직사각형 도선의 일부가 자기장의 방향 에 수직하게 들어가 있다. 자기장의 크기(자속 밀도)가 1 Wb/m² 일 때, 이 도선을 선 ab에 평행하게 2 m/s의 속도로 끌어 준다면, 도선에 유도되는 기전력은 몇 V인가? (단, 그림에서 자기장의 방향은 지면에 수직으로 들어가는 방향이다.)

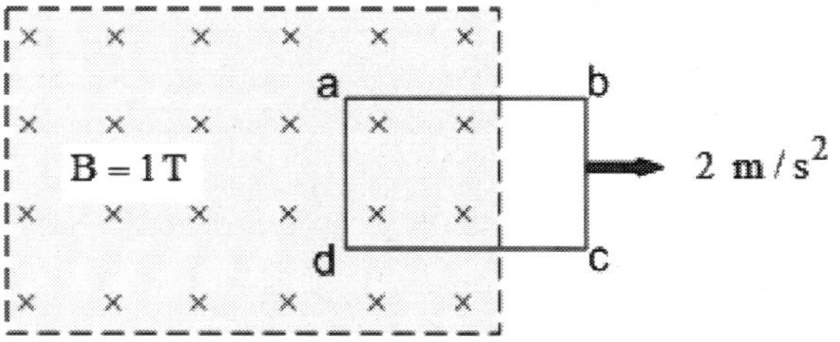

답 $V_i = 6$ V

06 한 변의 길이가 0.1 m인 정사각형 도선이 0.5 Wb/m² 의 균일 자기장 속에 수직으로 놓여 있다.

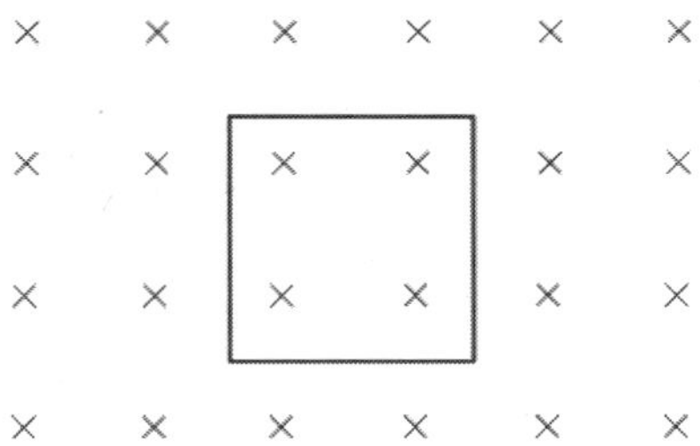

(a) 자기장의 세기가 0.02초 동안에 0.5 tesla 에서 1.1 tesla로 변할 때 도선에 생긴 평균 유도 기전력의 크기를 구하여라.

(b) 자기장이 0.01초 동안에 소멸되었을 때, 도선에 유도된 기전력의 크기를 구하여라.

답 (a) $V_{ind} = 0.3$ V; (b) $V_{ind} = 5 \times 10^{-1}$ V

07 감은 수가 60회, 단면적이 $20\ cm^2$인 코일이 자기장에 수직하게 놓여 있다. 코일 을 지나는 자기장이 시간에 따라 그림과 같이 변할 때 유도 기전력의 크기를 구하여라.

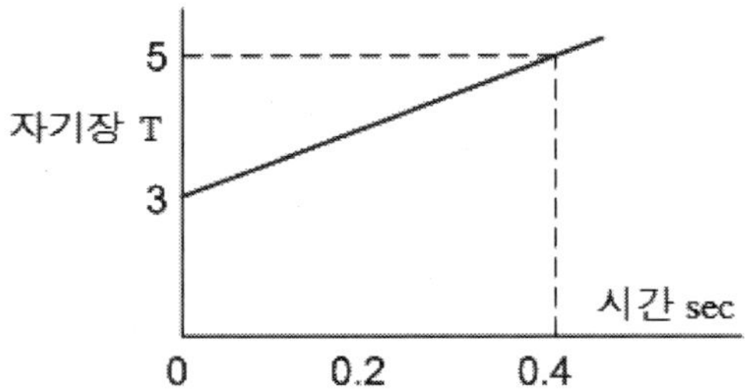

답 $V_{ind} = -0.6\ V$

08 그림과 같이, 균일한 자기장 속에 수직으로 놓인 ㄷ자형의 도선 위에 길이 0.5 m인 도선 CD를 5 m/s로 운동시켰다. 자기장의 크기는 4 T이고 저항은 10 Ω이다.

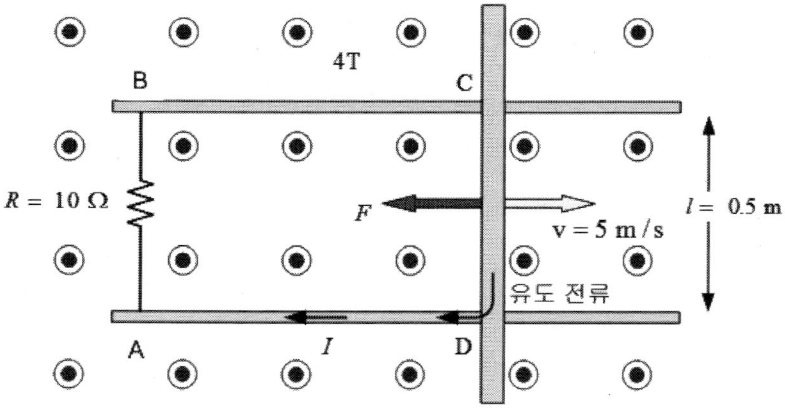

(a) 회로에 흐르는 전류의 세기는 몇 A인가?

(b) 회로에서 소비 전력은 몇 W인가?

(c) 도선 CD를 10 m/s로 등속도 운동을 시키려고 하면 얼마의 힘이 필요한가?

답 (a)$I = 1\ A$; (b)$P = 10\ W$; (c) $F = 4\ N$

09 길이 $0.2\ \mathrm{m}$인 도선이 $0.8\ \mathrm{T}$의 균일한 자기장에 수직으로 놓여 있다. 이 도선을 자기장과 직각 방향으로 $10\ \mathrm{m/s}$의 속도로 운동시킬 때 도선에 유도되는 기전력의 크기는 몇 V인가?

답 $V_{ind} = 1.6\ \mathrm{V}$

10 그림과 같이 원형 코일로 된 회로 (1), (2)가 서로 평행하게 접근해있다. 회로 (2)의 스위치 S가 갑자기 열리면 회로 (1)에는 어느 방향의 전류가 유도되는가?

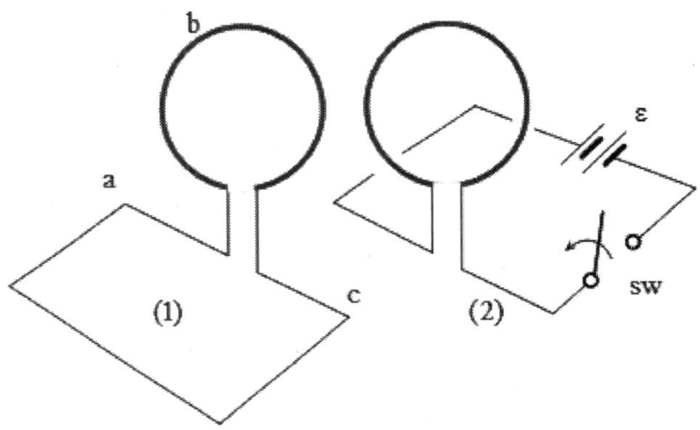

답 a→b→c

11 1차 코일의 감은 수가 100이고, 2차 코일의 감은 수가 2500인 승압용 변압기가 있다. 이 변압기의 1차 코일에 $220\ \mathrm{V}$, $1\ \mathrm{A}$의 전류를 흘려주면 2차 코일의 전압과 전류는 얼마인가?

답 $V_2 = 5{,}500\ \mathrm{V}$, $I_2 = 0.04\ \mathrm{A}$

Chapter

8

교류

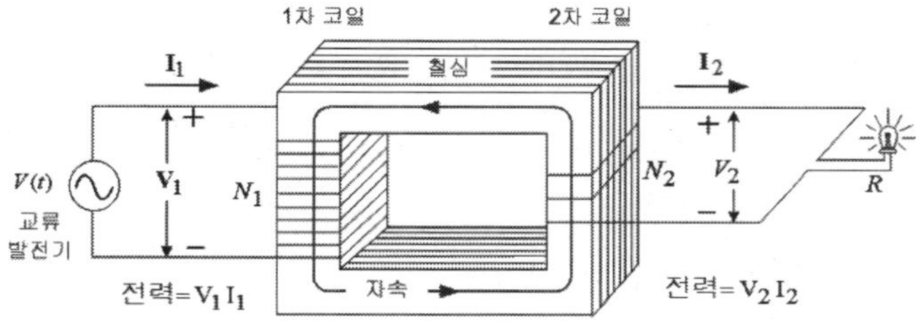

우리는 지금까지

1. 화학 에너지를 전기 에너지로 변환시켜 얻은 직류 전류를 다루었다.
   직류 전류는 세기와 방향이 일정한 전류이다. 직류만을 취급하였다.
   그러나 직류는 대량의 전류를 얻기에는 적당하지 않다.
2. 전자기 유도 현상을 이용하여 전류의 크기와 방향이 주기적으로 변하는 교류 전기를 얻을 수 있는 교류 발전기의 발명으로 역학적 에너지를 대량의 전기 에너지로 바꿀 수 있게 되었다.

직류와 교류는 어떻게 다르며, 또 교류는 어떻게 발생시키는지 알아보기로 하자.
다음 물음에 답해 보라.

예제 1

가정의 전기 기구들이 주로 교류를 사용하는 이유는 무엇인가?

답 교류는 변압을 하기 쉽고 유지 및 송전하기 쉽다. 또한 전자 제품에는 간단한 저장과 제어를 하기 위한 회로가 필요하기 때문에 펄스(클럭)가 있는 교류 전류를 사용한다.

예제 2

한 콘센트에 여러 개의 전기 기구를 연결하여 사용하는 것이 좋지 않은 이유는 무엇인가?

답 콘센트에 이어진 전선은 그 전선이 수용할 수 있는 전력량이 있다. 한 콘센트에 여러 개의 전기 기구를 연결하면, 병렬저항이 적게되고, 한계 전력량을 넘을 수 있기 때문에 위험하다.

예제 3

진동수 60 Hz의 교류에서 전압의 절대값이 최대로 되는 경우는 1초에 몇 번 생기는가?

답 120번

예제 4

발전소에서 수요자까지 전기를 송전할 때 송전선의 전기저항 때문에 전력이 일부 소모된다. 같은 전력을 송전하는 데 있어서 전압을 10배로 높일 수 있다면 송전선의 전력 손실은?

| 풀이 |

송전선의 저항에 의한 전력 소모는 전압의 제곱에 반비례한다.

답 $\frac{1}{100}$로 감소한다.

8.1 교류의 발생

1. 직류와 교류

항상 일정한 방향으로 흐르는 전류를 **직류 전류**(direct current, dc)라고 한다. 시간의 경과와 함께 규칙적으로 일정한 주기를 가지고 크기와 방향을 바꾸는 전류를 **교류 전류** 또는 **교번 전류**(alternation current, ac)라고 한다.

항상 일정한 극성으로 구동되는 전압을 **직류 전압**(direct voltage)이라고 한다. 시간의 경과와 함께 규칙적으로 일정한 극성을 가지고 방향을 바꾸는 전압을 **교류 전압** 또는 **교번 전압**(alternation voltage)이라고 한다[54].

> 전지를 전원으로 구동시켜서 구성한 회로에는 직류가 흐른다.
> 직류(전류 또는 직류전압)을 발생시키는 전원을 직류전원이라고 한다.
> 교류(전류 또는 교류전압)을 발생시키는 전원을 교류전원이라고 한다.

그러면 자기장 내에서 코일을 회전시킬 때 생기는 유도 기전력은 직류와 어떻게 다르며, 어떤 관계가 있는지 공부해 보자. Faraday의 실험에서와 같이, 자석을 코일 속에 넣었다 빼었다 하는 운동을 계속 반복하면 코일에는 그 때마다 방향이 바뀌는 유도 기전력이 발생한다. 이때 발생하는 기전력을 교류 전압이라고 할 수 있다.

---

54) 편의상 “dc”를 “일정한(constant)” 의미로 해석하여 다음과 같이 흔히 부른다.
(1) 직류 전류를 dc 전류, 교류 전류를 ac 전류
(2) 직류 전압을 dc 전압, 직류 전압 ac 전압
(3) 전력(power)의 경우 ac power 또는 dc power라는 용어를 사용한다.

2. 교류 발전기의 원리

그림 8.1과 같이, 자기장에 내에 직사각형의 코일 $ABCD$의 축을 수직하게 둔다[55]. 코일에 의하여 형성된 코일 면 S의 면적은 $AB \times AD\ [m^2]$이고, 면과 수직을 이루는 단위벡터를 $\mathbf{n}$ 라고 한다. 코일을 축 주위에 회전시키면, 코일 면 S를 지나가는 자기력선속(=자속)이 변하면서 도선 AB, CD에는 시간에 따라 주기적으로 방향이 바뀌는 유도 기전력이 발생한다.

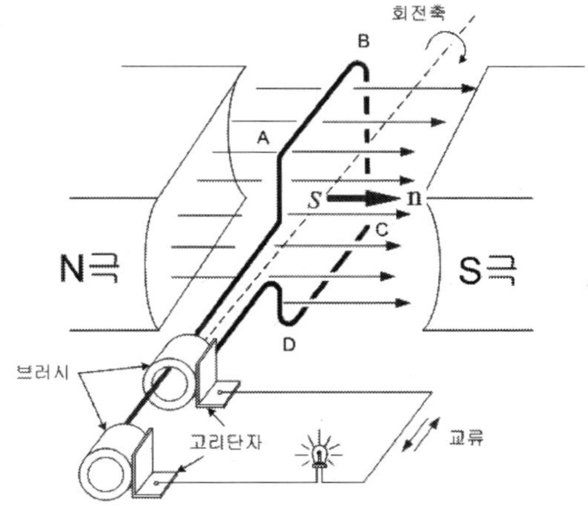

그림 8.1 교류 발전기의 원리

3. 교류의 수식 표현

그림 8.2와 같이, 시간 t 동안에 코일 면이 각속도 ω로 회전하여 자기장과 수직인 위치에서 각 θ 만큼 회전하였다면 코일 면 S를 지나는 자속 ϕ는

$$\phi = \phi_0 \cdot \cos\theta \tag{8.1}$$

가 된다. 여기서 ϕ_0는 $\theta = 0°$ 일 때, 그리고 코일 면과 자기장이 수직일 때 코일 면을 통과하는 자속이다. 코일의 길이 $AB = a$, $CD = b$ 라고 하면, 코일 단면을 관통하는 자기력선속은

$$\phi_{max} = \phi_0 \cdot B \cdot ab \tag{8.2}$$

55) Coil : 도선(導線)을 고리 모양으로 한 것

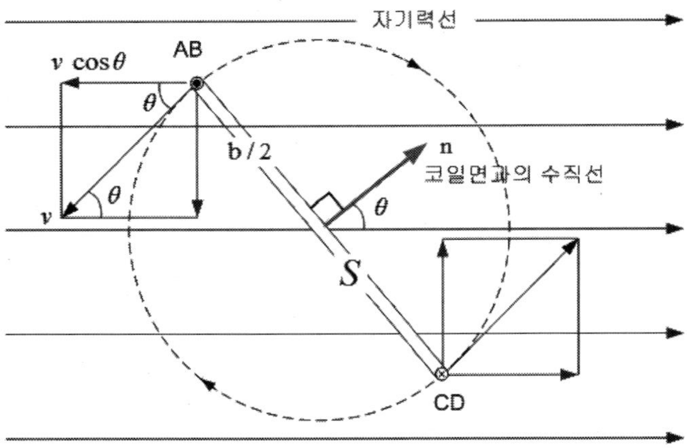

그림 8.2 코일 면 S를 관통하는 자속 ϕ, $\phi = \phi_0 \cdot \cos\theta$

그림 8.3와 같이, 코일 면 S를 관통하는 자속과 유도 기전력의 관계를 살펴보자.

코일이 일정한 각속도 ω (rad/sec) 로 회전할 때 $\theta = \omega t$ 이므로 코일을 지나는 자속 $\phi(t)$는 시간의 함수로서

$$\phi(t) = \phi_0 \cos \omega t \tag{8.3}$$

가 된다. 이와 같이, 코일 면 S를 지나는 자속이 시간에 따라 변하면 코일에 유도 기전력이 발생한다. 이때 발생하는 기전력은 교류 전압이다. 유도 기전력은 자속의 시간적 변화율에 비례하므로 교류 전압 V는

$$V = \frac{d\phi}{dt} = -\frac{d(\phi_0 \cos \omega t)}{dt} = V_0 \sin \omega t \tag{8.4}$$

인 기전력이 (b)와 같이 생긴다. 여기서 교류 전압 V를 순간 전압, V_0를 최대 전압이라고 한다. 또, 자기장 안에 있는 코일이 $\theta = 180^\circ$ 만큼 회전하면 코일의 앞뒤가 바뀌므로 전압과 전류의 파형은 사인 곡선을 이루게 된다.

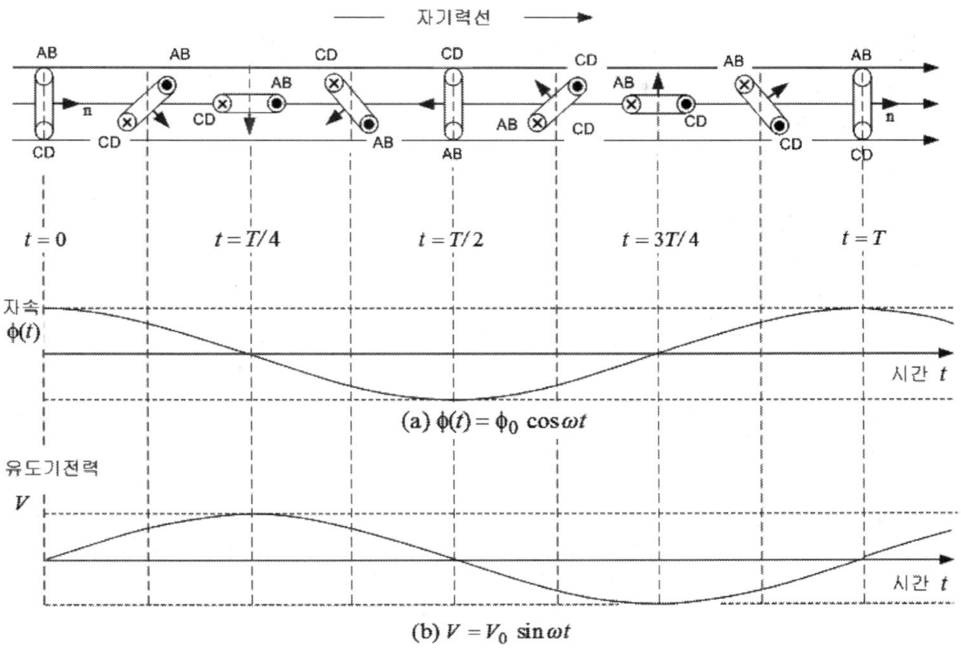

(a) 자속 (b) 유도 기전력

그림 8.3 코일 면 S를 관통하는 자속과 유도 기전력

교류 신호의 1회 파형 변화(또는 1회 진동)를 1사이클이라고 한다. 1 사이클을 완료하는데(또는 1회 진동하는 데) 걸리는 시간을 주기(T)라고 한다. 1초 동안에 변하는 횟수를 **주파수(f)** 라고 하며 단위는 **헤르츠(Hz)** 를 쓴다. 따라서 식 (8.5)은

$$V = V_0 \sin 2\pi f t \tag{8.5}$$

로 된다.

교류 발전기에서 코일이 회전하여 코일에 전류가 흐르게 되면, 이 전류는 자기장에서 다시 힘을 받게 된다. 이때 받은 힘의 방향은 코일의 회전을 방해하는 방향으로 나타난다. 유도 전류가 계속 생기게 하려면 코일을 회전시키기 위하여 일을 해 주어야 한다.

교류는 직류와 달리 전압과 전류가 시시각각으로 변하여 그 크기와 방향이 변하므로 순간값을 측정하기 어렵고 이들의 세기를 나타내기 위하여 평균값을 구하면 0이 되므로 방향에 무관한 양으로서 제곱의 평균값을 생각하게 되었다.

4. 교류의 실효값

교류 전압과 교류 전류에 의하여 부하저항에서 전력이 소비된다. 같은(equal) 양의 전력을 소비하는 직류 전압과 직류 전류를 실효 전압, 실효 전류라고 하며 제곱 평균값의 제곱근을 취하여 정의하는 양의 실수값을 교류의 **실효값(effective value)**을 구한다.

주기가 T인 전류신호 $i(t)$의 실효값(effective value)은 다음 식으로 정의한다.

$$I_{eff} = \sqrt{\frac{1}{T}\int_0^T i^2(t)\,dt} \tag{8.6}$$

주기가 T인 전압신호 $v(t)$의 실효값(effective value)은 다음 식으로 정의한다.

$$V_{eff} = \sqrt{\frac{1}{T}\int_0^T v^2(t)\,dt} \tag{8.7}$$

(1) 최댓값을 V_0 정현파의 교류 전압 신호

$$V = V_0 \sin 2\pi f t \tag{8.8}$$

의 실효 전압은 다음과 같다.

$$V_e = \frac{V_0}{\sqrt{2}} \tag{8.9}$$

(2) 최댓값을 I_0 정현파의 교류 전류 신호

$$I = I_0 \sin 2\pi f t \tag{8.10}$$

의 실효 전류는 다음과 같다.

$$I_e = \frac{I_0}{\sqrt{2}} \tag{8.11}$$

저항 R에 $V = V_0 \sin \omega t$의 교류 전압을 연결하여 주면 저항에 흐르는 전류의 세기 I는 옴의 법칙에 의하여

$$I = \frac{V}{R} = \frac{V_0}{R} \sin \omega t = I_o \sin \omega t \tag{8.12}$$

로 된다. 여기서 I_0 는 전류의 최댓값이다. 저항 R 에서 소비되는 전력도 순간마다 다르지만 한 주기 동안의 소비 전력을 평균하면 소비 전력 P 는

$$P = \frac{1}{2} V_0 I_0 \tag{8.13}$$

가 된다. 이 식을 변형하여

$$\begin{aligned} P &= \frac{1}{2} V_0 I_0 \\ &= \frac{V_0}{\sqrt{2}} \cdot \frac{I_0}{\sqrt{2}} = V_{eff} \cdot I_{eff} \end{aligned} \tag{8.14}$$

로 나타내면, 저항 R 에

$$V_{eff} = \frac{V_0}{\sqrt{2}} \tag{8.15}$$

의 직류 전압을 가하여

$$I_{eff} = \frac{I_0}{\sqrt{2}} \tag{8.16}$$

의 전류가 흐를 때의 소비 전력과 같다. 이렇게 결정되는 전압과 전류의 세기가 곧 교류의 실효값이다. 교류에서 실효값을 쓰면 전압과 전류의 관계와 저항에 의한 열작용 등의 계산을 직류의 경우와 같이 수식을 그대로 쓸 수 있어서 편리하다.

따라서 교류 전압과 전류의 최댓값은 실효값의 $\sqrt{2}$ 배가 되며, 교류 전압을 측정하여 100 V를 얻었다면 그 값은 바로 실효값이고 이때 교류 전압의 최댓값은 그 $\sqrt{2}$ 배인 141 V가 된다.

예제 1

다음 그림과 같이 주기가 3초인 전류 신호의 실효값을 구하여라.

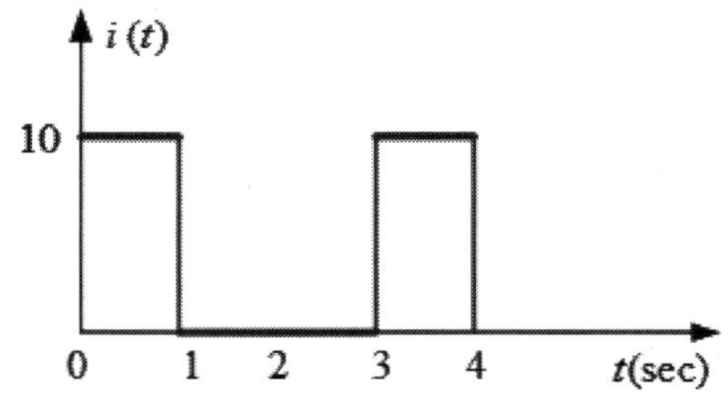

| 풀이 |

$$I_{eff} = \sqrt{\frac{1}{T}\int_0^T i^2(t)\,dt} = \sqrt{\frac{1}{3}\int_0^3 10^2\,dt} = \sqrt{\frac{1}{3}\times 100}$$

$$\therefore\ I_{eff} = 5.78\ \mathrm{A}$$

답 5.78 A

예제 2

전류 $\sqrt{2}\cos(\omega t + \phi)$의 실효값은 얼마인가? 무슨 의미인지 직류 전류와 비교하여라.

| 풀이 |

1A이며 1A의 직류전류와 동일한 전력을 저항에 공급하게 된다.

예제 3

최댓값이 $V_0 = 100$ V인 어떤 교류 전압의 신호가 $V = 100 \cdot \sin 120\pi t$ V 이다.

(a) 이 교류 신호의 주파수는 몇 Hz인가?

(b) 이 교류 신호를 저항 10 Ω 에 연결할 경우, 소비되는 전력은 몇 kW인가?

| 풀이 |

(a) $V = V_0 \cdot \sin 2\pi f t = 100 \cdot \sin 120\pi t$ V

$$2\pi f = 120\pi,\ 2\pi f = 120\pi,\ \therefore f = 60\,\text{Hz}$$

(b) $V_0 = 100$ V이므로,

$$V_{eff} = \frac{V_0}{\sqrt{2}} = \frac{100}{\sqrt{2}} = 70.7\ \text{V}$$

$$P = \frac{V_{eff}^2}{R} = \frac{70.7^2}{10} = 499.849\ \text{W} \simeq 0.5\ \text{kW}$$

답 (a) 60 Hz ; (b) 약 0.5 kW

예제 4

220 V용 440 W의 전열기를 220 V 교류에 연결하여 사용하고 있다. 다음 물음에 답하여라.

(a) 전류의 실효값은 몇 A 인가?

(b) 최대 전압은 몇 V 인가?

(c) 최대 전류는 몇 A 인가?

| 풀이 |

교류에서 사용하는 전류와 전압 220 V는 실효값을 말한다.

(a) 전류 $I_{eff} = \frac{P}{V} = \frac{400\ \text{W}}{220\ \text{V}} = 2\ \text{A}$

(b) $V_0 = \sqrt{2}\, V_{eff} = \sqrt{2} \times 220\ \text{V} = 311\ \text{V}$

(c) $I_0 = \sqrt{2}\, I_{eff} = \sqrt{2} \times 2 = 2.82\ \text{A}$

답 (a) $I_{eff} = 2\text{A}$; (b) $V_0 = 311\,\text{V}$; (c) $I_0 = 2.82\,\text{A}$

8.2 교류 회로

교류 회로는 입력 전압원이 교류 전압원인 회로이다. 교류 회로의 부하는 가장 일반적인 경우 세 가지 소자(저항, 인덕터, 커패시터)로 구성되어 있다. 교류 회로의 부하가 저항만으로 되어 있는 경우, 전압과 전류의 관계가 간단하다. 그러나 부하가 inductor 또는 capacitor로 구성되어 있는 경우, 간단하지가 않다. 직류의 경우와 많은 차이가 있다. 이 현상에 대하여 자세히 알아보자.

1. 저항에서 성립하는 전압과 전류의 관계

그림 8.4과 같이 저항의 양단에 걸리는 전압과 저항을 통하여 흐르는 전류의 관계를 살펴보자. 저항의 양단에 걸리는 전압을

$$V = V_0 \sin \omega t \tag{8.17}$$

라고 하면, 저항을 통하여 흐르는 전류는

$$I = \frac{V}{R} = \frac{V_0 \sin \omega t}{R} = \frac{V_0}{R} \sin \omega t = I_o \sin \omega t \tag{8.18}$$

과 같다.

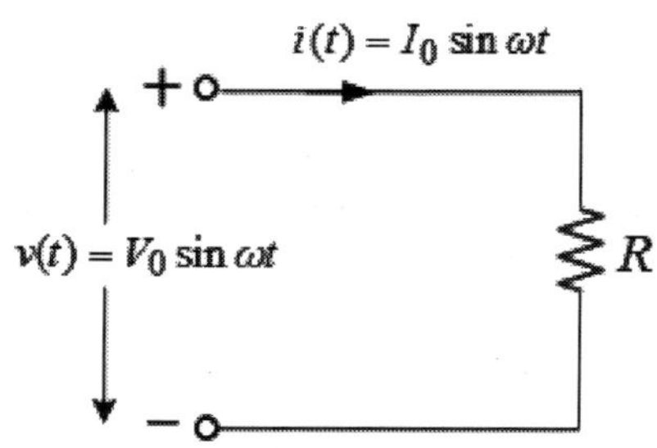

그림 8.4 저항의 전압과 전류

전압과 전류의 그래프를 나타내면 그림 8.5와 같다.

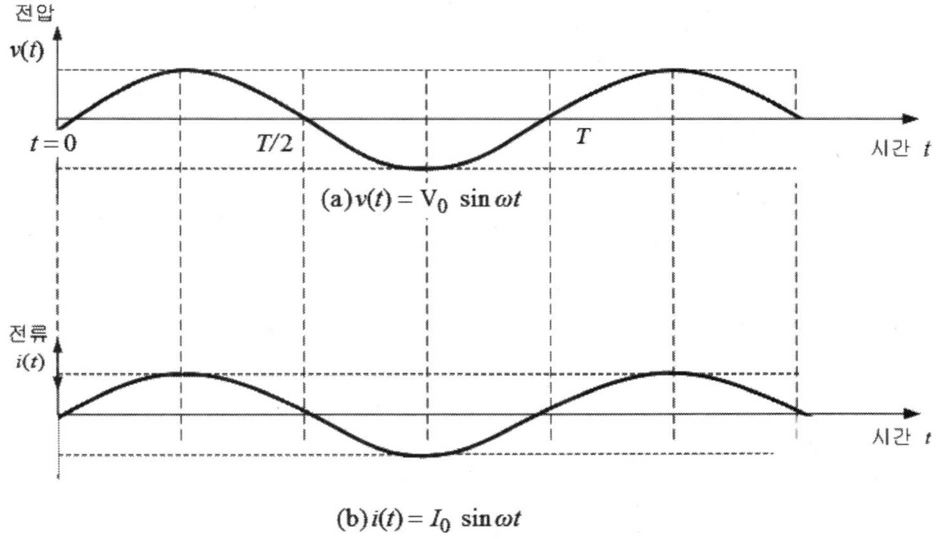

(a) 전압 (b) 전류의 파형

그림 8.5 저항에서의 전압과 전류의 파형

그래프로부터 다음 특징을 알 수 있다.

(1) 전류의 진폭은 전압 진폭의 $I = \dfrac{V}{R}$ 이다.

(2) 전류의 위상은 전압의 위상과 일치한다.

2. 인덕터에서 성립하는 전압과 전류의 관계

그림 8.6과 같이 인덕터의 양단에 걸리는 전압을

$$V = V_0 \sin \omega t \tag{8.19}$$

라고 하면, 인덕터를 통하여 흐르는 전류는

$$I = I_o \sin\left(\omega t - \frac{\pi}{2}\right) \tag{8.20}$$

이다.

따라서 인덕터에는 자기력선 수의 변화를 방해하려는 자체 유도에 의한 유도 기전력이 발생하여 전류의 흐름을 방해하게 되는데, 이는 인덕터가 일종의 저항 역할을 하기 때문이다.

이러한 성질은 코일의 자체 인덕턴스 L 이 클수록, 또 교류의 주파수 $\omega\,(=2\pi f)$가 높을수록, 또 교류의 주파수가 높을수록 더 많은 유도 기전력이 생기기 때문이다.

부하가 인덕터 L 로만 이루어진 회로의 입력 신호로서, 주파수 $\omega\,(=2\pi f)$이고 실효값 V_{eff} 인 교류 전압을 줄 때, 회로에 흐르는 전류의 실효값 I_{eff}는

$$I_{eff} = \frac{V_{eff}}{\omega L} = \frac{V_{eff}}{2\pi f L} \tag{8.21}$$

가 된다.[56)]

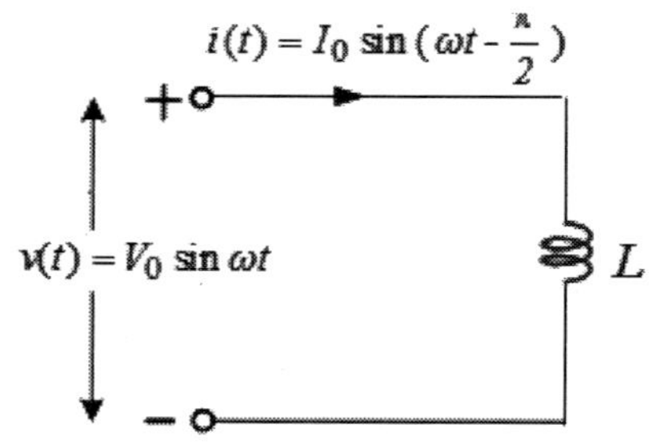

그림 8.6 인덕터에서의 전압과 전류

이 식에서

$$X_L \equiv \omega L = 2\pi f L \tag{8.22}$$

이라 놓으면,

$$I_{eff} = \frac{V_{eff}}{X_L} \tag{8.23}$$

56) 자세한 유도를 하기 위해서는 정현파의 페이저(phasor) 개념을 도입해야하지만, 여기서는 결과만 제시하기로 한다.

이 된다. 옴의 법칙

$$I_{eff} = \frac{V_{eff}}{R} \tag{8.24}$$

과 비교하여 X_L은 마치 저항 R 인 것처럼 역할을 한다는 것을 알 수 있다. 여기서 X_L을 **유도성 리액턴스**(inductive reactance)라고 하며 단위는 저항과 같이 **옴(Ω)** 을 쓴다.

저항은 직류 회로에서 전류의 흐름을 방해하고 전력을 소비한다.

인덕터는 직류 신호를 통과시키지 못하지만 시변(time-varying, 시간에 따라 변하는) 교류 신호는 통과시킨다.

인덕터는 교류 전류의 흐름을 방해하지만 양단 전압과 통과 전류에 의하여 주변 공간에서 자기장의 에너지로 저장된다. 그리고 전압과 전류의 방향이 반대가 되면 저장된 에너지를 되돌려 주기 때문에 코일에서는 전력이 소모되지 않는다.

전압과 전류의 그래프를 나타내면 그림 8.7과 같다.

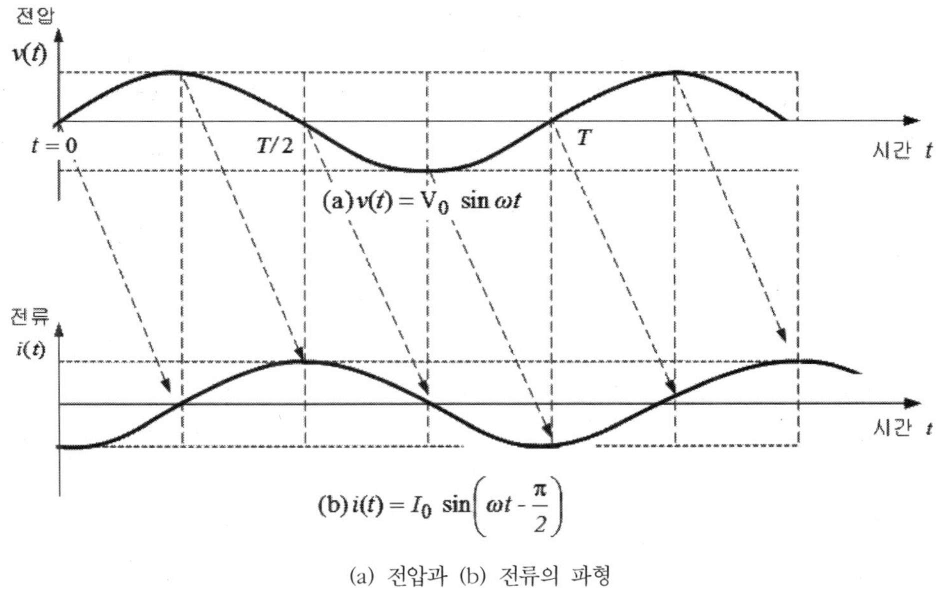

(a) 전압과 (b) 전류의 파형

그림 8.7 인덕터에서 위상이 변화하는 전압과 전류의 파형

그래프로부터 다음 특징을 알 수 있다.

(1) 전류의 진폭은 전압진폭의 $I = \frac{V}{2\pi L}$ 이다.

(2) 인덕터 양단에 인가되는 정현파 전압에 의하여 통과 전류가 흐르고 있을 때, 전류의 위상이 전압의 위상보다 $\frac{\pi}{2}$ 만큼 늦다.

예제 1

자체 유도 계수가 50 mH인 인덕터에 주파수 60 Hz의 교류 전압을 입력단에 연결하였을 때 유도성 리액턴스는 얼마인가?

| 풀이 |

유도 리액턴스 X_L는

$$X_L = 2\pi f L = 2 \times 3.14 \times 60\ \text{Hz} \times 50 \times 10^{-3}\ \text{H} = 1.88\ \Omega$$

답 $X_L = 1.88\ \Omega$

예제 2

자체 인덕턴스가 20 Hz인 코일에 60 Hz, 100 V의 교류 전원을 연결하였다.

(a) 코일에 의한 유도성 리액턴스는 몇 Ω 인가?

(b) 최대 전류는 몇 A 인가?

| 풀이 |

(a) 유도 리액턴스 X_L은

$$X_L = 2\pi f L = 2 \times 3.14 \times 60\ \text{Hz} \times 20\ \text{H} = 7536\ \Omega$$

이며,

(b) 최대 전압은 $V_{max} = \sqrt{2}\ V_{eff}$이므로 최대 전류 I_{max}는

$$I_{max} = \frac{V_{max}}{X_{\text{L}}} = \frac{\sqrt{2}\ V_{eff}}{X_{\text{L}}} = \frac{\sqrt{2} \times 100\ \text{V}}{7536\ \Omega} = 1.88 \times 10^{-2}\ \text{A}$$

이다.

답 (a) 7536 Ω; (b) 1.88×10^{-2} A

3. 커패시터에서 성립하는 전압과 전류의 관계

그림 8.8과 같이 입력단에 교류 전원을 인가하고 capacitor(커패시터) 부하를 갖는 회로를 나타낸다. 커패시터의 양단에 걸리는 전압을

$$V = V_0 \sin \omega t \tag{8.25}$$

라고 하면, 흐르는 전류는

$$I = I_o \sin\left(\omega t + \frac{\pi}{2}\right) \tag{8.26}$$

과 같다.

전류의 방향이 주기적으로 바뀌어 충전과 방전을 되풀이하는 효과를 나타내므로, 회로에는 계속하여 전류가 흐르게 된다.

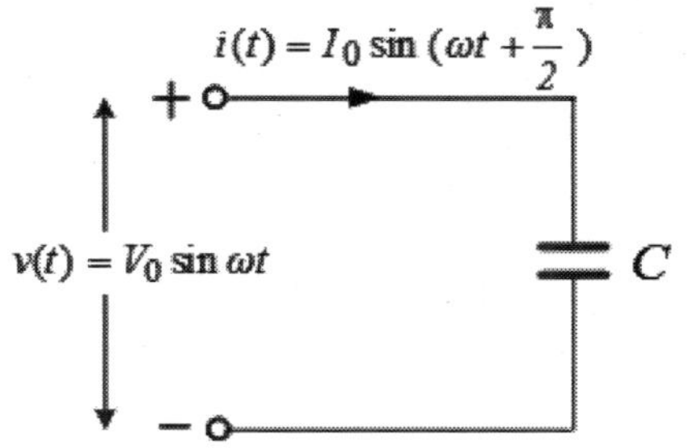

그림 8.8 커패시터에서의 전압과 전류

그림 8.9에 커패시터에 대하여 위상이 변화하는 (a) 전압과 (b) 전류의 파형을 나타내었다. 그래프로부터 다음 특징을 알 수 있다.

(1) 전류의 진폭은 전압 진폭의 $I = \dfrac{V}{1/2\pi f C} = 2\pi f C\ V$ 이다.

(2) 커패시터(커패시터) 양단에 인가되는 정현파 전압에 의하여 전류가 흐르고 있을 때, 전류의 위상이 전압의 위상보다 $\frac{\pi}{2}$ 빠르게 된다.

교류의 주파수가 높을수록 전하의 이동 횟수가 많아져서 많은 전류가 흐르게 되며, 커패시터의 전기 용량이 작으면 작은 전기량에 의해서도 충전이 되기 때문에 많은 전류가 흐르지 못한다. 즉, capacitor(커패시터)의 전기 용량이 클수록 전류가 잘 흐르고 전기 용량이 작을수록 전류가 흐르기 어렵다.

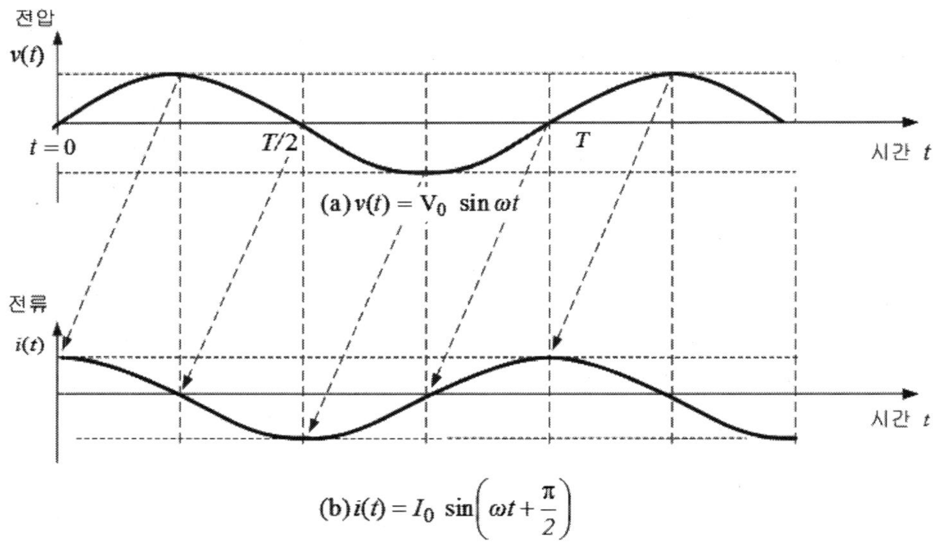

(a) 전압 (b) 전류의 파형

그림 8.9 커패시터에서 위상이 변화하는 전압과 전류의 파형

전기 용량이 C인 capacitor(커패시터) 부하의 입력단에 주파수 $\omega\,(=2\pi f)$인 교류 전압을 인가할 때, 전류의 실효값 I_{eff}는

$$I_{eff} = \omega\, C V_{eff} = 2\,\pi f\ C\ V_{eff} \tag{8.27}$$

가 된다. 이 식에서

$$X_c \equiv \frac{1}{\omega\, C} = \frac{1}{2\,\pi f\, C} \tag{8.28}$$

라 놓으면,

$$V_{eff} = \frac{1}{\omega\, C} \cdot I_{eff} = X_C \cdot I_{eff} \tag{8.29}$$

옴의 법칙

$$V_{eff} = R \cdot I_{eff} \tag{8.30}$$

과 비교하여 X_C는 저항과 같은 역할을 함을 알 수 있다. 여기서 X_C를 **용량성 리액턴스** (capacitive reactance)라고 하며 단위는 저항과 같은 **옴(Ω)**을 쓴다.

용량성 리액턴스는 커패시터에 교류를 흐르게 하면 저항과 같이 전류의 세기에는 영향을 주지만, 전류가 증가할 때는 에너지를 저장하고 전류가 감소할 때는 저장되었던 에너지를 되돌려 주므로 전력을 소비하지 않는다.

예제 1

전기 용량이 $40\ \mu\text{F}$인 커패시터에 $60\ \text{Hz}$의 교류 전압을 연결하였을 때 용량성 리액턴스는 얼마인가?

| 풀이 |

용량 리액턴스 X_C는

$$X_C = \frac{1}{2\pi fC} = \frac{1}{2 \times 3.14 \times 60\ \text{Hz} \times 40 \times 10^{-6}\ \text{F}} = 66.3\ \Omega$$

답 $66.3\ \Omega$

예제 2

$20\ \mu\text{F}$의 커패시터에 $100\ \text{V}$, $60\ \text{Hz}$의 교류 전압을 걸어 주었다.

(a) 용량성 리액턴스를 구하여라.

(b) 실효 전류를 구하여라.

| 풀이 |

(a) 용량성 리액턴스의 크기 : $X_c = \dfrac{1}{2\pi fC} = \dfrac{1}{2\pi \times 60 \times 20 \times 10^{-6}} = 1.33 \times 10^2\ \Omega$

(b) 전류의 실효값 : $I_{eff} = 2\pi fCV = 1 \times 3.14 \times 60 \times 20 \times 10^{-6} \times 100 = 0.75\ \text{A}$

답 (a) $1.33 \times 10^2\ \Omega$; (b) $0.75\ \text{A}$

4. RLC 직렬 부하에 대한 전압과 전류의 관계

그림 8.10는 저항 R, 자체 인덕턴스 L인 인덕터(코일), 전기 용량이 C인 커패시터 소자가 직렬로 연결된 회로이다. 부하의 양단에 주파수 $\omega\,(=2\pi f)$인 교류 전압이 인가되고 있다.

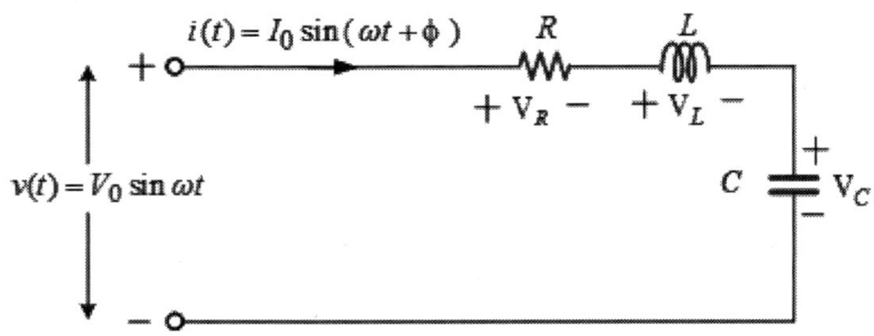

그림 8.10 ***RLC*** 직렬 회로

입력 전압신호의 크기는 다음과 같다.

$$V=\sqrt{{V_R}^2+(V_L-V_c)^2}=\sqrt{(IR)^2+(IX_L-IX_c)^2} \tag{8.31}$$

전류의 실효값 I_{eff}는 다음과 같다.

$$I_{eff}=\frac{V_{eff}}{\sqrt{R^2+\left(\omega L-\dfrac{1}{\omega C}\right)^2}} \tag{8.32}$$

가 된다. 이것을 옴의 법칙과 비교하여

$$\sqrt{R^2+\left(\omega L-\frac{1}{\omega C}\right)^2}=Z \tag{8.33}$$

라 놓고 Z를 **임피던스**(impedance)라고 하며, 이는 교류 회로에서 받는 합성 저항에 해당하는 단위는 역시 **옴**(Ω)을 쓴다.[57]

---

57) 임피던스는 복소수 $\boldsymbol{Z}=Z+jX=|Z|\angle\theta$ 의 꼴을 갖는다. 여기서는 복소수의 크기 $|Z|$ 즉, Z만을 고려하였다.

그림 8.11은 RLC 직렬 회로의 임피던스를 나타낸다.

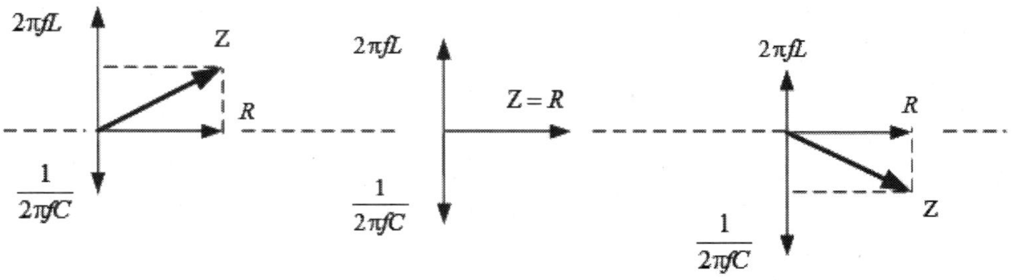

(a) $2\pi fL > \frac{1}{2\pi fC}$인 경우 (b) $2\pi fL = \frac{1}{2\pi fC}$인 경우 (c) $2\pi fL < \frac{1}{2\pi fC}$인 경우

그림 8.11 RLC 직렬 회로의 임피던스

입력 교류전압의 주파수가 변하면 전류의 세기도 다르다. 즉, 교류 회로에서 최대 전류가 흐르기 위해서는 임피던스 크기 Z가 최소이어야 한다. 최대 전류 조건 또는 최소 임피던스 조건은

$$\omega L - \frac{1}{\omega C} = 0 \tag{8.34}$$

의 경우이다. 여기서 각주파수 ω를 구하면

$$\omega_{res} \equiv 2\pi f_{res} = \frac{1}{\sqrt{LC}} \tag{8.35}$$

이 된다. 여기서 헤르츠 주파수 f_{res}를 구하면

$$f_{res} = \frac{1}{2\pi\sqrt{LC}} \tag{8.36}$$

이 된다. 주파수 ω_{res}와 f_{res}를 교류 회로에서 **고유 주파수** 또는 **공진 주파수**라고 한다.

- 예제 1

세 개의 소자 즉, 저항($5\ \Omega$), 인덕터($2\ \mathrm{H}$), 커패시터($3\ \mu\mathrm{F}$)를 직렬로 연결하여 하나의 부하를 만들었다. 이 부하의 양단에 $50\ \mathrm{Hz}$, $100\ \mathrm{V}$인 교류전압을 인가하여 회로를 구성하였다.

(a) 회로의 임피던스의 크기는 몇 Ω 인가?

(b) 전류의 실효값은 몇 A 인가?

| 풀이 |

(a) 임피던스 : $R = 50\ \Omega$, $X_L = 2\pi f L = 2\pi \times 50 \times 2 = 628\ \Omega$

$$X_c = \frac{1}{2\pi f C} = \frac{1}{2\pi \times 50 \times 3 \times 10^{-6}} = 1061\ \Omega$$

이므로 임피던스의 크기 Z 는

$$Z = \sqrt{R^2 + (X_L - X_c)^2} = \sqrt{(50)^2 + (628 - 1061)^2} = 436\ \Omega$$

(b) 실효값 : $V = I_{eff} Z$ 에서

$$I_{eff} = \frac{V}{Z} = \frac{100}{436} = 0.23\ \mathrm{A}$$

답 (a) $436\ \Omega$; (b) $0.23\ \mathrm{A}$

8장 연습문제

01 교류 전원 220V에 220V, 1000W의 헤어드라이어를 연결하였다.

(a) 헤어드라이어에 흐르는 전류의 실효값은 몇 A인가?

(b) 헤어드라이어에 흐르는 전류의 최대값은 몇 A인가?

(c) 순간 소비 전력의 최대값은 몇 W인가?

답 (a) $I_{eff} = 4.55$ A; (b) $I_{max} = 6.48$ A; (c) $P = 2000$ W

02 정현파전류 신호 $i(t) = I_m \cos(\omega t + \theta)$의 실효값을 구하여라.

신호의 주기는 $T = \dfrac{2\pi}{\omega}$이다.

답 $I_{eff} = \dfrac{I_m}{\sqrt{2}}$

03 다음과 같은 전압 신호의 실효값을 구하여라.

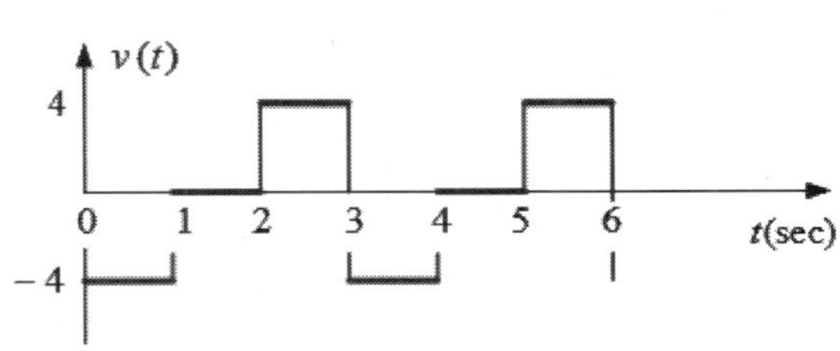

답 $V_{eff} = 3.27$ V

04 다음과 같은 전압 신호의 실효값을 구하여라.

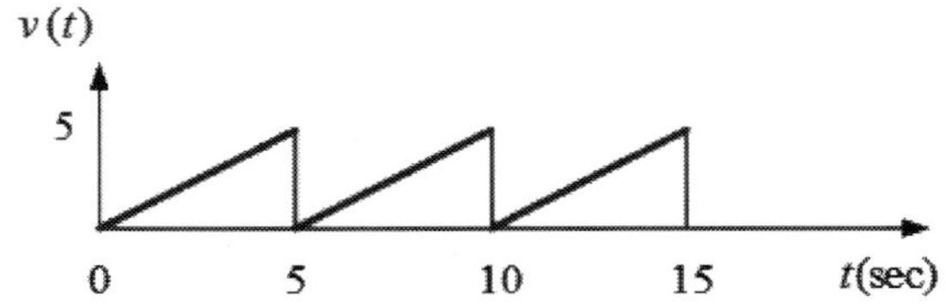

답 $V_{eff} = 2.89\ \mathrm{V}$

05 정현파 전압 신호 $v(t) = 10\sin(\omega t + 30^\circ)$는 정현파 전류 신호 $i(t) = 20\cos(\omega t - 100^\circ)$보다 위상이 몇 도 앞서는가?

답 $\theta = 40^\circ$

06 정현파 전압 신호 $v(t) = 141\ \sin(377t - 30^\circ)$의 주파수를 구하여라.

답 $f = 60\ \mathrm{Hz}$

07 전기 용량이 $C = 1\ \mu\mathrm{F}$인 capacitor(커패시터)의 양단 전압이 $f = 60\ \mathrm{Hz}$일 때, 용량 리액턴스의 값을 구하여라.

답 $X_c = 2653\ \Omega$

08 교류 전압 $60\,\mathrm{Hz}$, $100\,\mathrm{V}$을 어떤 커패시터에 가하면, $1\,\mathrm{A}$의 전류가 흐른다. 이 커패시터의 정전 용량을 구하여라.

답 $C = 26.5\,\mu\mathrm{F}$

09 주파수 $f = 60\,\mathrm{Hz}$에서 $3\,\Omega$의 리액턴스를 갖는 자기 인덕턴스 값을 구하여라.

답 $L = 8\,\mathrm{mH}$

10 주파수 $f = 60\,\mathrm{Hz}$에서 $3\,\Omega$의 리액턴스를 갖는 정전용량 값을 구하여라.

답 $C = 884\,\mu\mathrm{F}$

11 전기 용량이 $C = 3\,\mu\mathrm{F}$인 capacitor(커패시터)를 $50\,\Omega$의 용량 리액턴스로 사용하고 있다. 이때 주파수를 구하여라.

답 $f = 1.06 \times 10^3\,\mathrm{Hz}$

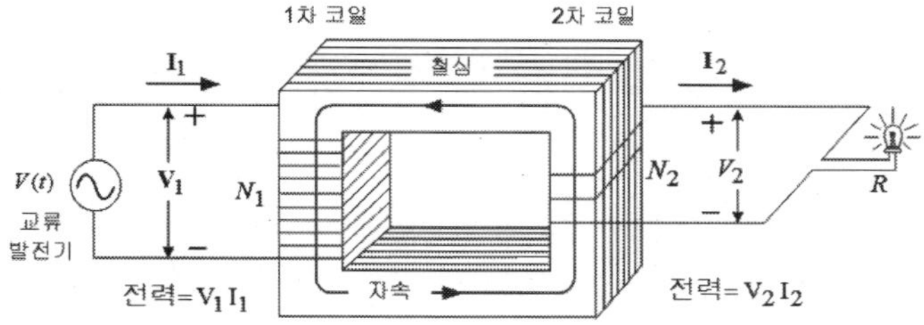

Chapter 9

전자기파

우리는 앞에서, 패러데이의 전자기 유도 법칙을 학습하였다.

패러데이의 전자기 유도 법칙 : 자기장이 시간적으로 변화할 때 도선에 유도기전력이 발생하고, 유도 기전력에 의하여 유도 전류가 흐른다.

도선에 흐르는 전류는 도선 내의 각 지점에 있는 전자가 힘을 받아 이동하는 결과이므로 도선의 각 점에 전기장이 형성되어있다고 볼 수 있다. 즉, 자기장이 시간적으로 변화할 때 전기장이 생기는 것이다.

전자기파는 1864년에 **맥스웰**[58]에 의하여 존재 가능성이 이론적으로 제기되었다. 전자기학 이론에서 맥스웰의 위대한 발견은 빛은 전자기의 일종이라는 것이었으며, 전기 및 자기적인 장치를 이용하여 속도를 측정할 수 있다는 것이었다. 이와 함께 맥스웰은 고전적인 광학과 전기 및 자기 현상을 연결하였다.

맥스웰의 이론을 실험하여 **헤르츠**[59]는 전자기파를 발생시킴으로써 전자기파의 존제를 최초로 입증하였다.

여기서는 전자기파의 발생 및 그 성질, 그리고 전자기파의 종류에 대하여 알아보기로 하자.

---

58) James Clerk Maxwell FRS FRSE (13 June 1831 – 5 November 1879) was a Scottish scientist in the field of mathematical physics. His most notable achievement was to formulate the classical theory of electromagnetic radiation, bringing together for the first time electricity, magnetism, and light as manifestations of the same phenomenon. Maxwell's equations for electromagnetism have been called the "second great unification in physics" after the first one realised by Isaac Newton.
출처 :
(1) "Early day motion 2048". UK Parliament. Retrieved 22 April 2013.
(2) "James Clerk Maxwell". The Science Museum, London. Retrieved 22 April 2013.
(3) Nahin, P. J. (1992). "Maxwell's grand unification". Spectrum, IEEE 29 (3): 45. doi:10.1109/6.123329.

59) Halliday. D., Resnick, R., walker. J. *Fundamentals of Physics Extended*, 4th Ed., John Wiley & Sons, Inc., New York, 1974, p.636, ISBN=0-471-57578-X

9.1 전기 진동

(1) 전기진동회로

전기 회로에서는 에너지 소비를 하는 소자가 저항 R이다. 저항이 없이 구성한 LC 회로 에서는 전류가 일단 한번 흐르면, 진폭 감쇠없이 영원한 정현파 형태로 흐르고, 소자 양끝에 전압이 일단 한번 걸리면, 진폭 감쇠없이 영원한 정현파 형태로 걸린다.

1. LC 회로는 "전기진동회로", "공진회로", "동조회로"라고 하며, 전하를 저장하기 때문에 "탱크(tank)회로"라고도 한다.[60]

2. LC 회로는 공진 주파수에서 진동 에너지를 저장하면서, 아날로그 형식의 전기 공진기로 쓸 수 있다. 특정 주파수에서 신호를 생성하거나, 특정 주파수의 신호를 통과시는 필터(filter)로 사용된다.

이 절에서는 전기진동회로를 학습한다.[61]

커패시터를 충전시키고 저항을 연결하면, 방전시키면 전기 에너지는 저항으로 이동하여 방전되면서 열에너지로 변환되고, 전류는 점점 약해져서 0으로 된다.

그림 9.1은 기전력이 V인 전지, 가변 스위치, 인덕터 L과 커패시터 C를 연결하여 구성한 회로이다.

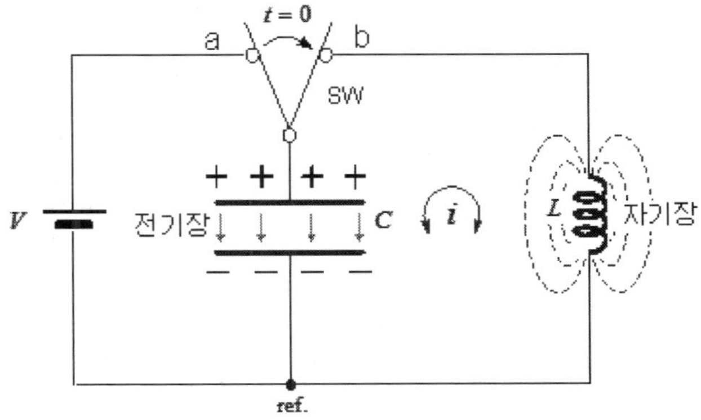

그림 9.1 전기진동을 하는 LC 회로.

---

60) LC 회로, 탱크회로, LC 탱크회로, 공진회로(resonance circuit), 공명회로, tuned circuit, 공진기(oscillator) 등으로 불린다.
61) 엄기홍, 새로운 접근 회로이론 원리와 응용, p.318-321, 교우사 2017.

스위치를 a 위치에 두면 전원 전압 V가 인가되어 커패시터는 정전계 형태로 에너지를 저장한다. 커패시터가 완전히 충전된 후, 스위치를 위치 b로 연결한다.

스위치를 닫으면, 전류가 흐르는 코일 주위에 자기장이 발생한다. 그러나 인덕터의 자체 유도 현상 때문에 전류가 급격하게 증가하지 못하고 서서히 증가하도록 자기장의 세기도 서서히 증가한다.

전류가 최대일 때 커패시터 극판의 전하는 모두 없어지고, 커패시터의 극판 사이의 전위차는 0이 된다. 그러나 **인덕터의 자체 유도 현상** 때문에 전류는 0이 되지 않고 계속 하여 같은 방향으로 서서히 흐르면서 감소되므로 커패시터는 처음과 반대의 상태로 충전하게 된다. 인덕터에 최대한 충전된 에너지는 서서히 감소하여 커패시터로 이동한다. 저항이 없으면 전기 에너지가 소비되지 않는다.

그림 9.2는 주기 T로 동작하는 LC 회로의 한 주기를 4등분하여 $T/4$씩 동작하는 방전 및 충전 현상을 나타낸 그림이다. 전류의 흐름과 자기장의 방향은 Ampère의 오른손 법칙을 따른다. 전류가 반대방향으로 흐르면, 자기장의 방향도 반대로 된다.

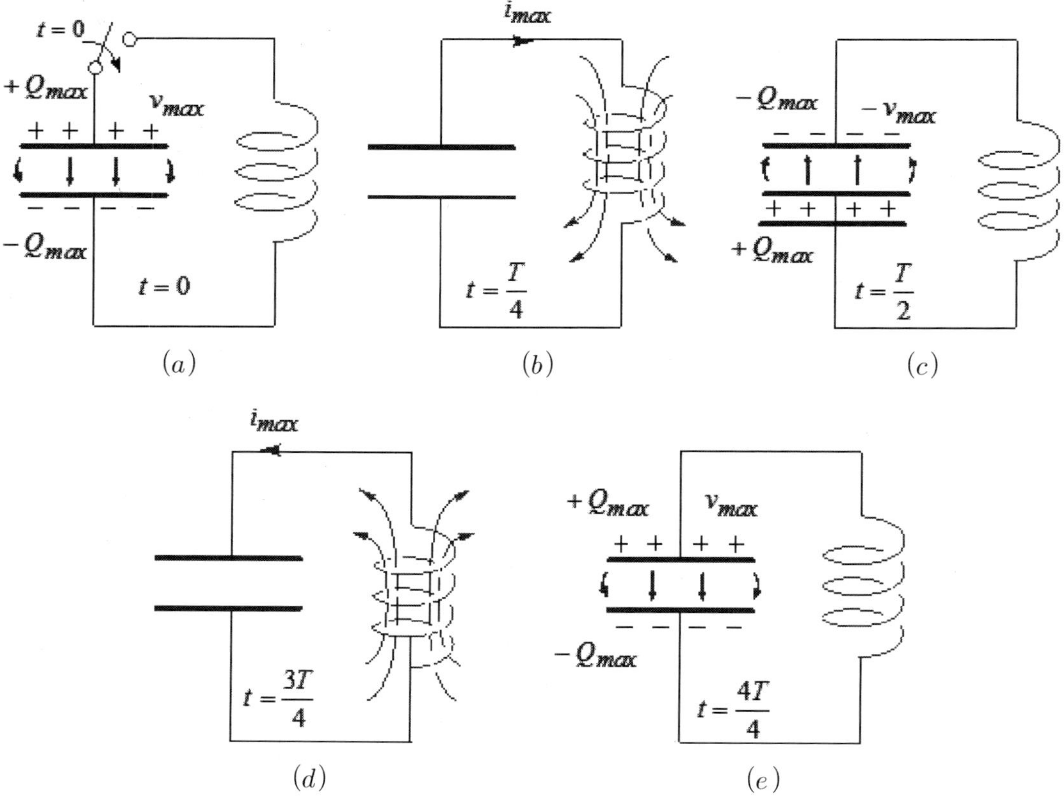

그림 9.2 LC 회로의 방전 및 충전 현상

$(a)\ t = 0$ sec

커패시터는 최대 전압을 인가하여 걸어서, 최대 전하를 충전시킨다. 전류는 아직 흐르지 않는다. 스위치를 닫는다.

$(b)\ t = \dfrac{T}{4}$ sec

충전기가 방전하면, 전류가 인덕터에 흐르기 시작한다.

유도된 기전력 때문에 인덕터 전류는 급격히 변하지 못하고, 영(0)에서부터 서서히 증가한다.

각 순간마다 커패시터 전압이 감소하는 만큼 유도기전력이 발생한다. 따라서 커패시터가 방전하는 전류가 흐른다. 커패시터 전압이 영(0)이면, 유도된 기전력은 영(0)이고, 전류는 최대 전류 I_{max}가 된다.

$(c)\ t = \dfrac{2T}{4}$ sec

커패시터의 전하의 부호가 반대로 충전된다.

$(d)\ t = \dfrac{3T}{4}$ sec

커패시터가 방전하면, 전류가 인덕터에 흐르기 시작한다. 유도된 기전력 때문에 인덕터 전류는 급격히 변하지 못하고, 영(0)에서부터 서서히 증가한다. 각 순간마다 커패시터 전압이 감소하는 만큼 유도기전력이 발생한다.

따라서 커패시터가 방전하는 전류가 흐른다. 커패시터 전압이 영(0)이면, 유도된 기전력은 영(0)이고, 반대 전류는 최대 전류 I_{max}가 된다.

$(e)\ t = \dfrac{4T}{4} = T$ sec

(2) 주기진동하는 전압 및 전류신호

그림 9.3은 탱크 회로에서 한 주기를 8등분하여 진동하는 전압 및 전류 신호를 나타내었다. 저항이 없는 **엘시(LC) 회로** 즉, 인덕터와 커패시터를 직렬 연결한 엘시(LC) 회로에서 전류가 어떻게 흐르는지 단계별로 동작을 살펴보자.

그림 9.1에서, 스위치를 a에 접촉하여 커패시터 C 를 충분히 충전시킨다. 충전시킨 후 스위치를 b에 접촉시킨다.

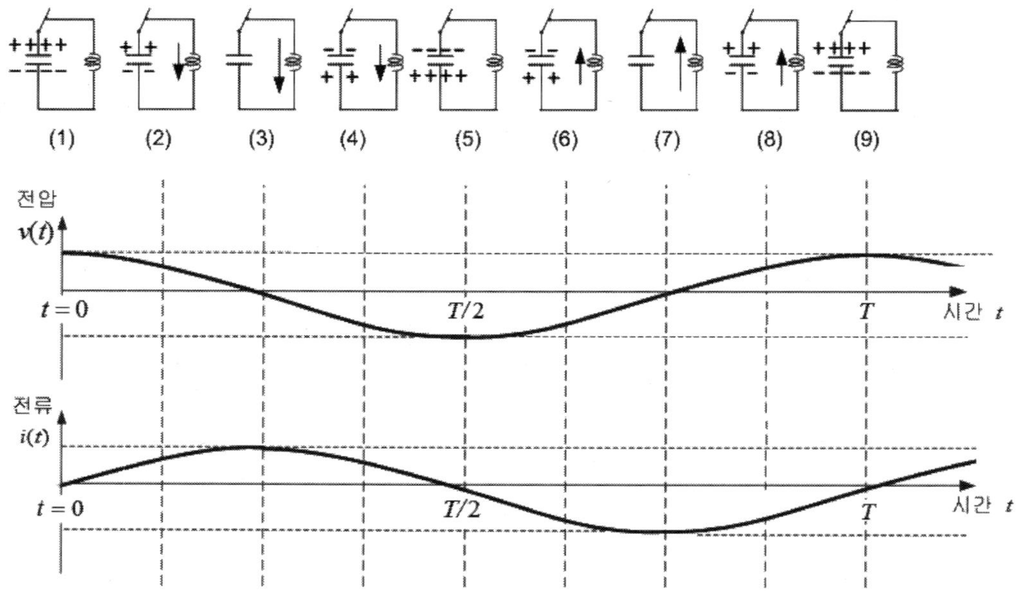

그림 9.3 LC 회로에서 진동하는 전압 및 전류 신호.

회로의 동작을 9단계로 구별하여 나타내면 다음과 같다.

(1) 커패시터는 최대 전압이 걸린다. 전류는 아직 흐르지 않는다.
인덕터의 자체 유도 현상 때문에 전류가 급격하게 증가하지 못하고 서서히 증가하도록 자기장의 세기도 서서히 증가한다.
(2) 커패시터가 방전하면, 전류가 증가한다.
(3) 커패시터가 모두 방전하면, 전류가 최대값인 순간이다.
(4) 커패시터가 반대 전하로 충전하고, 전류가 감소한다.
(5) 커패시터가 반대로 최대로 충전하고, 전류가 최소의 0값이다.
(6) 커패시터의 전하가 감소하고, 전류가 반대로 흐른다.
자체 기전력의 방향은 전류가 흐르는 방향과 같으며, 전류 흐름의 감소를 막는다. 그 대신 이 기전력은 커패시터가 완전히 방전되었어도 같은 방향으로 전류를 흐르게 하므로, 커패시터는 전과 반대 방향으로 충전된다.

(7) 커패시터 전하가 모두 방전되고, 전류가 최소의 값이다.
(8) 커패시터 전하가 충전되고, 전류가 증가한다.
(9) 새로 충전 커패시터는 처음 상태로 충전된다. 전류는 흐르지 않는다. 원래의 상태로 돌아갔다.

커패시터가 최대로 충전되면, 다시 전류가 처음과 반대 방향으로 흘러 처음 상태가 된다. 이러한 현상이 반복되어 주기적으로 방향이 바뀌는 진동 전류가 흐른다.

위의 과정들은 반복된다. 즉, 커패시터가 역으로 충전되는 동안 전류의 세기는 감소하여 전류가 0이 되는 순간 커패시터의 전위차는 처음과 반대 방향으로 최대가 된다.

탱크 회로에서는 전기 에너지가 소비되지 않으므로 커패시터를 한 번 충전시켜 주면 진폭이 일정한 진동 전류가 계속 흐른다. 이와 같은 현상을 **전기 진동(electric oscillation)**이라고 한다.[62)]

전기 진동이 일어나는 현상은 커패시터에 저장되었던 전기장의 에너지가 인덕터에 자기장의 에너지로 변환되고, 다시 커패시터의 전기장의 에너지로 변환되는 과정이 되풀이되어 일어나는 현상이다.

LC 회로에서 인덕터의 인덕턴스를 L, 커패시터의 전기 용량을 C, 진동 전류의 주파수를 $\omega\,(=2\pi f)$, 교류 전압의 크기를 V 라고 하면, 인덕터에 흐르는 전류는

$$I_L = \frac{V}{\omega L} = \frac{V}{2\,\pi f L} \tag{9.1}$$

가 되고, 커패시터에 흐르는 전류는

$$I_C = \omega\, C V = 2\,\pi f C V \tag{9.2}$$

이다. 인덕터에 흐르는 전류와 커패시터에 흐르는 전류는 같으므로

$$\frac{V}{\omega L} = \omega C V \tag{9.3}$$

가 성립한다. 따라서

62) 회로에 저항이 있으면 전기 에너지가 열에너지로 변환되어 진폭이 감소하면서 진동하는 전류가 흐른다.

$$\omega^2 = \frac{1}{LC}$$

$$\omega = \frac{1}{\sqrt{LC}} \tag{9.4}$$

이 된다. 여기서 ω는 **레디안 각주파수**이다. **고유 헤르츠 주파수**로 나타내면,

$$f = \frac{1}{2\pi\sqrt{LC}} \tag{9.5}$$

이다.

LC 회로 고유 주파수는 코일의 인덕턴스와 커패시터의 전기 용량에 의해 결정되는데, 가변 코일의 L, 커패시터의 전기 용량을 C을 조절하면, 각주파수 ω와 f의 값을 조절할 수 있다.

각주파수 ω의 값을 조절하여 교류 전원의 주파수와 같게 되는 순간 회로의 출력이 최대로 된다. 이때 주파수를 **공진 주파수**라고 하며 이 회로를 **공진 회로**라고 한다. 일반적으로 진동 회로에서 흐르는 진동 전류는 주파수 값이 큰 고주파 전류이다.

이러한 전기 진동 회로는 전파 통신에 쓰이는 송신기의 발진 회로나 수신기의 동조 회로에 이용되고 있다. 여러 방송국에서 송출되는 여러 가지 방송 주파수 중에서 원하는 방송국의 특정 주파수를 선택하는 방법은 가변 커패시터를 조절하여 공진 주파수를 얻기 위함이다.

예제 1

그림과 같이 자체 유도 계수가 $4\,\mathrm{H}$인 코일과 전기 용량이 $1\,\mu\mathrm{F}$인 커패시터를 직렬로 연결하여 $100\,\mathrm{V}$의 교류 전압을 걸어줄 때 전류가 최대로 되는 교류의 주파수는?

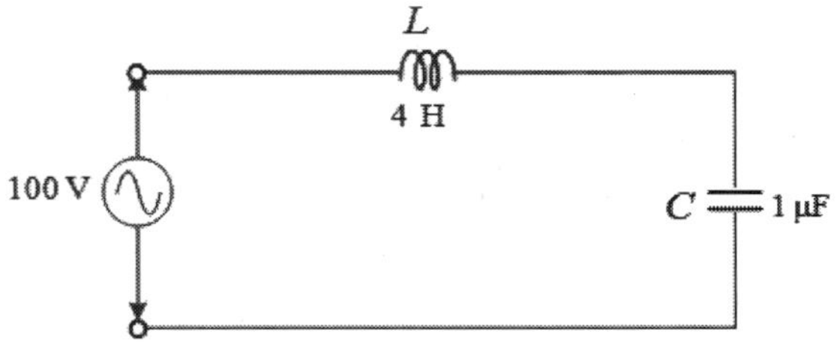

| 풀이 |

$\omega L - \dfrac{1}{\omega C} = 0$일 때 최대 전류가 흐르게 된다.

$$\therefore\ f = \frac{1}{2\pi\sqrt{LC}} = \frac{1}{2\pi\sqrt{4\times10^{-6}}} = \frac{10^3}{4\pi}\mathrm{Hz}$$

답 $f = \dfrac{10^3}{4\pi}\mathrm{Hz}$

예제 2

자체유도계수(인덕턴스) $5\times10^{-4}\,\mathrm{H}$의 코일과 전기용량 $2\times10^{-5}\,\mathrm{F}$의 커패시터가 직렬로 연결된 회로에서 코일에 의한 유도 리액턴스의 값과 커패시터에 의한 용량 리액턴스의 값이 같아지려면 주파수가 몇 Hz인 교류 전류를 흘려야 되는가?

| 풀이 |

$$f_0 = \frac{1}{2\pi\sqrt{LC}} = \frac{1}{2\pi\sqrt{(5\times10^{-4})\cdot(2\times10^{-5})}}$$

$$= \frac{1}{2\pi\sqrt{10^{-8}}} = \frac{10^4}{2\pi}\ \mathrm{Hz}$$

답 $f_0 = \dfrac{10^4}{2\pi}\ \mathrm{Hz}$

예제 3

자체 인덕턴스가 2.5 mH인 코일과 전기 용량이 50 μF인 커패시터로 이루어진 진동 회로에서 커패시터를 6 V로 충전한 후에 스위치를 닫았다. 이때 진동 전류의 주파수는 얼마인가?

| 풀이 |

LC 회로에서 진동 전류의 주파수는 고유 진동수와 같으므로

$$f=\frac{1}{2\pi\sqrt{LC}}$$

$$=\frac{1}{2\times3.14\times\sqrt{2.5\times10^{-3}\text{H}\times50\times10^{-6}\text{F}}}=450\text{Hz}$$

답 450 Hz

예제 4

전기 진동 회로에서 커패시터의 전기 용량을 4배로 해 주면 고유 진동수는 몇 배로 되는가?

| 풀이 |

$$f=\frac{1}{2\pi\sqrt{Lc}}\text{에서 } f\propto\frac{1}{\sqrt{c}},\ c\rightarrow4\text{배},\ f\rightarrow\frac{1}{2}\text{배}$$

답 $\frac{1}{2}$배

예제 5

전기 용량이 C인 커패시터와 자체유도계수가 L인 코일을 연결한 전기 진동 회로에서 고유 진동수는 ①(Hz)이며, 그 값이 2×10^{7} Hz일 때, 발생하는 전자기파의 파장은 ②(m)이다. (단, 광속은 $v=3\times10^{8}$ m/s이다.)

| 풀이 |

$$① \ f=\frac{1}{2\pi\sqrt{LC}}\ \text{Hz}\ ;\quad ② \ \lambda=\frac{c}{f}=\frac{3\times10^{8}\ \text{m/s}}{2\times10^{7}\ \text{Hz}}=15\ \text{m}$$

답 풀이 참조

9.2 자기장과 전기장의 변화

코일 면 S를 코일을 주변 경계선으로 갖는 면 S라고 정의하자. 코일 면 S를 관통하는 자기력선속이 시간적으로 변하면 코일에 유도 전류가 흐른다. 유도 전류가 흐른다는 사실은 코일의 도선 내에 전기장이 존재한다는 것을 의미한다. 그러면 이와 반대로 유도 기전력을 발생시켜 **시변**(time-varying) **전기장**을 만들면 공간에 자기장이 발생기지 않을까?

그림 9.4 (a)와 같이, 전지와 커패시터가 도선으로 연결된 회로를 속도 $\mathbf{v}$ 로 오른쪽으로 운동시키면, 커패시터의 두 극판 사이에 자기장 B가 커패시터의 두 극판의 이동 방향과 수직으로(지면 속으로) 생긴다.

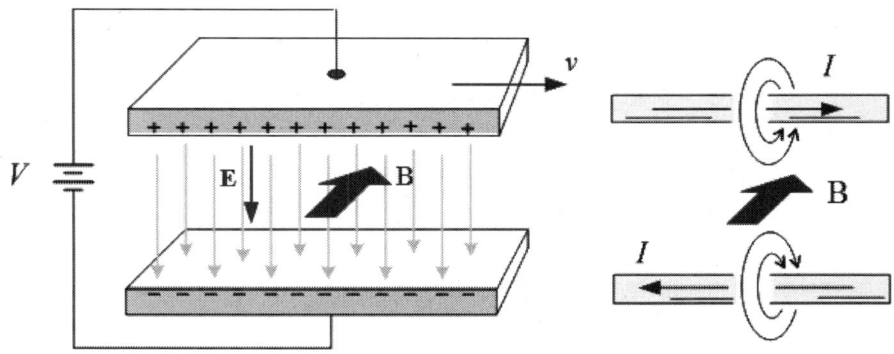

(a) 우측으로 이동하는 커패시터 (b) 도선에 유도되는 전류에 의한 자계

그림 9.4 전기장의 변화와 자기장

이때 자기장의 방향은 그림 9.4(b) 와 같이 지면 아래로 향한다. 즉, 나란한 두 도선에서 전류가 서로 반대 방향으로 흐를 때 자계 B의 방향은 지면 뒤의 방향으로 된다.

(+)전하로 대전된 커패시터의 극판이 v의 속도로 오른쪽으로 이동하면 (+)전하가 도선을 따라 오른쪽으로 이동하는 것이므로 자기장의 방향은 지면의 안쪽이 된다.

(−)전하로 대전된 커패시터의 극판이 v의 속도로 오른쪽으로 이동하면 (+)전하가 도선을 따라 왼쪽으로 이동하는 것이므로 자기장의 방향은 지면의 안쪽이 된다.

시변(time-varying) 전계는 시변 자계를 발생시키고, 시변 자계는 시변 전계를 발생시킨다[63]. 이러한 현상은 자속의 시간적 변화가 유도 기전력을 발생시킨 것과 같은 현상이다. 도선 내에서 길이 방향으로 형성되는 전계는 기전력에 의하여 발생하며, 전계 $\mathbf{E}$는 시변자계 $\mathbf{B}$에 비례하여

63) 전기장=전장=전계, 자기장=자장=자계

발생한다. 따라서

$$E \propto \frac{\Delta B}{\Delta t} \tag{9.6}$$

이다. 자계 B는 시변 전계 E에 비례하여 발생하므로

$$B \propto \frac{\Delta E}{\Delta t} \tag{9.7}$$

의 관계가 있다.

그림 9.5와 같이 커패시터(커패시터)의 입력단에 교류 전압원에 연결하고 스위치를 닫으면 도선을 따라 전류가 흐르기 시작하여, 두 극판이 완전히 충전되면 전류가 더 이상 흐르지 않는다. 전류가 흐르는 동안 도선 주위에는 동심원 모양의 자기장 B_1, B_3가 생성된다. 극판 사이에는 자계가 형성되기 시작하여, B_2 와 같은 자기장이 생긴다. 극판의 전하가 최대로 충전되어 전류가 흐르지 않고 있는 경우, B_2는 최대의 세기로 형성된다. 교류 전압원의 극성이 바뀌면, 반대 방향으로 자계가 형성된다.

이와 같은 현상이 생기는 까닭은 극판 사이에 걸어 준 교류 전압이 시시각각으로 변하고 극판 사이의 전계도 따라서 변하게 되므로 전계의 시간적인 변화가 자계를 만들게 되어, 이때 자계의 방향이 마치 도선에 전류가 흐를 때 도선 주위에 생기는 자계와 같은 방향을 갖게 되는 것이다.

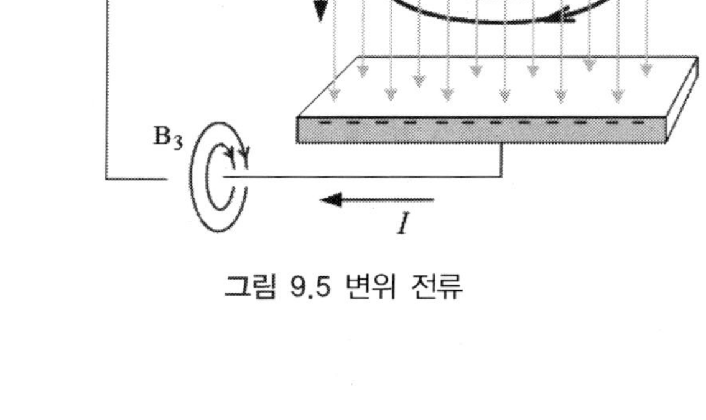

그림 9.5 변위 전류

이것은 결국 커패시터의 극판 사이에는 도선의 연결이 없고, 유전체(dielectrics ; 공기, 플라스틱 등)로 채워져 있다. 극판 사이에는 도선이 연결되어 있지 않음에도 불구하고, 유전체를 통하여 시변 전류가 흐르게 되고, 시변 전류에 의하여 시변 자기장이 발생한다.

이와 같이, 유전체를 통하여 흐르는 시변 전류를 **변위 전류**(displacement current)라고 한다. 한편, 전도성이 있는 도체를 따라서 흐르는 전류를 **전도 전류**(conduction current)라고 한다.

- 예제 1

평행 도체관을 건전지에 연결한 후 스위치를 닫을 때 극판 사이에는 전기장의 변화가 생기며 이로 인해 유도되는 것은 무엇인가?

답 $B_{유} \propto \frac{\Delta E}{\Delta t}$, 전기자의 변화는 자기장을 유도한다.

- 예제 2

다음 중에서 전자기파가 발생되지 않는 경우는?

① 전기장의 세기가 주기적으로 변할 때

② 자기장의 세기가 주기적으로 변할 때

③ 대전체가 등속도로 운동할 때

④ $L-C$ 회로에서 진동 전류가 흐를 때

답 ③

- 예제 3

전자기파에 대한 다음 설명 중 옳은 것은?

① 진공 중에서의 전파 속도는 파장에 따라 다르다.

② 음극선은 전자기파의 일종이다.

③ 전기장과 자기장의 방향은 평행이다.

④ 시간에 따른 전기장의 변화가 자기장을 유도한다.

답 ④

예제 4

다음 중 전자기파의 설명으로 적당하지 않은 것은?

① 전자기파는 횡파이다.

② 전자기파의 속도는 빛의 속도와 같다.

③ 전자기파는 반사, 굴절, 간섭, 회절한다.

④ 전자기파는 매질에 있어야만 전파된다.

답 ④

예제 5

다음 중 전자기파가 발생하는 경우는?

① 중성자가 원운동 할 때

② 대전 입자가 가속도 운동을 할 때

③ 도선에 일정한 전류가 흐를 때

④ 전자가 등속도 운동을 할 때

답 ②

9.3 자기파의 발생과 종류

1. 전자기파의 발생

그림 9.6와 같이, 정지하고 있는 전하는 시불변 전계만을 생성한다. 도선에 흐르는 일정한 전류는 도선 주위에 자기장만을 만든다. 등속도로 운동하고 있는 전하는 시불변 자계뿐만 아니라 시불변 전계를 동시에 생성한다. 가속 운동을 하는 전하는 시변 자계뿐만 아니라 시변 전계도를 동시에 생성한다. 즉, 전기 진동으로 자계가 변하면 전계가 유도되고 또 자기장이 변하면 자기장이 유도되는 과정이 반복된다.

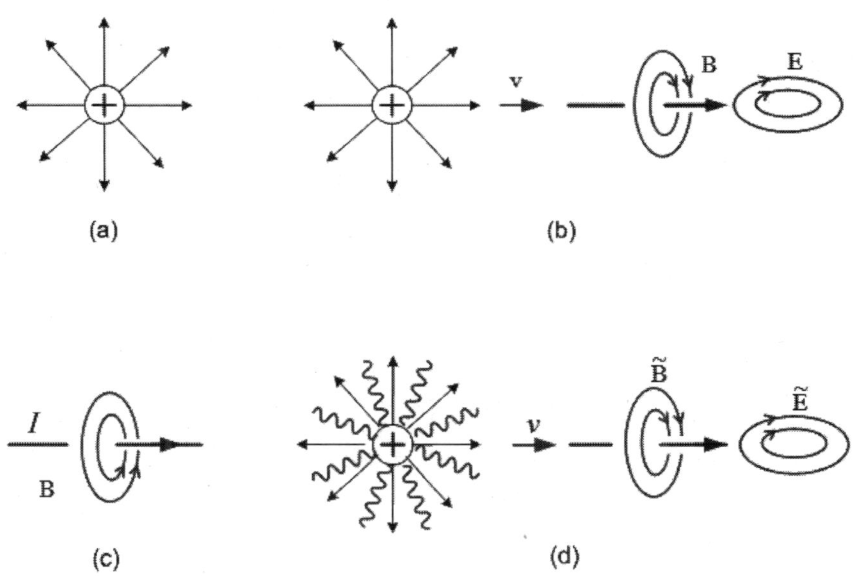

(a) 정지하고 있는 전하는 전계 **E** 만 발생시킨다.

(b) 등속 운동하고 있는 전하는 일정한 전계 **E** 및 자계 **B** 를 발생시킨다.

(c) 일정한 전류는 자기장 **B** 만 발생시킨다.

(d) 가속도 운동하고 있는 전하는 시변 전계 $\mathbf{E}(t)$, 시변 자계 $\mathbf{B}(t)$ 로 형성되는 전자기파를 발생시킨다.

그림 9.6 전자기파의 발생

이와 같은 현상은 변하는 전계와 자계 중에서 어느 하나가 원인이 되면 다른 하나는 결과가 되는, 교대하여 원인이 되고 또 결과가 되어서, 전계와 자계가 파동의 형태로 공간으로 퍼져 나가는데, 이러한 파동을 **전자기파**라고 한다.

이와 같은 사실은 1864년 Maxwell이

"가속 운동하는 전하는 전자기 파를 발생시킨다."

라고 예언하였다.

그 후, 1888년 Hertz가 전자기파를 실험적으로 검출하는 데 성공하였다. Hertz의 실험결과는 다음과 같다.

전계와 자계의 변화가 교대로 일어나면 전자기파는 공간으로 퍼져 나가고, 전계의 에너지와 자계의 에너지는 끊임없이 상호 변환하면서 전자기파의 에너지를 전파한다.

그림 9.7은 전기 진동 회로에 의하여 발생하여 전파하는 전자기파를 보여 준다.

커패시터 극판 사이에서 시변 전계 $\mathbf{E}(t)$가 원인이 되어 시변 자계 $\mathbf{B}(t)$가 발생한다. 이어서 자계 $\mathbf{B}(t)$가 원인이 되어 시변 전계 $\mathbf{E}(t)$가 발생한다. 계속 반복하여 서로 교대로 생겨서 공간으로 퍼져 나가는 현상이 전자기파이다.

전계 $\mathbf{E}(t)$의 방향과 자계 $\mathbf{B}(t)$의 방향, 그리고 전자기파의 진행 방향이 서로 수직을 이루는 것을 보여 준다[64].

64) 시변 전계를 $\tilde{\mathbf{E}}(t)$, 시변 자계를 $\tilde{\mathbf{B}}(t)$로 표시하기도 한다.

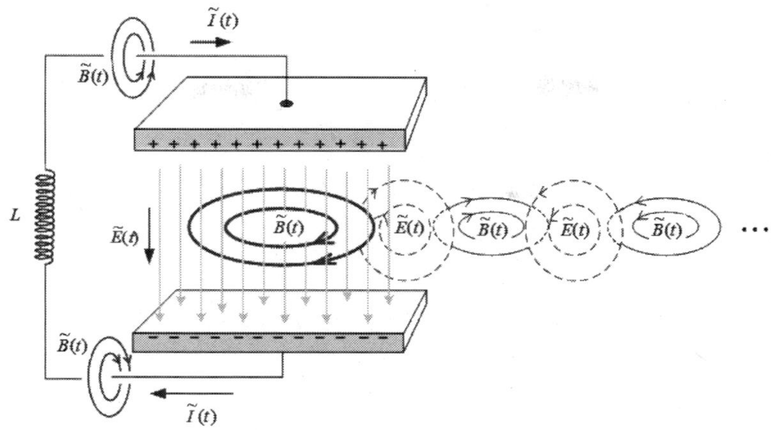

그림 9.7 전기 진동과 전자기파의 발생

그림 9.8는 공간에서 진동하면서 진행하는 **전자기파의 형태**를 나타낸다.[65)]

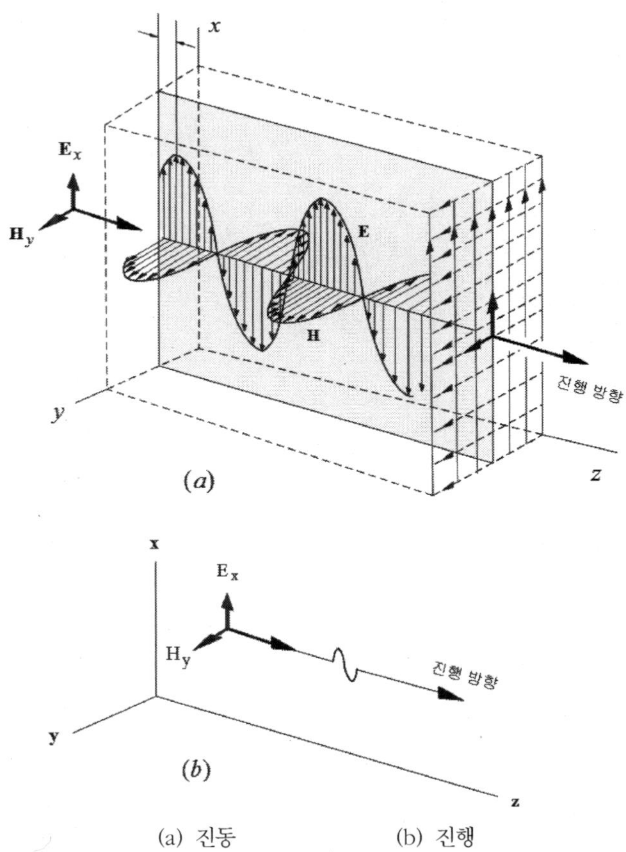

(a) 진동　　　　　(b) 진행

그림 9.8 전자기파의 진동 및 진행

65) 인용 : p.427, 곽계달, 엄기홍, 김태환; 전자장의 원리와 응용, 학술정보(2006)

진공 속을 진행하는 전자기파는 다음 특징을 갖는다.

(1) 전계와 자계는 같은 주파수로 진동한다.
(2) 전계와 자계는 서로 수직을 이루고 있다.
(3) 전계와 자계는 위상이 일치한다.
(4) 전계의 진폭은 자계진폭의 377배이다.
(5) 전계가 x-방향, 자계가 y-방향으로 진행하면, 전자기파는 z-방향으로 진행한다. (즉, 횡파이다)
(6) 전자파는 파동의 형태로 빛의 속도로 진행한다.

전하가 가속 운동할 때 전자기파가 발생하고, 전하를 가속시킬 때는 전하에게 일을 해 주게 되며, 이 일이 전자기파의 에너지가 된다. 방송국에서는 전기 진동 회로를 이용하여 안테나에서 전하를 왕복 운동시키고, 왕복 운동하는 전하에 의하여 전자기파를 방출하고 있다. 고속도의 전자가 금속에 부딪혀 감속될 때 발생되는 X선도 전자기파의 일종이다.

전자기파는 파동으로서 성질을 가지고 있다. 전자기 파동의 파장을 λ, 주파수를 f, 속력을 c 라고 하면

$$c = \lambda \cdot f \tag{9.8}$$

의 관계가 있다. 진공 중에서 전자기파의 속력은 빛의 속력과 같이 3×10^8 m/s이며, 진공이 아닌 기타 모든 매질 속에서는 진공에서보다 느리다.

전자기파는 진동하는 방향과 수직한 방향으로 진행하는 파(wave)이므로 횡파이다. 빛은 전자기파의 일종이다. 전자기파는 다음과 같이 파장에 따라 구분한다.

2. 전자기파의 종류

전자기파는 표 9.1에서와 같이 여러 종류로 구별되며, 파장에 따라 각기 특징이 있어서 각각의 특징에 따라 여러 분야에서 유용하게 이용되고 있다.

표 9.1 전자기파의 종류

<table>
<tr><td rowspan="2">명 칭</td><td colspan="6">전 파</td><td>적외선</td><td>가시광선</td><td>자외선</td><td>X선</td><td colspan="2">r 선</td></tr>
<tr><td>저주파</td><td>장파</td><td>중파</td><td>단파</td><td>초단파</td><td>극초단파</td><td colspan="2"></td><td></td><td></td><td></td><td></td></tr>
<tr><td>파장 (m)</td><td colspan="12">10^x, $x=$
6 5 4 3 2 1 0 −1 −2 −3 −4 −5 −6 −7 −8 −9 −10 −11 −12 −13</td></tr>
<tr><td>주파수 (Hz)</td><td colspan="12">10^x, $x=$
3 4 5 6 7 8 9 10 11 12 13 14 15 16 17 18 19 20 21 22 23</td></tr>
<tr><td>용도</td><td colspan="2"></td><td colspan="2">라디오</td><td>TV</td><td>레이더</td><td>전자레인지</td><td colspan="2"></td><td colspan="2">의학용 사진</td><td>비파괴검사</td></tr>
</table>

예제 1

전자기파의 파장이 짧은 것부터 차례로 나열한 것은?

① γ, 자외선, 가시광선, 적외선

② 가시광선, 자외선, 적외선, 마이크로파

③ 가시광선, X선, 적외선, 마이크로파

④ X선, 자외선, 적외선, 가시광선

답 ①

- 예제 2

여러 종류의 전자기파가 진공을 통과할 때, 같은 물리량은?

① 진폭 ② 주기 ③ 속도 ④ 진동수

답 ④

- 예제 3

다음 전자기파 중 파장이 가장 긴 것은?

① 전파 ② 가시광선 ③ X선 ④ γ선

답 ①

- 예제 4

다음은 X선의 성질을 설명한 말이다. 잘못 설명된 것은?

① 물질을 잘 투과한다.

② 직진하여 전기장이나 자기장에서 휘어진다.

③ 사진 건판을 감광시키는 등 화학 작용을 한다.

④ 기체를 전리시킨다.

답 ②

- 예제 5

진공 속의 z 방향을 진행하는 전자기파에서 파동의 진행방향에 대한 전기장과 자기장의 진동 방향은 어느 방향인가? (단, E는 전기장, B는 자기장이다.)

답 전기장 E의 진동방향은 x- 방향, 자기장 B-의 진동방향은 y- 방향이다.

보충학습 **플레밍의 오른손 법칙과 왼손 법칙의 차이를 설명하여라[66].**

두 법칙 모두 같은 내용을 나타낸다. 벡터의 크로스 곱을 구하는 문제이다.

플레밍의 법칙을 사용할 때, 관계식

$$\mathbf{F} = q\mathbf{V} \times \mathbf{B} \quad \text{또는 등가 표현식} \quad \mathbf{F} = I\mathbf{l} \times \mathbf{B}$$

를 사용한다. 이 식에서 Il 은 전류와 전류 방향의 도체의 길이를 곱한 것이다.
두 법칙은 물리량을 손가락으로 지정하는 방법에 따라서 구별된다. 두 법칙 모두 벡터의 크로스 곱 법칙에 따른다.

예를 들어 보자.

(1) 플레밍의 오른손 법칙 : 도체가 오른손의 엄지방향으로 속도 **v** 로 운동하고, 자계 **B** 가 검지 방향이면, 전류(힘 **F** 에 의한)는 중지 방향으로 흐른다.

(2) 플레밍의 왼손 법칙 : 전류가 왼손의 중지방향으로 속도 **v** 로 운동하고, 자계 **B** 가 검지 방향이면, 전류는 엄지 방향으로 힘 **F** 를 받는다.

두 법칙 모두에서, 엄지는 "운동"을 나타내고, 중지는 "전류"를 나타낸다.

(1) 플레밍의 오른손 법칙(발전기 법칙) : 속도 **v** 로 운동하는 도체가 발생하는 전류를 구할 때 사용한다. 양전하 q에 작용하는 힘 **F** 를 구할 때 사용한다.

(2) 플레밍의 왼손 법칙(모터 법칙) : 전류가 자기장에서 발생시키는 힘 **F** 를 구할 때 사용한다.

66) http://physics.stackexchange.com/questions/182448/what-is-the-difference-between-right-hand-palm-rule-flemings-right-hand-thumb

9장 연습문제

01 전기 용량이 $50\ \mu F$의 커패시터와 인덕턴스가 $50\ H$인 탱크회로의 전자기 진동의 진동수는 얼마인가?

답 $3.2\ Hz$

02 자기 인덕턴스 $4.0\ \mu H$인 코일과 전기 용량이 $25\ pF$의 커패시터로 만든 진동 회로에서 발생하는 전자기파의 주파수를 구하여라.

답 $1.6 \times 10^{7}\ Hz$

03 라디오 방송에 사용되는 $1000\ kHz(= 1\ MHz)$ 전파와 텔레비전 방송에 사용되는 $100\ MHz$ 전파의 파장은 각각 얼마인가?

답 $3 \times 10^{2}\ m$, $3\ m$

04 주파수가 $1000\ kHz$인 전파를 자체 유도 계수가 $5 \times 10^{-7}\ H$인 공진 회로를 가진 라디오에서 수신하려고 한다. 이때 공진 회로의 커패시터의 전기 용량은 얼마인가? (단, $\pi^2 \fallingdotseq 10$이다)

답 $C = 0.05\ \mu F$

05 자체 유도 계수(인덕턴스) 5×10^{-4} H의 코일과 전기 용량 2×10^{-5} F의 커패시터가 직렬로 연결된 회로에서 코일에 의한 유도 리액턴스의 값과 커패시터에 의한 용량 리액턴스의 값이 같아지려면 주파수가 몇 Hz인 교류 전류를 흘려야 되는가?

답 $f=1592$ Hz

06 동조 코일의 인덕턴스를 L [henry]라고 하면 주파수 f [Hz]인 방송을 듣기 위해서 동조 커패시터의 용량을 얼마로 하면 되는가?

답 $C=\dfrac{1}{4\pi^2\cdot f^2\cdot L}$

07 탱크 LC 회로에서 $L=250$ H이고 $C=100\ \mu$F이면, 전기 진동을 하기 위한 각 진동수 ω는 얼마인가?

답 6.3 rad/s

08 탱크 LC 전기 진동 회로에서 $C=50\ \mu$F일 때에 전자기 진동의 진동수가 1.0 Hz라면 유도기의 인덕턴스는 얼마인가?

답 $L=5.0\times10^2$ H

09 자체 유도 계수가 5×10^{-3} H인 코일과 전기 용량이 2×10^{-7} F인 커패시터로 만들어진 전기 진동 회로가 있다. 이 진동 회로에서 발생되는 전자파의 주파수는?

답 $f=5\times10^{3}$ Hz

10 주파수가 500 kHz인 전파의 파장 λ는 얼마인가?(단, 빛의 속력은 3×10^{3} m/s이다.)

답 $\lambda=600$ m

11 전자기파의 존재를 이론적으로 처음 예언한 사람은 (a)(   )이고 이 이론을 실험적으로 확인한 사람은 (b)(   ) 이다.

답 (a) 맥스웰; (b) 헤르츠

참고자료

이 책을 엮기 위해 참고한 교과서의 일부를 나열하면 다음과 같다.

01	Alexander, C., and M. Sadiku	*Fundamentals of Electric Circuits, 5th ed.*	McGraw-Hill	2012
02	Arfken, G.	*University Physics*	Academic Press	2012
03	Bauer, W., and G. Westfall	*University Physics with Modern Physics, 2nd ed.*	McGraw-Hill Education	2013
04	Bell, D. A.	*Fundamentals of Electric Circuits: Lab Manual, 7th ed.*	Oxford University Press	2009
05	Benson, H.	*University Physics*	Wiley	1996
06	Floyd, T. L.	*Electric Circuits Fundamentals with Lab Manual, 8th ed.*	Prentice Hall	2009
07	Halliday, D., R. Resnick, and J. Walker	*Fundamentals of Physics Extended, 9th ed*	Wiley	2010
08	Hayt, W. H. , J. Kemmerly, and S. Durbin	*Engineering Circuit Analysis, 8th ed.*	McGraw-Hill Education	2011
09	Horowitz, P., and W. Hill	*The Art of Electronics,3rd ed.*	Cambridge University Press	2015
10	Irwin, D. and Nelms, R. M.	*Basic Engineering Circuit Analysis, 10th ed.*	Wiley	2010
11	Kuhn, K. F.	*Basic Physics: A Self-Teaching Guide 2nd ed.*	Wiley	1996
12	Robbins, A. H., and W. C. Miller,	*Circuit Analysis: Theory and Practice*	Delmar Cengage Learning	2012
13	Robbins, A. H., and W. C. Miller,	*Circuit Analysis: Theory and Practice, 4th ed.*	Delmar Cengage Learning	2006
14	Santiago, J.	*Circuit Analysis For Dummies, 1st ed.*	For Dummies	2013
15	Serway, R. A., and J. W. Jewett, Jr.	*Physics for Scientists and Engineers: V.1, 2. & 3, 8th ed.*	Houghton Mifflin	1999
16	Serway, R. A., and J. W. Jewett, Jr	*Physics for Scientists and Engineers*	Thomson-Brooks/Cole	2004
17	Walker, J. S.	*Physics (4th Edition),4th ed.*	Addison-Wesley	2009
18	Young, H. D., R. A. Freedman, and A. L. Ford	*University Physics with Modern Physics, 13th ed.*	Addison-Wesley	2011
19	Young, H. D., and R. A. Freedman	*University Physics with Modern Physics, 14th ed.*	Addison-Wesley	2015
20	고재걸 외	고등학교물리 I, II	청문각	2012

21	곽계달,엄기홍,김태환	전자장의 원리와 응용	학술정보	2006
22	권재술 외5	고등학교 물리 I, II	교학사	2005
23	김범기 외5	고등학교 물리 I, II	한샘출판사	1995
24	신성현 외2	고등학교 물리 I, II	문호출판사	1996
25	신성현 외5	민성종합물리	민성사	1993
26	엄기홍	알기쉽게 풀어쓴 전자기학	복두출판사	2016
27	엄기홍	새로운 접근; 회로이론 원리와 응용	교우사	2017
28	엄기홍	알기쉽게 풀어쓴 대학 수학	복두출판사	2018
29	장준성 외5	고등학교 물리 I, II	지학사	1995
30	차동우	대학물리-전자기 현대물리편	북스힐	2007
31	최종락, 신병현	최신 물리	청문각	2007
32	EBS교육방송	탐스런 물리 I, II	한국교육방송공사	2008
33	EBS교육방송	수능 특강 물리 1	한국교육방송공사	2015
34	경북대학교	일반물리학실험, 3판	일반물리학실험 교재편찬위원회	2013
35	한국교원대학교 과학교육연구소	생활과 과학	교육인적자원부	2006
36	한국교원대학교 과학교육연구소	물리 실험	교육인적자원부	2007

부록

1 국제 단위계(SI) 접두사

배수 및 분수	접 두 사	기 호
$1{,}000{,}000{,}000{,}000{,}000{,}000 = 10^{18}$	엑 사(exa)	E
$1{,}000{,}000{,}000{,}000{,}000 = 10^{15}$	페 타(peta)	P
$1{,}000{,}000{,}000{,}000 = 10^{12}$	테 라(tera)	T
$1{,}000{,}000{,}000 = 10^{9}$	기 가(giga)	G
$1{,}000{,}000 = 10^{6}$	메 가(mega)	M
$1{,}000 = 10^{3}$	킬 로(kilo)	k
$100 = 10^{2}$	헥 토(hecto)	h
$10 = 10^{1}$	데 카(deca)	da
$1 = 10^{0}$		
$0.1 = 10^{-1}$	데 시(deci)	d
$0.01 = 10^{-2}$	센 티(centi)	c
$0.001 = 10^{-3}$	밀 리(milli)	m
$0.000001 = 10^{-6}$	마이크로(micro)	μ
$0.000000001 = 10^{-9}$	나 노(nano)	n
$0.000000000001 = 10^{-12}$	피 코(pico)	p
$0.000000000000001 = 10^{-15}$	펨 토(femto)	f
$0.000000000000000001 = 10^{-18}$	아 토(atto)	a

2 한자 기수법

毛	모	10^{-4}
里	리	10^{-3}
分	분	10^{-2}
割	할	10^{-1}
一	일	10^{0}
十	십	10^{1}
百	백	10^{2}
千	천	10^{3}
萬	만	10^{4}
億	억	10^{8}
兆	조	10^{12}
京	경	10^{16}
垓	해	10^{20}
秭	자	10^{24}
穰	양	10^{28}
溝	구	10^{32}
澗	간	10^{36}
正	정	10^{40}
載	재	10^{44}
極	극	10^{48}

3 그리스 문자

대문자	소문자	읽는 법		대문자	소문자	읽는 법	
A	α	알파	(alpha)	N	ν	뉴	(nȳ)
B	β	베타	(bēta)	Ξ	ξ	크사이	(xi)
Γ	γ	감마	(gamma)	O	o	오미크론	(omikron)
Δ	δ	델타	(delta)	Π	π	파이	(pi)
E	ϵ	엡실론	(epsilon)	P	ρ	로	(rhō)
Z	ζ	지타	(zēta)	Σ	σ	시그마	(sigma)
H	η	이타	(ēta)	T	τ	타우	(tau)
Θ	θ	시타	(thēta)	Y	υ	업실론	(upsilon)
I	ι	요타	(iōta)	Φ	ϕ	파이	(phi)
K	κ	카파	(kappa)	X	χ	카이	(khi)
Λ	λ	람다	(lambda)	Ψ	ψ	프사이	(psi)
M	μ	뮤	(mȳ)	Ω	ω	오메가	(omega)

4 국제 단위계(SI)

• 국제 기본 단위(The SI Base Units)

물리량	단위명	단위기호	설명
길이	미터 (meter)	m	· 빛이 진공에서 299,792,458분의 1초 동안 진행한 경로의 길이다[제 17 차 국제 도량형 총회(CGPM, 1983)].
질량	킬로그램 (kilogram)	kg	· 국제 킬로그램 원기의 질량과 같다(제 3 차 CGPM, 1901).
시간	초 (second)	s	· 세슘 133 원자(Cs^{133})의 바닥 상태에 있는 두 초미세 준위 간의 전이에 대응하는 전자기파의 9,192,631,770 주기의 지속 시간이다(제 13 차 CGPM, 1967).
전류	암페어 (ampere)	A	· 무한히 작은 원형 단면적을 가지고 무한히 긴 두 개의 평행한 직선 도체가 진공 중에서 1 m 떨어져 있을 때 이 두 도체 사이에 매 미터마다 2×10^{-7}N의 힘을 생기게 하는 일정한 전류이다(제 9 차 CGPM, 1948).
열역학적 온도	켈빈 (kelvin)	K	· 물의 삼중점의 열역학적 온도의 1/(273.16)이다 (제 13 차 CGPM, 1967).
물질량	몰 (mole)	mol	· 탄소12(C^{12})의 0.012킬로그램 중에 있는 원자의 개수와 같은 수의 구성 요소를 포함한 계의 물질량이다. 몰을 사용할 때는 구성 요소가 무엇인가를 밝혀야 한다. 이 구성 요소로는 원자, 분자, 이온, 전자, 기타 입자 등이 될 수 있다(제 14 차 CGPM, 1971).
광도	칸데라 (candela)	cd	· 주파수 540×10^{12}헤르츠인 단색광을 방출하는 광원의 복사강도가 어떤 주어진 방향으로 매 스테라디안(steradian) 마다 1/883와트일 때 이 방향에 대한 광도이다(제 16 차 CGPM, 1979).

• 국제 보조 단위(The Supplementary Units)

물리량	단위명	단위기호	설명
평면각	라디안 (radian)	rad	· 한 원의 둘레에서 반지름과 같은 길이의 호를 자르는 두 반지름 사이의 평면각이다.
입체각	스테라디안 (steradian)	sr	· 한 공의 표면에서 그 공의 반지름의 제복과 같은 넓이의 표면을 자르고 그 공의 중심을 꼭짓점으로 하는 입체각이다.

• 국제 유도 단위 예시(Some SI Derived Units)

물 리 량	단 위 명	단위기호	설 명
길 이 ·	옹스트롬	Å	1 Å = 10^{-10} m
질 량	톤	t	1 t = 10^3 kg
시 간	년	y	1 y = 3.16 × 10^7 s
온 도	섭 씨 도	℃	t℃ = (273 + t) K
광 속	루 멘	lm	1 lm = 1 cd· sr
조 도	럭 스	lx	1 lx = 1 lm/m^2
부 피	시이 시이	cc	1 cc = 1 cm^3 = 10^{-6} m^3
힘	뉴 턴	N	1 N = 1 kg· m/s^2
압 력	파 스 칼	Pa	1 Pa = 1 N/m^2
	바	–	1 bar = 10^5 N/m^2
	기 압	atm	1 atm = 1.013 × 10^5 N/m^2
진 동 수	헤 르 츠	Hz	1 Hz = 1 s^{-1}
	매분 회전수	rpm	1 rpm = 1/60 Hz
각 속 도	매초 라디안	rad/s	1 rad/s = 1/2π Hz
에너지, 일	줄	J	1 J = 1 N· m
	어얼그	erg	1 erg = 10^{-7} J
	전자 볼트	eV	1 eV = 1.60 × 10^{-19} J
	칼 로 리	cal	1 cal = 4.19 J
	킬로 와트시	kWh	1 kWh = 3.6 × 10^3 J
일 률	와 트	W	1 W = 1 J/s
	마 력	HP	1 HP = 746 W
전 하 량	쿨 롬	C	1 C = 1 A· s
전 압	볼 트	V	1 V = 1 J/C
전기저항	옴	Ω	1 Ω = 1 V/m
전기용량	패 럿	F	1 F = 1 C/V
전 기 장	매 미터볼트	V/m	1 V/m = 1 N/C
자 기 장	테 슬 라	T	1 T = 1 N/(A· m)
자력선속	웨 버	Wb	1 Wb = 1 V· s
전기 전도도	지 멘 스	S	1 S = 1 A/V
인덕턴스	헨 리	H	1 H = 1 (V· s)/A

5 중요한 물리 상수

물 리 량	기 호	상 수 값
만유인력의 상수 (universal gravitational constant)	G	6.67259×10^{-11} N· m²· kg⁻²
중력 가속도(gravitational acceleration)	g	9.80665 m/s²
열의 일당량(molar equivalent of heat)	J	4.1855 J/cal
보편 기체 상수(universal gas constant)	R	8.314501 J· mol⁻¹· K⁻¹
아보가드로수(Avogadro constant)	N_A	6.0221367×10^{23} mol⁻¹
볼츠만 상수(Boltzmann constant)	k	1.380658×10^{-23} J/K
광속(진공에서)(speed of light in vacuum)	c	2.99792458×10^{8} m/s
진공 유전율(electric constant/permittivity of free space/permittivity of vacuum)	ε_0	$8.854187817 \times 10^{-12}$ F/m
진공 투자율(magnetic constant/permeability of free space/permeability of vacuum)	μ_0	$4\pi \times 10^{-7} = 1.25663706 \times 10^{-6}$ H/m
기본 전하량/전기 소량 (elementary electric charge)	e	$1.60217733 \times 10^{-19}$ C
전자의 정지 질량(electron rest mass)	m_e	$9.1093897 \times 10^{-31}$ kg
전자의 비전하(electron specific charge)	e/m_e	$1.75881962 \times 10^{11}$ C/kg
쿨롬 상수(Coulomb force constant)	K	9.0×10^{9} N· m²/C²
패러데이 상수(Faraday constant)	F	9.6485309×10^{4} C/mol
플랑크 상수(Planck constant)	h	$6.6260755 \times 10^{-34}$ J· s
슈테판=볼츠만 상수(Stefan-Boltzmann constant)	σ	5.67051×10^{-8} W· m⁻²· K⁻⁴
리드베리 상수(Rydberg constant)	R_∞	$1.0973731534 \times 10^{7}$ m⁻¹
보어 반지름(Bohr radius)	a_O, r_B	$5.29177249 \times 10^{-11}$ m
원자 질량 단위(atomic mass unit)	u	$1.6605402 \times 10^{-27}$ kg
양성자이 정지 질량(proton rest mass)	m_p	$1.6726231 \times 10^{-27}$ kg
중성자의 정지 질량(neutron rest mass)	m_n	$1.6749286 \times 10^{-27}$ kg

6 물리학의 발달 연표(SI)

• 역학 분야의 발전

- B.C.4세기 - 데모크리토스(원자론)
- B.C.3세기 - 아리스토텔레스(힘과 운동)
- A.D.2세기 - 프톨레마이우스(천동설)
- 1543 - 코페르니쿠스(지동설)
- 1576 - 티코 브라헤(행성 관측)
- 1609 - 케플러(케플러의 법칙)
- 1632 - 갈릴레이(지동설 지지)
- 1638 - 갈릴레이(낙하 운동, 관성)
- 1662 - 보일(보일의 법칙)
- 1687 - 뉴턴(운동 법칙, 만유인력)
- 1738 - 베르누이(유체의 운동)
- 1787 - 샤를(샤를의 법칙)
- 1803 - 돌턴(원자)
- 1811 - 아보가드로(분자)
- 1827 - 브라운(브라운 운동)
- 1847 - 헬름홀츠(에너지 보존 법칙)

• 광학 분야의 발전

- B.C.3세기 - 유클리드(빛의 직진 반사 법칙)
- 1620 - 스넬(빛의 굴절 반사)
- 1666 - 뉴턴(빛의 반사)
- 1669 - 뉴턴(빛의 분자설)
- 1676 - 뢰머(광속 측정)
- 1678 - 호이겐스(호이겐스의 원리)
- 1800 - 하셀(적외선)
- 1801 - 영(빛의 간섭 실험)
- 1814 - 프라운호퍼
  (회절 격자로 빛의 파장 측정)
- 1822 - 프레넬(빛의 회절)
- 1842 - 도플러(도플러 효과)
- 1849 - 피조(광속 측정)
- 1850 - 푸코(수중 광속 측정)
- 1864 - 맥스웰(전자파의 제창)
- 1888 - 헤르츠(전자파)
- 1895 - 뢴트겐(X선)
- 1912 - 브라그, 라우에(X선의 회절)

- 전자기 분야의 발달

1600 - 길버트(지구 자기)

1729 - 그레이(도체, 부도체)
1733 - 뒤페(양전하, 음전하)

1752 - 프랭클린(번개)

1780 - 갈바니(동물 전기)

1785 - 쿨롬(쿨롬의 법칙)

1800 - 볼타(전지)
1807 - 브라운(브라운관)

1820 - 외르스테드, 비오, 사바르 이라고, 암페어(전류의 자기 작용)

1826 - 옴(옴의 법칙)
1831 - 패러데이(전자기 유도, 전기 분해 법칙)

1840 - 줄(전류의 열작용)

1864 - 맥스웰(전자기파설 제창)
1884 - 에디슨(열전자 방출)
1892 - 로렌츠(전자론)

1909 - 밀리컨(기본 전하량 측정)

- 현대 물리 분야의 발달

1885 - 발머(수소 스펙트럼)
1887 - 헤르츠(광전 효과)
마이컬슨과 몰리(마이컬슨 · 몰리 실험)
1892 - 로렌츠(전자론)
1895 - 뢴트겐(X선)
1896 - 베크렐(방사능)
1898 - 퀴리 부부(라듐)
1900 - 플랑크(양자론)
1904 - 톰슨(원자 모형)
1905 - 아인슈타인(광자, 상대성 이론)
1909 - 밀리컨(기본 전하)
1911 - 러더퍼드(원자 모형)
1912 - 헤스(우주선)
1913 - 보어(원자 모형), 소디(동위 원소)

1919 - 러더퍼드(원자핵)

1923 - 드브로이(물질파)
1925 - 하이젠베르크(양자 역학)
1926 - 슈뢰딩거(양자 역학)
1927 - 데이비슨과 거머(전자의 파동성)

1932 - 채드윅(중성자)
1935 - 유카와(중간자)
1938 - 한, 슈트라스만(핵분열 실험)

1942 - 페르미(원자로)

7 삼각 함수표

각	sin	cos	tan	각	sin	cos	tan
0°	0.0000	1.0000	0.0000	45°	0.7071	0.7071	1.0000
1°	0.0175	0.9998	0.0175	46°	0.7193	0.6947	1.0355
2°	0.0349	0.9994	0.0349	47°	0.7314	0.6820	1.0724
3°	0.0523	0.9986	0.0524	48°	0.7431	0.6691	1.1106
4°	0.0698	0.9976	0.0699	49°	0.7547	0.6561	1.1504
5°	0.0872	0.9962	0.0875	50°	0.7660	0.6428	1.1918
6°	0.1045	0.9945	0.1051	51°	0.7771	0.6293	1.2349
7°	0.1219	0.9925	0.1228	52°	0.7880	0.6157	1.2799
8°	0.1392	0.9903	0.1405	53°	0.7986	0.6018	1.3270
9°	0.1564	0.9877	0.1584	54°	0.8090	0.5878	1.3764
10°	0.1736	0.9848	0.1763	55°	0.8192	0.5736	1.4281
11°	0.1908	0.9816	0.1944	56°	0.8290	0.5592	1.4826
12°	0.2079	0.9781	0.2126	57°	0.8387	0.5446	1.5399
13°	0.2250	0.9744	0.2309	58°	0.8480	0.5299	1.6003
14°	0.2419	0.9703	0.2493	59°	0.8572	0.5150	1.6643
15°	0.2588	0.9659	0.2679	60°	0.8660	0.5000	1.7321
16°	0.2756	0.9613	0.2867	61°	0.8746	0.4848	1.8040
17°	0.2924	0.9563	0.3057	62°	0.8829	0.4695	1.8807
18°	0.3090	0.9511	0.3249	63°	0.8910	0.4540	1.9626
19°	0.3256	0.9455	0.3443	64°	0.8988	0.4384	2.0503
20°	0.3420	0.9397	0.3640	65°	0.9063	0.4226	2.1445
21°	0.3584	0.9336	0.3839	66°	0.9135	0.4067	2.2460
22°	0.3746	0.9272	0.4040	67°	0.9205	0.3907	2.3559
23°	0.3907	0.9205	0.4245	68°	0.9272	0.3746	2.4751
24°	0.4067	0.9135	0.4452	69°	0.9336	0.3584	2.6051
25°	0.4226	0.9063	0.4663	70°	0.9397	0.3420	2.7475
26°	0.4384	0.8988	0.4877	71°	0.9455	0.3256	2.9042
27°	0.4540	0.8910	0.5095	72°	0.9511	0.3090	3.0777
28°	0.4695	0.8829	0.5317	73°	0.9563	0.2924	3.2709
29°	0.4848	0.8746	0.5543	74°	0.9613	0.2756	3.4874
30°	0.5000	0.8660	0.5774	75°	0.9659	0.2588	3.7321
31°	0.5150	0.8572	0.6009	76°	0.9703	0.2419	4.0108
32°	0.5299	0.8480	0.6249	77°	0.9744	0.2250	4.3315
33°	0.5446	0.8387	0.6494	78°	0.9781	0.2079	4.7046
34°	0.5592	0.8290	0.6745	79°	0.9816	0.1908	5.1446
35°	0.5736	0.8192	0.7002	80°	0.9848	0.1736	5.6713
36°	0.5878	0.8090	0.7265	81°	0.9877	0.1564	6.3188
37°	0.6018	0.7986	0.7536	82°	0.9903	0.1392	7.1154
38°	0.6157	0.7880	0.7813	83°	0.9925	0.1219	8.1443
39°	0.6293	0.7771	0.8098	84°	0.9945	0.1045	9.5144
40°	0.6428	0.7660	0.8391	85°	0.9962	0.0872	11.4301
41°	0.6561	0.7547	0.8693	86°	0.9976	0.0698	14.3007
42°	0.6691	0.7431	0.9004	87°	0.9986	0.0523	19.0811
43°	0.6820	0.7314	0.9325	88°	0.9994	0.0349	28.6363
44°	0.6947	0.7193	0.9657	89°	0.9998	0.0175	57.2900
45°	0.7071	0.7071	0.0000	90°	1.0000	0.0000	∞

연습문제 풀이

1장 연습문제 풀이

1-01 음으로 대전된 PVC 막대를 검전기의 금속판에 가까이 가져가면 금속판에는 (+)전하가, 금속박에는 (−)전하가 유도된다.

1-02 금속 막대를 손으로 잡고 마찰시키면 금속 막대에는 전자가 부족하거나 남는 상태가 만들어진다. 그런데 금속 막대는 도체이므로 전자가 부족할 때는 전자가 몸으로부터 보충되고, 전자가 남을 때는 몸으로 이동하여 금속 막대는 중성으로 된다.

따라서 금속 막대를 대전시키려면 부도체로 금속 막대를 싸잡고 마찰시키거나, 정전기 유도 현상을 이용한다.

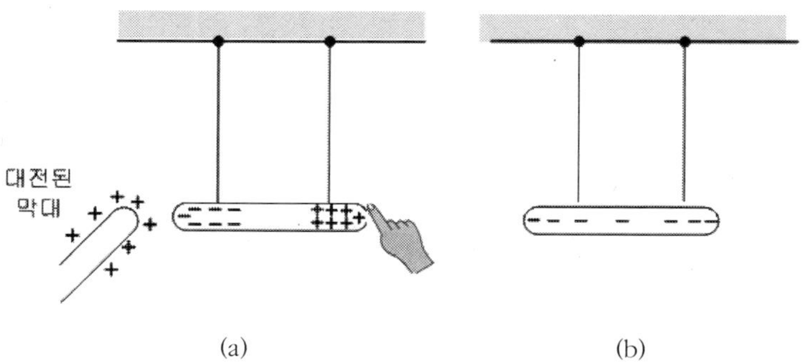

그림과 같이

(a) 대전체를 금속 막대에 가까이 한 후 한 끝에 손가락을 접촉시킨다.

(b) 대전체를 금속 막대를 치우고 멀리 하고 손가락을 떼면, 금속 막대는 (−)전하로 대전된다.

1-03 각각의 물체에 종류가 다른 ne의 전하량이 대전된다.

답 인력, $k\dfrac{n^2e^2}{r^2}$

1-04 전하량이 Q인 점전하가 거리 r만큼 떨어졌을 때의 전기력 F는

$$F = k\frac{Q^2}{r^2}$$

이며, $F \propto \frac{1}{r^2}$의 관계가 있다. 두 점전하 사이의 거리가 $\frac{1}{2}$로 가까워지면 힘은 4배로 된다. 따라서

$$F_{BC} = 4F_{AB} = 16 \times 10^{-6}\ \mathrm{N}$$

이다.

답 $16 \times 10^{-6}\ \mathrm{N}$

1-05 위쪽 구에 작용하는 전기력과 중력은 평형을 이룬다.

$$k\frac{q^2}{x^2} = mg$$

$$9 \times 10^9 \frac{10^{-12}}{x^2} = 10^{-2} \times 10,\ x^2 = 9 \times 10^9 \frac{10^{-12}}{10^{-2} \times 10} = 9 \times 10^{-2}$$

$$x^2 = (3 \times 10^{-1})^2$$

답 $x = 0.3\ \mathrm{m}$

1-06 쿨롱의 법칙

$$F = 9.0 \times 10^9 \frac{q_1 q_2}{r^2}$$

에서,

$$F = 4.0 \times 10^{-5}\ \mathrm{N},\ r = 0.03\ \mathrm{m},\ q_1 = q_2$$

이므로 구하는 전하량을 q라고 하면

$$4.0 \times 10^{-5} = 9.0 \times 10^9 \frac{q^2}{0.03^2}$$

에서

$$q = 2 \times 10^{-9}\ \mathrm{C}$$

답 $q = 2 \times 10^{-9}\ \mathrm{C}$

1-07 (1) 쿨롬의 법칙에서

$$F = 9\times10^9\frac{q_1q_2}{r^2} = 9\times10^9\times\frac{6.0\times10^{-6}\times2\times10^{-6}}{0.3^2} = 1.2\text{ N(인력)}$$

(2) 반지름이 같은 대전된 두 금속구를 접촉시켰다가 떼어 놓았을 때 전체의 전하량은 각 구에 반분된다. 각 구에 반분된 전하량을 Q라고 하면

$$Q = \frac{+6.0\times10^{-6}+(-2.0\times10^{-6})}{2} = +2.0\times10^{-6}\text{ C}$$

이다. 따라서 0.3 m 떨어진 두 금속구 사이에 작용하는 전기력은

$$F = 9\times10^9\times\frac{(2.0\times10^{-6})^2}{0.3^2} = 0.4\text{ N(척력)}$$

답 (a) 1.2 N의 인력; (b) 0.4 N의 척력

1-08 공은 그림과 같이 중력, 전기력, 장력 세 힘이 평형을 이루고 있다. 그림에서

$$F_e = mg\tan 30°$$

이며,

$$F_e = 9\times10^9\frac{q^2}{1^2}$$

이므로

$$9\times10^9\frac{q^2}{12} = 1\times10\times\frac{1}{\sqrt{3}},\quad \therefore q = 2.5\times10^{-5}\text{ C}$$

답 2.5×10^{-5} C

1-09 (1) $Q_1 = 4$ C에 의하여 우측으로 밀리는 힘 $F_1 = k\frac{4}{2^2}$

(2) $Q_2 = -1$ C에 의하여 좌측으로 당기는 힘 $F_2 = k\frac{1}{1^2}$

두 힘을 합치면, $k\frac{4}{2^2} - k\frac{1}{1^2} = 0\quad \therefore E = 0\text{ N/C}$

답 $E = 0$ N/C

1-10 점B에서 점D 쪽으로 x만큼 떨어진 곳에 단위 전하를 놓으면

$$k\frac{4}{x^2}=k\frac{16}{(x+3)^2}$$

이 될 때 전기장의 세기는 0이다.

$$4x = 2x+12, \ \therefore\ x=6\ \text{m}$$

답 B에서 D쪽으로 3 m 되는 지점

1-11 점 A에서 점 C까지의 거리를 x라 하고, 1 C과 4 C인 C점에서의 전기장을 각각 E_1, E_2 라고 하면

$$E_1=k\frac{1}{x^2},\ \ E_2=k\frac{4}{(9-x)^2}$$

이다. E_1과 E_2의 방향은 서로 반대이다. 따라서 점 C에서 전기장이 0이 되려면

$$E_1=E_2$$

이면 된다. 방정식

$$k\frac{1}{x^2}=k\frac{4}{(9-x)^2}$$

에서 $x=3$ m

답 3 m

1-12 두 전하 Q_A와 Q_B의 중간점에서 전기장은 각 전하에 의한 전기장의 합이 된다.

$$E=E_\text{A}+E_\text{B}=9\times10^9\,\frac{1.0\times10^{-6}}{0.25^2}+9\times10^9\,\frac{2.0\times10^{-6}}{0.25^2}$$

$$=9\times10^9\,\frac{3.0\times10^{-6}}{0.25^2}=4.3\times10^5\ \text{N/C}$$

답 4.3×10^5 N/C, A에서 B로 향함

1-13

과거의 전계 E 는

$$E = k\frac{Q}{R^2}.$$

현재의 전계 E' 는

$$E' = k\frac{Q'}{R'^2} = k\frac{3Q}{(\frac{5}{2}R)^2} = \frac{4}{25}k\frac{3Q}{R^2} = \frac{12}{25}k\frac{Q}{R^2} = \frac{12}{25}E.$$

[별해] 수치를 직접 대입한다.

$$E = k\frac{Q}{2^2} = k\frac{Q}{4}, \quad E' = k\frac{3Q}{5^2} = k\frac{3Q}{25} = k\frac{3Q}{25}\frac{4}{4} = \frac{12}{25}k\frac{Q}{4} = \frac{12}{25}E.$$

답 $\frac{12}{25}$배

1-14

필드 벡터와 소스 벡터는 각각

$$\mathbf{r} = -2\hat{\boldsymbol{x}} + 3\hat{\boldsymbol{y}} + 0\hat{\boldsymbol{z}} \quad , \quad \mathbf{r}' = 2\hat{\boldsymbol{x}} + \hat{\boldsymbol{y}} + 5\hat{\boldsymbol{z}}$$

이다. 소스필드 벡터는

$$\mathbf{R} = \mathbf{r} - \mathbf{r}' = (-2-2)\hat{\boldsymbol{x}} + (3-1)\hat{\boldsymbol{y}} + (0-5)\hat{\boldsymbol{z}} = -4\hat{\boldsymbol{x}} + 2\hat{\boldsymbol{y}} - 5\hat{\boldsymbol{z}}$$

$$R = \sqrt{(-4)^2 + 2^2 + (-5)^2} = \sqrt{16+4+25} = \sqrt{45} = 3\sqrt{5}$$

$$\mathbf{F}_{12} = \frac{Q_1 Q_2}{4\pi\epsilon_0 R_{12}^2}\hat{\mathbf{R}}_{12} = 9\times10^9 \times \frac{(15\times10^{-8})(1)}{(\sqrt{45})^2}\hat{\mathbf{R}}_{12}$$

$$= 9\times10^9 \times \frac{15\times10^{-8}}{45} \times \frac{-4\hat{\boldsymbol{x}} + 2\hat{\boldsymbol{y}} - 5\hat{\boldsymbol{z}}}{\sqrt{45}}$$

$$= 30 \times \frac{-4\hat{\boldsymbol{x}} + 2\hat{\boldsymbol{y}} - 5\hat{\boldsymbol{z}}}{\sqrt{45}} = 30 \times \frac{1}{3\sqrt{5}} \times (-4\hat{\boldsymbol{x}} + 2\hat{\boldsymbol{y}} - 5\hat{\boldsymbol{z}})$$

$$\therefore \mathbf{F}_{12} = 2\sqrt{5} \times (-4\hat{\boldsymbol{x}} + 2\hat{\boldsymbol{y}} - 5\hat{\boldsymbol{z}})\ \mathrm{N}$$

1-15

전하의 배치를 나타내면 그림과 같다.

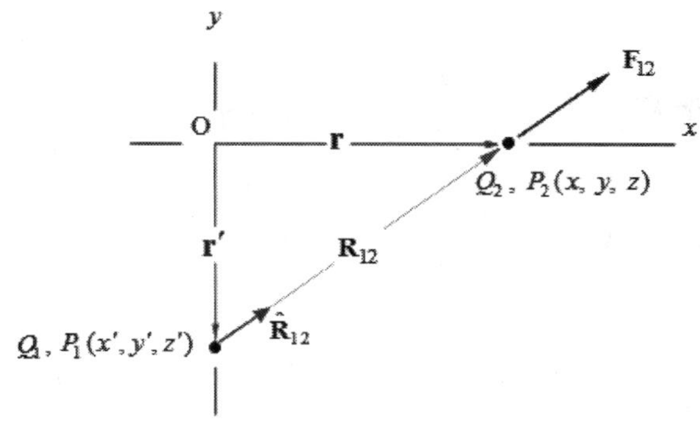

필드 벡터와 소스 벡터는 각각

$$\mathbf{r} = 4\,\hat{\boldsymbol{x}} + 0\,\hat{\boldsymbol{y}} + 0\,\hat{\boldsymbol{z}} \quad , \quad \mathbf{r}' = 0\,\hat{\boldsymbol{x}} - 3\,\hat{\boldsymbol{y}} + 0\,\hat{\boldsymbol{z}}$$

이다. 소스필드 벡터와 크기는

$$\mathrm{R} = \mathrm{r} - \mathrm{r}' = 4\,\hat{\boldsymbol{x}} + 3\,\hat{\boldsymbol{y}}$$

$$R = \sqrt{4^2 + 3^2} = \sqrt{16+9} = \sqrt{25} = 5.$$

단위벡터로 표시한 전기력은

$$\mathbf{F}_{12} = \frac{Q_1 Q_2}{4\pi\epsilon_0 R_{12}^2}\hat{\mathrm{R}}_{12} = 9\times10^9 \times \frac{(25\times10^{-5})\,(5\times10^{-4})}{5^2}\hat{\mathrm{R}}_{12}$$

$$= 9\times10^9 \times \frac{25\times10^{-5}\times5\times10^{-4}}{25} \times \frac{4\,\hat{\boldsymbol{x}} + 3\,\hat{\boldsymbol{y}}}{5}$$

$$\therefore \mathbf{F}_{12} = 45 \times \frac{4\,\hat{\boldsymbol{x}} + 3\,\hat{\boldsymbol{y}}}{5}$$

단위벡터로 표시하지 않은 전기력은

$$\mathbf{F}_{12} = 36\,\hat{\boldsymbol{x}} + 27\,\hat{\boldsymbol{y}} \;\; \mathrm{N}$$

1-16

[방법 1] 쿨롬의 전기력 법칙

$$\mathbf{F}_{12} = \frac{Q_1 Q_2}{4\pi\epsilon_0 R_{12}^2}\hat{\mathrm{R}}_{12} \quad [\mathrm{N}]$$

을 사용한다. 제 1.6절의 예제 3과 연습문제 15의 결과를 이용하면.

$$\mathbf{F}_{12} = 36\,\hat{\boldsymbol{x}} - 27\,\hat{\boldsymbol{y}} \;\; \mathrm{N} \;\; , \;\; \mathbf{F}_{32} = 36\,\hat{\boldsymbol{x}} + 27\,\hat{\boldsymbol{y}} \;\; \mathrm{N}$$

이므로 두 벡터를 중첩한다.

$$\mathbf{F} = \mathbf{F}_{12} + \mathbf{F}_{32} = (36\hat{\boldsymbol{x}} - 27\hat{\boldsymbol{y}}) + (36\hat{\boldsymbol{x}} + 27\hat{\boldsymbol{y}}) = 72\hat{\boldsymbol{x}}\ \mathrm{N}$$

[방법 2]

전기력 하나만 구하여 두 배 한다. 점전하 Q_3가 생성하는 벡터 힘은

$$\mathbf{F}_{32} = 45 \times \frac{4\hat{\boldsymbol{x}} + 3\hat{\boldsymbol{y}}}{5} = 36\hat{\boldsymbol{x}} + 27\hat{\boldsymbol{y}}\ \mathrm{N}$$

이므로 크기는 $F_{32} = 45$ 이다. 마름모꼴에서

$$\mathbf{F} = 2\mathbf{F}' = 2F_{32}\cos\alpha\ \hat{\boldsymbol{x}}$$

니다. 절반 힘의 크기 F'는

$$F' = 2F_{32}\cos\alpha = 2 \times 45 \times \frac{4}{5} = 72\ \mathrm{N}$$

이므로, $\mathbf{F} = 72\ \hat{\boldsymbol{x}}\ \mathrm{N}$ 이다.

2장 연습문제 풀이

2-01 전기력에 의한 위치 에너지가 운동 에너지로 전환된다.

$$W = qV = q \cdot Ed = 0.01 \times 500 \times 0.1 = 0.5\ \mathrm{J}$$

답 0.5 J

2-02 전기력과 중력이 평형을 이룬다. 즉, $qE = mg$이므로

$$q\frac{V}{d} = mg \quad 9.8 \times 10^{-8}\frac{V}{0.1} = 10^{-3} \times 9.8, \quad \therefore V = \frac{9.8 \times 10^{-3} \times 0.1}{9.8 \times 10^{-8}} = 1 \times 10^{4}\ \mathrm{V}$$

답 $V = 1 \times 10^{4}\ \mathrm{V}$

2-03 $F = qE = ma,\ a = \dfrac{qE}{m},\ a = \dfrac{q}{m} = \dfrac{q}{M},$

$$a' = \frac{q}{m} = \frac{q}{2M} = \frac{1}{2}a$$

답 $a' = \dfrac{1}{2}a$

2-04 두 점B ,C 사이의 20 Ω 에는 전류가 흐르지 않으므로 10 Ω 의 저항에 흐르는 전류는 3 A 이다. 따라서, 점 C의 전위는 점B의 전위와 같다. 또,

$$V_B - V_G = 10 \times 3 = 30 \text{ V}$$

이고, $V_G = 0$ 이므로

$$V_B = V_C = 30 \text{ V}$$

이다.

답 3 A, 30 V

2-05 전기적 위치 에너지가 운동 에너지로 변한다.

$$\frac{1}{2} mv^2 = qV = q \cdot Ed$$

$$\frac{1}{2} mv^2 = qV = q \cdot Ed = 0.01 \times 100 \times 0.2 = 0.2 \text{ J}$$

답 0.2 J

2-06 (a) 두 점 A, B사이의 전위차는

$$V = \frac{W}{q} = \frac{50}{0.5} = 100 \text{ V}$$

(b) 전기장 내의 한 점 A에서 다른 한 점 B까지 양전하를 이동시키는데 일이 필요하였으므로, 점B의 전위가 높다.

답 (a) $V = 100\text{V}$, (b) B점의 전위가 높다.

2-07

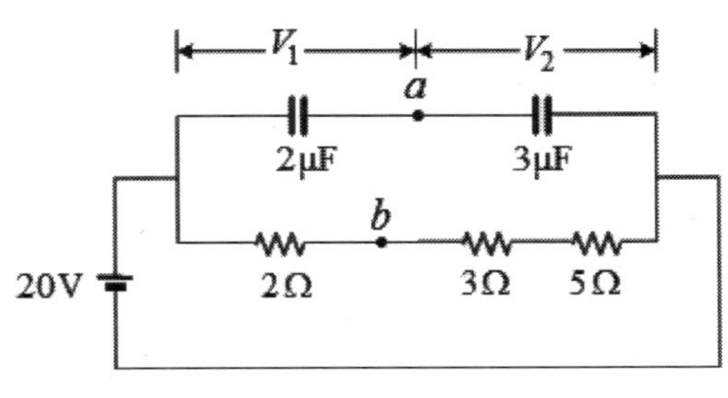

$$\begin{cases} Q = C_1 V_1 = C_2 V_2 = 2\,\mu\text{F}\ V_1 = 3\,\mu\text{F}\ V_2 \\ V_1 + V_2 = 20 \end{cases}$$

두 식을 정리하면

$$2\,V_1 = 3\,V_2 \qquad \cdots\cdots\cdots ①$$

$$V_1 + V_2 = 20 \qquad \cdots\cdots\cdots ②$$

두 식 ①,②를 연립으로 풀면 다음과 같다.

$$\therefore\ V_2 = 8,\ V_1 = 12,$$

커패시터 $2\,\mu\text{F}$에 $12\,\text{V}$의 전압이 걸리므로 점 a의 전위는 $8\,\text{V}$이다.

$$V_a = 8\,\text{V}$$

점 b의 전위는 $V_b = 12\,\text{V}$이다. 따라서 점 a가 점 b보다 전위 $4\,\text{V}$ 낮다.

답 점 a가 점 b 보다 전위 $4\,\text{V}$ 낮다.

2-08 커패시터에는 전류가 흐르지 않는다. 전체의 기전력은 $30\,\text{V} - 10\,\text{V} = 20\,\text{V}$이며, 전체의 저항은 전지의 내부저항이 각각 $1\,\Omega$이므로 $8+1+1 = 10\,\Omega$이다. 따라서 회로의 전류는 옴의 법칙에서 $I = \dfrac{20\,\text{V}}{10\,\Omega} = 2\,\text{A}$이다. 두 점 A, B 사이의 전위차는

$$V_A - V_B = E_1 + r_1 I_1 = 10 + 1 \times 2 = 12\,\text{V}$$

이다. 접지점인 G점의 전위는 $V_G = 0$이며 $V_G - V_A = RI = 8 \times 2 = 16\,\text{V}$에서 $V_A = -16\,\text{V}$이므로 $V_B = -28\,\text{V}$가 된다.

답 $V_A = -16\,\text{V}$, $V_B = -28\,\text{V}$

2-09 전기장의 크기

$$E = \frac{V}{d},\quad E = \frac{100\,\text{V}}{0.2\,\text{m}} = 500\,\text{V/m} = 500\,\text{N/C}$$

답 $500\,\text{N/C}$

2-10 전기장의 크기는

$$E=\frac{V}{d}=\frac{100\ \mathrm{V}}{0.2\ \mathrm{m}}=500\ \mathrm{V/m}$$

이므로, 이 전기장에 놓인 전하가 받는 전기력은

$$F=qE=4\times10^{-6}\ \mathrm{C}\times500\ \mathrm{N/C}=2\times10^{-3}\ \mathrm{N}$$

이다. 이 전하를 $A\rightarrow B$로 옮길 때 전기장이 하는 일은

$$W=qV=4\times10^{-6}\mathrm{C}\times100\ \mathrm{V}=4\times10^{-4}\ \mathrm{J}$$

이다.

답 $2\times10^{-3}\ \mathrm{N}$, $4\times10^{-4}\ \mathrm{J}$

2-11 두 점 사이의 전위차 V 는

$$V=\frac{W}{q}=\frac{60\ \mathrm{J}}{0.5\ \mathrm{C}}=120\ \mathrm{V}$$

답 120 V

2-12 전하와 전계의 분포는 다음과 같다.

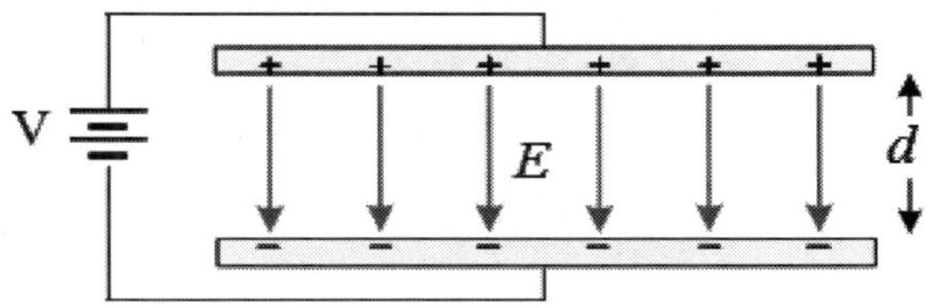

답 $E=\frac{V}{d}$

2-13 $Q=CV=20\times10^{-6}\ \mathrm{F}\times100\ \mathrm{V}=2\times10^{-3}\ \mathrm{C}$

답 $2\times10^{-3}\ \mathrm{C}$

2-14 커패시터에 걸리는 전압이 V이고, 축적된 전하량이 Q로 불변이므로 평행판 커패시터의 전기 용량은 같다. 공기의 유전율을 ϵ, 새로 넣은 부도체의 유전율 ϵ'라 하면 커패시터의 전기 용량 C는

$$C=\epsilon\frac{S}{d}=\epsilon'\frac{S}{d'}\text{이다.}$$

여기서 S는 불변이고,

$$\epsilon' = 2\epsilon \text{ 이므로 } \frac{\epsilon}{d} = \frac{2\epsilon}{d'} \quad \therefore\ d' = 2d \text{ 가 된다.}$$

즉 극판 사이의 거리를 처음의 2배로 해야 한다.

답 2배

2-15 (a) $C = \epsilon \frac{S}{d} = 4.5 \times 10^{-11}\ \text{F/m} \times \frac{10^3 \times 10^{-4}\ \text{m}^2}{3 \times 10^{-3}\ \text{m}} = 1.5 \times 10^{-9}\ \text{F}$

(b) $Q = CV = 1.5 \times 10^{-9}\ \text{F} \times 2000\ \text{V} = 3 \times 10^{-6}\text{C}$

(c) $W = \frac{1}{2}QV = \frac{1}{2} \times 3 \times 10^{-6}\ \text{C} \times 2000\ \text{V} = 3 \times 10^{-3}\ \text{J}$

답 (a) $1.5 \times 10^{-9}\ \text{F}$; (b) $3 \times 10^{-6}\ \text{C}$; (c) $3 \times 10^{-3}\ \text{J}$

2-16 (a) 병렬 연결된 C_1과 C_2는 합성 전기 용량을 C_{12}라고 하면

$$C_{12} = C_1 + C_2 = 1\ \text{pF} + 2\ \text{pF} = 3\ \text{pF}$$

직렬 연결된 C_{12}와 C_3의 합성 전기 용량을 C 라고 하자.

$$\frac{1}{C} = \frac{1}{C_{12}} + \frac{1}{C_3} = \frac{1}{3} + \frac{1}{3} = \frac{2}{3}$$

따라서, 합성 전기 용량 $C = 1.5\ \text{pF}$ 이다.

(b) 직렬 연결된 C_{12}와 C_3는 $C_3 = C_{12} = 3\text{pF}$ 로서 같기 때문에 각 커패시터에 걸린 전압도 같다. 따라서 C_2에 걸린 전압은 전압 분배에 의하여 1.5 V 이다.

$$C_2\text{에 저장된 전하량 } Q = CV = (2\ \text{pF})(1.5\ \text{V}) = 3 \times 10^{-12}\ \text{C}$$

(c) C_{12}와 C_3에 걸린 전압이 같아 C_3에 걸린 전압은 1.5V이다.

답 (a) $C = 1.5\ \text{pF}$; (b) $Q = CV = (2\ \text{pF})(1.5\ \text{V}) = 3 \times 10^{-12}\ \text{C}$; (c) 1.5 V

2-17 합성 용량 C는

$$\frac{1}{C} = \frac{1}{1} + \frac{1}{2} + \frac{1}{4} = \frac{7}{4} \quad \therefore\ C = \frac{4}{7}(\mu\text{F})$$

전하량 Q는 일정하므로 $V \propto \frac{1}{C}$ $V_1 : V_2 : V_3 = 4 : 2 : 1$

전체 전위차를 증가시키면 V_1이 가장 빨리 내전압 500 V 에 도달하므로

$V_1 = 500\text{ V},\ \ V_2 = 250\text{ V},\ \ V_3 = 125\text{ V}$ 따라서 $V = 500 + 250 + 125 = 875(\text{V})$

답 (a) 합성 용량 $0.57\,\mu\text{F}$; (b) 내전압 875 V

2-18 에너지

$W = \dfrac{1}{2}QV$ 에서 $V = Q/C$ 이므로 대입하면,

$$W = \frac{1}{2}\frac{Q^2}{C} \text{ 이 된다.}$$

답 $W = \dfrac{1}{2}\dfrac{Q^2}{C}$

2-19

(a) $Q = CV \ \therefore V \propto \dfrac{1}{C}$ 따라서 5 : 2 이다.

(b) 직렬연결에서는 각각의 커패시터에 축전되는 전기량이 같으므로 1 : 1 이다.

(c) $W = \dfrac{1}{2}\dfrac{Q^2}{C} \quad \therefore W \propto \dfrac{1}{C}$ 따라서 5 : 2 이다.

답 (a) 5 : 2; (b) 1 : 1; (c) 5 : 2

2-20

(a) $E = \dfrac{V}{d} = \dfrac{2.0 \times 10^3\text{ V}}{1.0 \times 10^{-2}\text{ m}} = 2.0 \times 10^5\text{ V/m}$

(b) $C = \epsilon_0 \dfrac{S}{d} = 8.854 \times 10^{-12}\text{ F/m} \times \dfrac{(1.10\text{ m})^2}{1.0 \times 10^{-2}\text{ m}} = 8.9 \times 10^{-12}\text{ F} = 8.9\text{ pF}$

(c) $Q = CV = 8.9 \times 10^{-12}\text{ F} \times 2.0 \times 10^3\text{ V} = 1.8 \times 10^{-8}\text{C}$

(d) $W = (1/2)\,QV = (1/2) \times 1.8 \times 10^{-8}\text{ C} \times 2.0 \times 10^3\text{ V} = 1.8 \times 10^{-5}\text{ J}$

답 (a) $2.0 \times 10^5\text{ V/m}$; (b) $8.9 \times 10^{-12}\text{ F}$; (c) $1.8 \times 10^{-8}\text{ C}$; (d) $1.8 \times 10^{-5}\text{ J}$

2-21

(a) 병렬 연결된 C_1과 C_2의 합성 용량을 C_{12}라고 하면

$$C_{ab} = \left(\frac{1}{4} + \frac{1}{16+12} + \frac{1}{36}\right)^{-1} = \left(\frac{12}{36}\right)^{-1} = 3\,\mu\text{F}$$

(b) $Q_{ab} = C_{ab} \times V_{ab} = 3\,\mu\text{F} \times 24\text{ V} = 72\text{ C}$

(c) 직렬연결되어 있으므로, $Q_{ab} = Q_1 = Q_2 + Q_3 = Q_4 = 72\,\mathrm{C}$

$$V_1 = \frac{Q_1}{C_1} = \frac{72\,\mathrm{C}}{4\,\mathrm{F}} = 18\,\mathrm{V},\quad V_4 = \frac{Q_4}{C_4} = \frac{72\,\mathrm{C}}{36\,\mathrm{F}} = 2\,\mathrm{V}$$

$$\therefore\ V_2 = V_{ab} - (V_1 + V_4) = 24 - (18 + 2) = 4\,\mathrm{V}$$

(d) $Q_{ab} = Q_1 = Q_2 + Q_3 = Q_4 = 72\,\mathrm{C}$, $Q_2 = C_2 \times V_2 = 6\,\mu\mathrm{F} \times 4\,\mathrm{V} = 24\,\mathrm{C}$,

$Q_3 = C_3 \times V_3 = 12\,\mu\mathrm{F} \times 4\,\mathrm{V} = 48\,\mathrm{C}$, $Q_4 = 72\,\mathrm{C}$.

답 (a) $C_{ab} = 3\,\mu\mathrm{F}$; (b) $Q_{ab} = 72\,\mathrm{C}$; (c) $V_1 = 18\,\mathrm{V}, V_4 = 2\,\mathrm{V}$, $V_2 = 4\,\mathrm{V}$;
(d) $Q_{ab} = 72\,\mathrm{C}$, $Q_1 = 72\,\mathrm{C}$, $Q_2 = 24\,\mathrm{C}$, $Q_3 = 48\,\mathrm{C}$, $Q_4 = 72\,\mathrm{C}$

3장 연습문제 풀이

3-01 $Q = Q_+ + Q_- = 6 + 6 = 12\,\mathrm{C}$

전류의 방향은 양전하의 이동 방향, 즉 음전하의 이동 방향과 반대이다.

$$I = \frac{Q}{t} = \frac{12}{3} = 4\,\mathrm{A}$$

답 $I = 4\,\mathrm{A}$

3-02 기본 전하 $e = -1.602 \times 10^{-19}\,\mathrm{C}$ 이므로, $q = n \cdot |e|$ 에서

$$n = \frac{q}{|e|} = \frac{1\,\mathrm{C}}{1.602 \times 10^{-19}} = 6.25 \times 10^{18}\ 개$$

답 $n = 6.25 \times 10^{18}$ 개

3-03 직선의 기울기가 작을수록 전기저항은 크다.

도체 A의 직선식은

$$I = \frac{200 \times 10^{-3}}{2} V,\quad I = \frac{1}{R} V,\quad \frac{1}{R} = \frac{200 \times 10^{-3}}{2}$$

$$R = \frac{2}{200 \times 10^{-3}} = 10\,\Omega$$

도체 B의 직선식은

$$I = \frac{100 \times 10^{-3}}{2} V,\quad I = \frac{1}{R} V,\quad \frac{1}{R} = \frac{100 \times 10^{-3}}{2}$$

$$R = \frac{2}{100 \times 10^{-3}} = 20\,\Omega$$

답 도체 B의 저항이 A의 저항보다 크다.

3-04 옴의 법칙에서

$$V_a - V_b = RI\ ,\ \ 10 - V_b = 10 \times 2$$
$$\therefore\ V_b = -10\ \mathrm{V}$$

답 $V_b = -10\ \mathrm{V}$

3-05

(a) 저항 R_1 대신에 저항이 없는 도선을 대치하면, $R_{AB} = 0\Omega$이다. 계산으로 해보면

$$R_{AB} = \lim_{R_2 \to 0} \frac{R_1 \times 100}{R_1 + 100} = \frac{0 \times 100}{0 + 100} = 0\Omega$$

(b)

$$R_{AB} = \frac{1 \times 1{,}000{,}000}{1 + 1{,}000{,}000} = \frac{1{,}000{,}000}{1{,}000{,}001} = 0.9999 \simeq 1\Omega$$

(c) 저항 R_2 를 잘라내면 R_1 만 남는다. $R_{AB} = R_1 = 100\Omega$ 이다. 계산으로 해보면

$$R_{AB} = \lim_{R_2 \to \infty} \frac{100 \times R_2}{100 + R_2} = \lim_{R_2 \to \infty} \frac{100 \times R_2}{100 + R_2} = \frac{100}{\frac{100}{R_2} + 1} = 100\Omega$$

답 (a) $R_{AB} = 0\Omega$; (b) $R_{AB} \simeq 1\Omega$; (c) $R_{AB} = 100\Omega$

3-06 각각의 저항에는 같은 전압 즉, 8 V가 걸린다. I의 크기는 I_2와 4 Ω에 흐르는 전류의 합이다.

(a) $I_2 = \frac{8\mathrm{V}}{2\,\Omega} = 4\,\mathrm{A}$ (R_2를 흐르는 전류는 $I_4 = \frac{8\,\mathrm{V}}{4\,\Omega} = 2\,\mathrm{A}$ 이다.)

(b) $I = I_1 + I_2 = 4 + 2 = 6\ \mathrm{A}$

답 (a)4 A ;(b) 6 A

3-07 전체 저항은 6 Ω이다.

$$I_1 = 1\ \mathrm{A},\quad I_2 = 1\ \mathrm{A} \times \frac{1}{2} = 0.5\ \mathrm{A}$$

답 1 A, 0.5 A

3-08 저항 2 Ω에 4 V의 전압이 걸리므로 점 A의 전위는 6 V가 된다. 또한 점 B의 전위는 5 V이다.

(1) 점 A를 지나는 전류 $I_A = \dfrac{10\,\text{V}}{(2+3)\,\Omega} = 2\,\text{A}$

점 A의 전위 $V_A = 3\Omega \times 2\,\text{A} = 6\,\text{V}$

(2) 점 B를 지나는 전류 $I_B = \dfrac{10\,\text{V}}{(5+5)\,\Omega} = 1\,\text{A}$

점 B의 전위 $V_B = 5\Omega \times 1\,\text{A} = 5\,\text{V}$

$$V_{AB} = V_A - V_B = 6 - 5 = 1\,\text{V}$$

답 점 A가 점 B보다 1 V 높다.

3-09 저항 3 Ω의 양단의 전위가 같으므로 3 Ω의 저항에 전류가 흐르지 않는다. 따라서 3 Ω은 무시되므로 (1+2) Ω과 (2+4) Ω의 병렬 연결되어 있다.

$$R = 3 \| 6 = \frac{3 \times 6}{3+6} = \frac{18}{9} = 2\,\Omega$$

답 2 Ω

3-10 (a) 직렬 연결할 때 합성 저항은

$$R_{\text{AB}} = 10\ \Omega + 20\ \Omega = 30\ \Omega$$

이다.

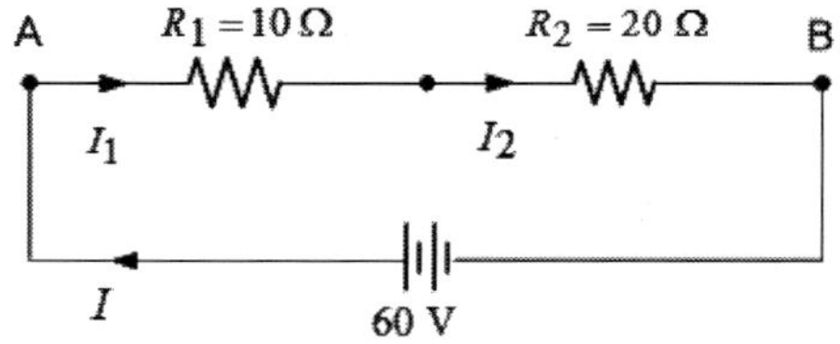

(b) 두 저항 R_1, R_2에 흐르는 전류를 각각 I_1, I_2라고 하면 $I_1 = I_2$이며 옴의 법칙에서

$$I_1 = I_2 = \frac{V_{\text{AB}}}{R_{\text{AB}}} = \frac{60\ \text{V}}{30\ \Omega} = 2\ \text{A}$$

이다.

(c) 병렬 연결할 때 합성 저항은 다음과 같다.

$$\frac{1}{R_{\text{AB}}} = \frac{1}{10} + \frac{1}{20}\ ,\ \ \therefore R_{\text{AB}} = 6.67\ \Omega$$

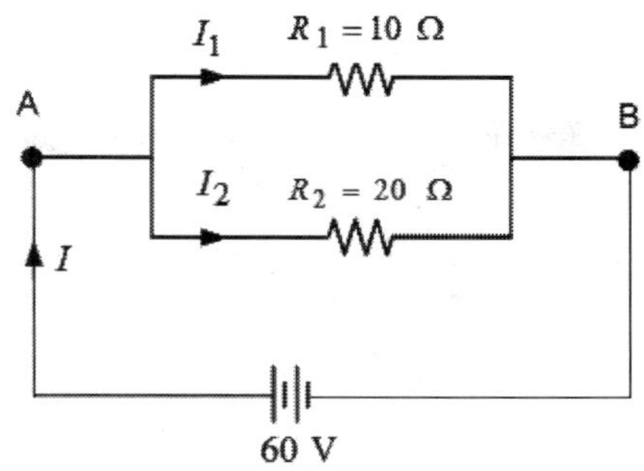

(d) 각 저항에 흐르는 전류는

$$I_1 = \frac{V_{AB}}{R_1} = \frac{60\ \text{V}}{10\ \Omega} = 6\ \text{A},\ \ I_2 = \frac{V_{AB}}{R_2} = \frac{60\ \text{V}}{20\ \Omega} = 3\ \text{A}$$

이다.

답 (a) $R_{AB} = 30\ \Omega$; (b) $I_1 = I_2 = 3\ \text{A}$;
(c) $R_{AB} = 6.67\ \Omega$; (d) $I_1 = 6\ \text{A}$, $I_3 = 3\ \text{A}$

3-11 (a) 전압 220 V 에서 500 W 의 전력을 소비하고 있다.

$$P = VI\ [\text{단위; Watt}]$$

$$500\ \text{W} = 220\ \text{V} \times I\ \text{A} \quad \therefore I = \frac{500}{220} = 2.273\ \text{A}$$

(b) 옴의 법칙 $V = IR$ 에서

$$\therefore R = \frac{V}{I} = \frac{220}{2.273} = 96.8\ \Omega$$

또는

$$P = \frac{V^2}{R}$$

에서 저항 R 은

$$R = \frac{V^2}{P} = \frac{(220\ V)^2}{500\ \text{W}} = 96.8\ \Omega$$

이 된다.

답 (a) $I = \frac{500}{220} = 2.273\ \text{A}$; (b) $R = 96.8\ \Omega$

3-12 (a) $I=\dfrac{\varepsilon}{R+r}=\dfrac{10}{9+1}=1$ [A] $P=I^2r=1^2\times 1=1$ [W]

(2) $R'=\dfrac{9}{3}=3$ [Ω] $I'=\dfrac{\varepsilon}{R'+r}=\dfrac{10}{3+1}=2.5$ [A]

$$P'=I'r=2.5^2\times 1=6.25 \text{ [W]}$$

답 (a) $P=1$ W, (b) $P=626$ W

3-13 물의 위치 에너지의 10%가 전기 에너지로 변환된다. 물의 위치 에너지는

$$mgh=10^3\,\text{kg}\times 10\ \text{m/s}^2\times 10\,\text{m}\ =\ 10^5\ \text{Joule}$$

이다. 전기 에너지로 변환되는 에너지는 이 중에서 10 % 즉, 10^4 Joule이다.
1초당 에너지 전환량이 일률(=전력)이 된다.

$$10^4\ \text{Joule/sec}\ =\ 10^4\ \text{Watt}\ =\ 10\,\text{kW}$$

답 10 kW

3-14 (a) $P=I^2R$ 에서 $60=2^2\times R_1$ 또 $R_1+R_2=\dfrac{50}{2}=25$

$R_1=15\ \Omega$, $R_2=25-R_1=25-15=10\ \Omega$

(b) $P_2=2^2\times R_2=40$ W

답 (a) $R_2=10\ \Omega$; $R_1=15\ \Omega$; (b) $P_2=40$ W

3-15 직렬연결에서 전류는 일정하므로 $P\propto R$이다.

답 40 W의 전구

3-16 물 1 m^{3}의 질량은 10^3 kg이므로, 10 m 낙하할 때 중력이 한 일은

$$W=mgh=10^3\times 10\times 10=10^5\ \text{J}$$

그런데 이 일의 25 %만 발전되므로 출력은

$$P=\frac{W}{t}=\frac{10^5\ \text{J}\times 0/25}{1\ \text{s}}=25\times 10^3\ \text{W}=25\ \text{kW}$$

답 25 kW

3-17 (a) 전기저항 : 전력 $P=\dfrac{V^2}{R}$ 에서 $R=\dfrac{V^2}{P}=\dfrac{100^2}{500}=20\ \Omega$

(b) 전류 세기 : $P=IV$ 에서 $I=\frac{P}{V}=\frac{500}{100}=5\text{ A}$

또는, 전류 세기 : $V=IR$ 에서 $I=\frac{V}{R}=\frac{100}{20}=5(\Omega)$ 이다.

(c) 소비 전력 : $P'=\frac{V^2}{R}$ 에서 $P'=\frac{100^2}{20}=500\text{ W}$

답 (a) 20 Ω; (b) 5 A; (c) 500 W

3-18 (a) 전구에 표시되어 있는 와트 값이다. $\therefore P=60\text{ W}$

(b) 전기저항 :

전력 $P=\frac{V^2}{R}$ 이므로 $R=\frac{V^2}{P}=\frac{(220\text{ V})^2}{60\text{ W}}=\frac{48400}{60}=806.667\,\Omega$ 이다.

(c) $P=IV$ 에서 $I=\frac{P}{V}=\frac{60}{220}=0.273\text{ A}$

또는,

$I=\frac{V}{R}=\frac{220}{\frac{48400}{60}}=\frac{220\times 60}{48400}=0.273\text{ A}$ 이다.

(d) 소비 전력 : $P'=\frac{V^2}{R}$ 에서 $P'=\frac{220^2}{806.667}=60\text{ W}$

답 (a) $P=60\text{ W}$, (b)$R=806.667\,\Omega$; (c) $I=0.273\text{ A}$; (d) $P'=60\text{ W}$

3-19 (a) 전기저항 : 전력 $P=VI$ 에서 $I=\frac{P}{V}=\frac{100}{220}=0.455\,\Omega$

$R=\frac{V}{I}=\frac{220}{100/220}=\frac{220^2}{100}=484\,\Omega$

또는 전력 $P=\frac{V^2}{R}$ 에서 $R=\frac{V^2}{P}=\frac{220^2}{100}=484\,\Omega$

(b) 110V의 전원에 연결하여 사용하였으므로 전압이 절반, 전류도 절반 흐른다.

$V=IR$ 에서 $I=\frac{V}{R}=\frac{110}{484}=\frac{5}{22}=0.227\text{ A}$ 이다.

(정격 전류의 절반만 흐른다.)

$P=VI$ 에서 $I=\frac{P}{V}=\frac{25}{110}=0.227\text{ A}$

(c) $P = VI = 110 \times \frac{5}{22} = 25$ W

원래 1000 W의 "1/4 배"이다.

(d) $W = Pt = 25\,\text{W} \times 0.5\,\text{h} = 12.5\,\text{Wh} = 0.0125\,\text{kWh}$

(e) $W' = 25\,\text{W} \times 0.5\,\text{h} \times 30 = 375\,\text{Wh} = 0.375\,\text{kWh}$

답 (a) $R = 484\,\Omega$; (b) $I = 0.227$ A; (c) $P = 25$ W;
(d) $W = 0.0125$ kWh; (e) $W' = 0.375$ kWh

4장 연습문제 풀이

4-01 전지를 병렬 연결할 때 기전력은 같고 직렬 연결할 때 기전력은 커진다. 병렬 연결할 한 전지 한 쌍의 기전력은 E, 직렬 연결한 기전력은 $E + E = 2E$ 그러므로 내부저항은

$$\frac{r}{2} + \frac{r}{2} = r$$

이 된다. 따라서

$$I = \frac{2E}{R + r}$$

답 $I = \frac{2E}{R + r}$

4-02 (a) 단자 전압 $V = IR$ 에서 $I = 0.2$ A이고 외부 저항이 14 Ω이므로

$$V = 0.2 \times 14 = 2.8\ \text{V}$$

(b) 내부저항 : $V = E - Ir$에서 $r = \frac{E - V}{I} = \frac{3.0 - 2.8}{0.2} = 1\ \Omega$

답 (a) 단자 전압 2.8 V; (b) 내부저항 1 Ω

4-03 전지의 단자 전압 $V = E - Ir$ 에서 $V = 6$일 때 전류 $I = 0.5$ A이고, $V = 5.8$일 때 전류 $I = 0.55$이다. 각각을 대입하면 연립 방정식

$$\begin{cases} 6 = E - 0.5\,r \\ 5.8 = E - 0.55\,r \end{cases}$$

을 얻는다. 두 식을 연립하여 풀면 다음과 같다.

$$E = 8\ \text{V},\ \ r = 4\ \Omega$$

답 (a) 기전력 ; (b) 내부저항 $r = 4\ \Omega$

4-04 건전지의 기전력은 단자 전압과 저항에 의한 전압 강하의 합으로 나타낸다.

$$V = \epsilon - rI$$

에서 전류가 $I_1 = 0.5\ \text{A}$ 때 전압이 $V_1 = 1.25\ \text{V}$ 이므로,

$$1.25\ \text{V} = \epsilon - r \times 0.5\ \text{A}\ \cdots\cdots\cdots ①$$

전류가 $I_2 = 1.0\ \text{A}$ 때 전압이 $V_2 = 1.0\ \text{V}$ 이므로,

$$1.0\ \text{V} = \epsilon - \text{r} \times 1.0\ \text{A}\ \cdots\cdots\cdots ②$$

식 ①,② 를 식을 연립하여 풀면,

$$\epsilon = 1.5\ \text{V}, r = 0.5\ \Omega$$

이다.

답 (a)기전력 1.5 V; (b)내부저항 $r = 0.5\ \Omega$

4-05 전지의 내부저항들은 직렬연결이므로 모두 $4 \times 4\ \Omega = 1.6\ \Omega$ 이며 $1.4\ \Omega$과 직렬연결이므로 총 저항 R은 $R = 1.6\ \Omega + 1.4\ \Omega = 3.0\ \Omega$ 이다. 또 기전력은 $4 \times 1.5\ \text{V} = 6\ \text{V}$ 이므로 회로에 흐르는 전류 I는 $I = V/R = 6\ \text{V}/3.0\ \Omega = 2\ \text{A}$ 이다.

답 2 A

4-06 저항에 흐르는 전류를 i 라 하면

$$i = \frac{nE}{nr + R},\ \ 8 = \frac{12n}{0.5n + 5}$$

$$\therefore 8(0.5n + 5) = 12n,\ 4n + 40 = 12n,\ 8n = 40,\quad \therefore n = 5$$

답 5 개

4-07 전지의 내부저항은 $r/2$이고 저항 R과 직렬연결이므로 회로의 총 저항은 $r/2 + R$이다. 회로의 전류 I는

$$I = \frac{E}{\frac{r}{2} + R} = \frac{2E}{r + 2R}$$

이다.

답 $I = \frac{2E}{r + 2R}$

4-08 (1) KCL을 점 c 에 적용하면

$$i = i_1 + i_2 \qquad \cdots\cdots\cdots ①$$

(2) KCL을

외부 루프 $acdea$에 적용하면

$$35 = 6.5i + 6i_1 \quad \cdots\cdots\cdots ②$$

내부 루프 $bcdeb$에 적용하면

$$56 = 6.5i + 12i_2 \quad \cdots\cdots\cdots ③$$

세 식 ①,② 및 ③을 연립으로 풀면 다음과 같다.

$$i_1 = 1.5\text{ A},\ i_2 = 2.5\text{ A},\ i_3 = 4.0\text{ A}$$

답 $i_1 = 1.5\text{ A},\ i_2 = 2.5\text{ A},\ i = 4.0\text{ A}$

4-09 (1) KCL을 점 E 에 적용하면 $i_3 = i_1 + i_2 \quad \cdots\cdots\cdots ①$

(2) KCL을

하단 루프 $abefga$에 적용하면

$$6 = 4i_1 + 2i_3 \quad \cdots\cdots\cdots ②$$

상단 루프 $cbedc$에 적용하면

$$3 = 2i_2 + 2i_3 \quad \cdots\cdots\cdots ③$$

세 식 ①,② 및 ③을 연립으로 풀면 다음과 같다.

$$i_1 = 0.9\text{ A},\ i_2 = 0.3\text{ A},\ i_3 = 1.2\text{ A}$$

답 $i_1 = 0.9\text{ A},\ i_2 = 0.3\text{ A},\ i_3 = 1.2\text{ A}$

4-10 모든 소자, 전압, 전류 및 도선을 사용하여 회로를 완성하면 아래 그림과 같다.

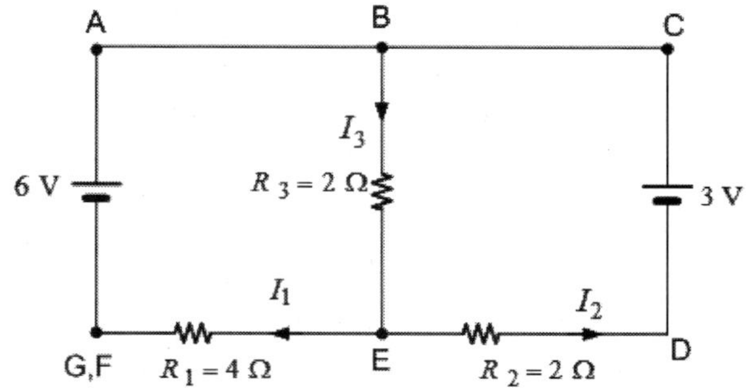

4-11 검류계에 흐르는 전류가 0이므로 $V_C = V_D$이다. 따라서

$$V_{AC} = V_{AD}, \quad V_{\rm CB} = V_{\rm DB}$$

의 관계가 성립한다. 그러므로 R은 $RR_2 = R_1R_3$에서

$$R = \frac{R_1R_3}{R_2} = \frac{3 \times 10}{2} = 15\ \Omega$$

답 $R = 15\ \Omega$

4-12 검류계에 흐르는 전류는 0이므로

$$R_1 \times R_3 = R_2 \times x$$

에서

$$20 \times 60 = 30 \times x \quad \therefore x = 40\ \Omega$$

이다.

답 $R = 40\ \Omega$

4-13 (a) BE 사이의 합성저항은 $R_{35} = 20\ \Omega$이다. 휘트스톤 브리지 관계식 $R_1R_4 = R_2R_{35}$에서

$$R_2 = \frac{R_1R_4}{R_{35}} = \frac{50 \times 100}{20} = 250\ \Omega$$

(b) 전압원 전압 200 V 가 직렬저항에 비례하여 분배된다. 따라서 AB 사이의 전위차는

$$V = R_1I_1 = 50 \times \frac{200}{50 + 20} = 142.857\ \rm V$$

(c) AC 의 전위차는 AB 사이의 전위차와 같다. 전위차를 저항으로 나눈다.

$$I_2 = \frac{V_2}{R_2} = \frac{142.857}{250} = 0.57\,\text{A}$$

(d) R_1 값이 20 % 증가한 경우

$$R_1{}' = 50 \times 1.2 = 60\,\Omega$$

이고, 새로운 저항값에 대해 휘스톤 브리지 관계식을 적용한다.

$$R_1{}'R_4 = R_2 R_{35}{}',\ R_{35}{}' = \frac{R_1{}'R_4}{R_2} = \frac{60 \times 100}{250} = 24\,\Omega$$

$$\frac{1}{R_3} + \frac{1}{R_5{}'} = \frac{1}{24},\ \frac{30 \times R_5{}'}{30 + R_5{}'} = 24,$$

$$30 \times R_5{}' = 720 + 24R_5{}',\ R_5{}' = 120\,\Omega$$

답 (a) $R_2 = 250\ \Omega$; (b) 142.857 V; (c) $I_2 = 0.57\,\text{A}$; (d) $R_3{}' = 120\ \Omega$

5장 연습문제 풀이

5-01

$$B = 2 \times 10^{-7}\frac{I}{r} = 2 \times 10^{-7} \times \frac{2}{0.5} = 8 \times 10^{-7}\,\text{T}$$

답 8×10^{-7} T

5-02

전류 2 A, 1 A가 흐르는 도선을 #1, #2 라고 할 때, 각 점에서 각각 전류에 의한 자계의 방향은 그림과 같다.

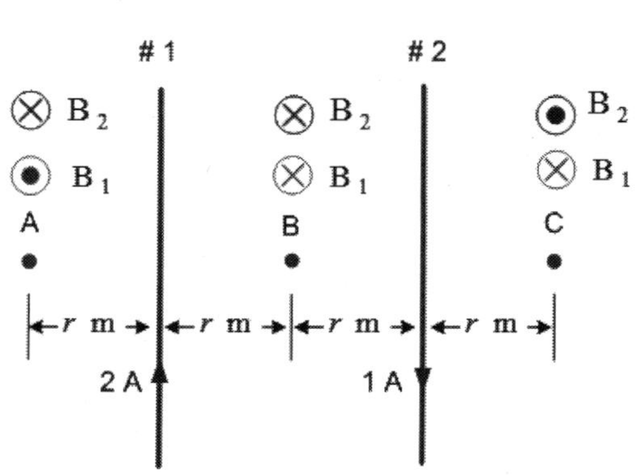

세 점 A, B, C 에서의 자계 크기를 B_A, B_B, B_C 라고 하고, 지면 아래를 향하는 방향을 (+)라고 하면

$$B_A = -B_1 + B_2 = -k\frac{2}{r} + k\frac{1}{3r} = -k\frac{5}{3r}$$

$$B_B = B_1 + B_2 = k\frac{2}{r} + k\frac{1}{r} = k\frac{3}{r}$$

$$B_C = B_1 + B_2 = k\frac{2}{3r} - k\frac{1}{r} = -k\frac{1}{3r}$$

이 된다. 따라서 각 점에서의 자계의 비는

$$B_A : B_B : B_C = \frac{5}{3} : 3 : \frac{1}{3} = 5 : 9 : 1$$

답 5 : 9 : 1

5-03

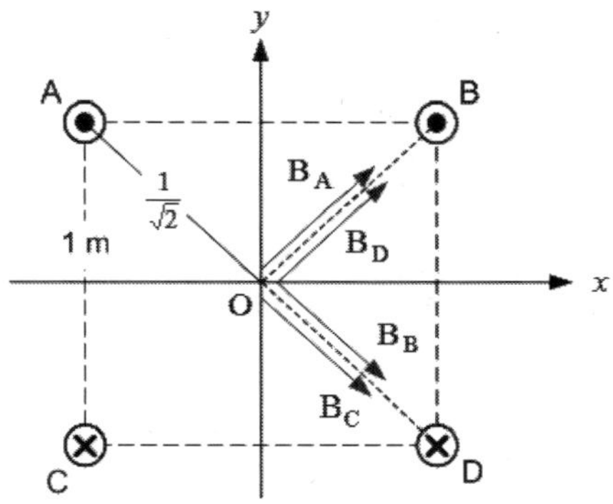

네 도선 A, B, C ,D에 흐르는 전류가 만드는 자기장은 그림과 같으며 중심에서 자기장의 방향은 이들의 합이 되므로 x방향이 된다. 한 변의 길이가 1 m이므로 각 도선으로부터 중심까지의 거리는 $\frac{1}{\sqrt{2}}$이다. 따라서

$$B_A + B_D = 2 \times 2 \times 10^{-7} \frac{10}{1/\sqrt{2}} = 4\sqrt{2} \times 10^{-6}\ \text{T}$$

$$B_B + B_C = B_A + B_D = 4\sqrt{2} \times 10^{-6}\ \text{T}$$

이므로 중심에서의 자계 크기는

$$B = \sqrt{(B_A + B_B)^2 + (B_B + B_C)^2} = \sqrt{2(4\sqrt{2} \times 10^{-6})^2} = 8 \times 10^{-6}\ \text{T}$$

답 (a) x-방향; (b) 8×10^{-6} T

5-04 균일하게 대전된 원형 고리가 중심을 축으로 회전하면 원형 고리에는 전류가 흐르는 효과가 생긴다. 전하량이 $q = 1\times10^{-7}$ C, 진동수가 100 Hz이면 전류는

$$I = \frac{Q}{t} = \frac{100\times1\times10^{-7}\,\text{C}}{1\,\text{s}} = 1\times10^{-5}\,\text{A}$$

이다. 따라서 원형 고리의 중심부에서의 자속 밀도는 반지름이 2π cm이므로

$$B = 2\pi\times10^{-7}\frac{I}{r} = 2\pi\times10^{-7}\frac{1\times10^{-5}}{2\pi} = 10^{-10}\,\text{T}$$

답 10^{-10} T

5-05 솔레노이드 내부에서의 자계 크기는

$$B = 4\pi\times10^{-7}\frac{N}{l}I = 4\pi\times10^{-7}\times\frac{250}{0.5}\times0.3 = 1.9\times10^{-4}\,\text{T}$$

답 1.9×10^{-4} T

6장 연습문제 풀이

6-01 플레밍의 왼손 법칙에 따른다. (+)전하의 이동 방향이 전류의 방향이다. 따라서 qvB의 크기로 북쪽으로 작용한다.

답 북쪽

6-02 $F = 2\times10^{-7}\dfrac{I_1 I_2}{r}l$

에서 $F \propto I_1 I_2$ (r, l은 일정)이므로

$$10^2 : 1 = 20^2 : F \therefore F = 4\,\text{N}$$

답 4 N

6-03 $F = 2\times10^{-7}\dfrac{I_1 I_2}{r}l$

에서 $I_1 = 1$ A, $I_2 = 2$ A, $r = 0.1$ m, $l = 1$ m이므로

$$F = 2\times10^{-7}\frac{1\times2}{0.1}\times1 = 4\times10^{-6}\,\text{N}$$

답 4×10^{-6} N

6-04

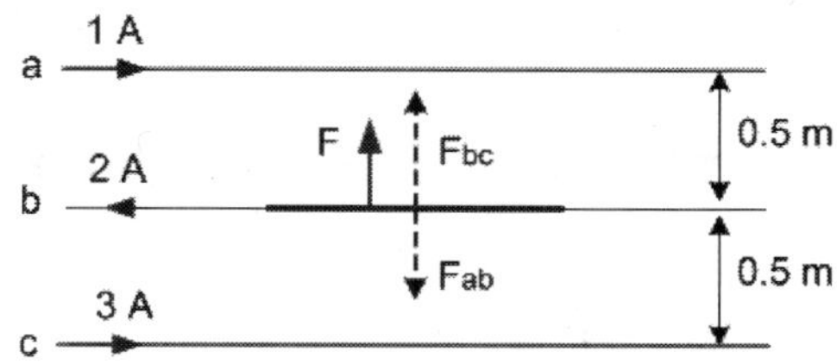

2 A의 전류가 흐르는 도선 1 m가 1 A와 3 A의 전류로부터 받는 힘을 각각 F_{ab}, F_{bc} 라고 하면 그 합력 F 는

$$F = F_{bc} - F_{ab} = 2\times 10^{-7}\frac{2\times 3}{0.5}\times 1 - 2\times 10^{-7}\frac{1\times 2}{0.5}\times 1 = 1.6\times 10^{-6}\,\text{N}$$

이며, 방향은 (a)쪽이다.

답 1.6×10^{-6} N, (a) 방향

6-05 각각 1 A가 흐르는 두 도선의 거리 r만큼 떨어져 있을 때 길이 l 인 도선이 받는 힘 F 는

$$F = 2\times 10^{-7}\frac{1\times 1}{r}l$$

이 되며, 척력이다.

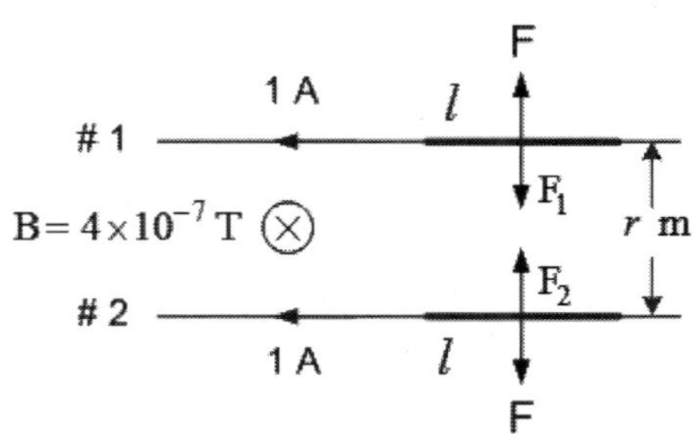

또, 각 도선의 자기장 B로부터 받는 전자기력의 크기는

$$F_1 = F_2 = BIl = 4\times 10^{-7}\times 1\times l$$

이 된다. 따라서 각 도선에 작용하는 힘이 0이 되려면 r은

$$2\times 10^{-7}\frac{1\times 1}{r}l = 4\times 10^{-7}\times 1\times l$$

에서, $r = 0.5$ m 이다.

답 0.5 m

6-06 그림과 같이, $+x$-방향으로 입사한 전자는 $-y$방향으로 전기력 $F_e = eE$를 받는다. 따라서 전자가 직진하려면 F_e와 크기가 같고 $+y$방향으로 향하는 전자기력 $F_B = B_e v$를 받아야 한다. 따라서 자기장 B의 방향은 $+z$방향이 된다.

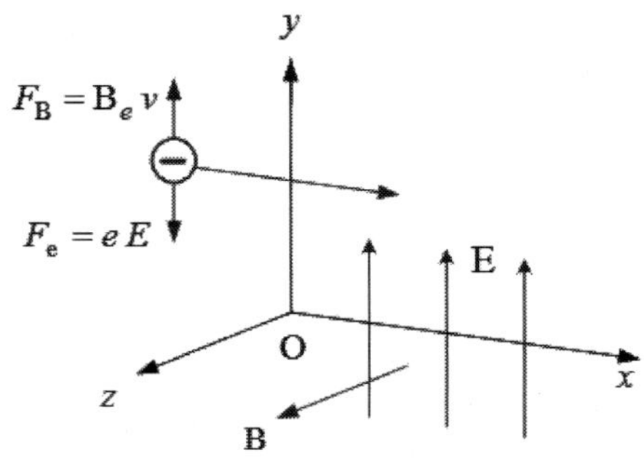

답 **+z** 방향

6-07 $F = Bqv$ 에서

$$4 \times 10^2 = 5 \times q \times 10^7 \;, \;\; \therefore q = 8 \times 10^{-10}\,\text{C}$$

답 $8 \times 10^{-10}\,\text{C}$

6-08 (a) 로렌츠 힘 $F = qvB$ 에서 $q = 2.6 \times 10^{-19}\,\text{C}$, $v = 10^7\,\text{m/s}$, $B = 0.5\,\text{T}$이므로

$$F = 1.6 \times 10^{-19} \times 10^7 \times 0.5 = 8 \times 10^{-13}\,\text{N}$$

(b) 궤도 반지름 $r = \dfrac{mv}{qB}$에서 $r \propto v$이므로 속도가 2배이면 궤도 반지름도 2배이다.

답 (a) 8×10^{-13} N; (b) 2배

6-09 질량 m, 전하량 e인 전자가 자속 밀도가 B인 균일한 자기장에 수직 방향으로 속도 v로 입사시킬 때 받는 로렌츠 힘 F는 $F = Bqv$이며, 이 힘이 구심력이 되어 반지름 R인 원운동을 한다. 따라서

$$Bqv = m\frac{v^2}{R}$$

에서 R은

$$R = \frac{mv}{Bq} = \frac{9.1 \times 10^{-31} \times 1.5 \times 10^7}{2.4 \times 10^{-4} \times 1.6 \times 10^{-19}} = 0.36\ \text{m}$$

가 된다. 주기는

$$T = \frac{2\pi R}{v} = \frac{2 \times 3.14 \times 0.36}{1.5 \times 10^7} = 1.5 \times 10^{-7}\text{초}$$

이다.

답 (a) 0.36 m; (b) 1.5×10^{-7}초

7장 연습문제 풀이

7-01 두 법칙 모두 같은 내용을 나타낸다. 벡터의 크로스 곱을 구하는 문제이다. 플레밍의 법칙을 사용할 때, 관계식

$$\mathbf{F} = I\mathbf{l} \times \mathbf{B} \quad \text{또는 등가 표현식} \quad \mathbf{F} = q\mathbf{V} \times \mathbf{B}$$

를 사용한다. 이 식에서 $I\mathbf{l}$ 은 전류와 전류 방향의 도체의 길이를 곱한 것이다.
두 법칙 모두에서, 엄지는 "운동"을 나타내고, 중지는 "전류"를 나타낸다. 두 법칙은 물리량을 손가락으로 지정하는 방법에 따라서 구별된다.

예를 들어 보자.

(1) 플레밍의 왼손법칙(모터 법칙) :
전류가 자기장에서 발생시키는 힘 **F**를 구할 때 사용한다.
전류 $I\mathbf{l}$가 왼손의 중지방향으로 속도 **v**로 운동하고, 자계 **B**가 검지 방향이면, 전류는 엄지방향으로 힘 **F**를 받는다.

(2) 플레밍의 오른손법칙(발전기 법칙) :
속도 **v**로 운동하는 도체가 발생하는 전류를 구할 때 사용한다.
즉, 양전하 q 에 작용하는 힘 **F**를 구할 때 사용한다.
도체가 오른손의 엄지방향으로 속도 **v**로 운동하고, 자계 **B**가 검지 방향이면, 전류(힘 **F**에 의한)는 중지 방향으로 흐른다.

7-02 $V_{ind} = -N\frac{\Delta\Phi}{\Delta t} = -N\frac{\Delta BA}{\Delta t}$

$$V_{ind} = -NA\frac{\Delta B}{\Delta t} = -200 \times 20 \times (10^{-2})^2 \times \frac{0.3}{0.2} = -200 \times 0.002 \times 1.5 = 0.6\ \text{V}$$

답 $V_{ind} = 0.6\ \text{V}$

7-03 (a) 자기장의 세기가 감소하므로, 전류의 방향은 abcd (즉, 시계 방향)이다.

(b) $V_{ind} = -\dfrac{\Delta\Phi}{\Delta t} = -\dfrac{\Delta BS}{\Delta t} = -S\dfrac{\Delta B}{\Delta t} = -(0.3)^2 \times \dfrac{0.2-0.5}{0.2}$

$= -0.09 \times \dfrac{-0.3}{0.2} = 0.135\ \text{V}$

(c) 유도 전류의 세기

$I_{ind} = \dfrac{V_{ind}}{R} = -\dfrac{0.135}{0.2} = 0.675\ \text{A}$

답 (a) $V_{ind} = 0.135\ \text{V}$; (b) $I_{ind} = 0.675\ \text{A}$

7-04 플레밍의 오른손 법칙으로 유도 전류의 방향을 찾고, 플레밍의 왼손 법칙으로 힘의 방향을 찾는다.

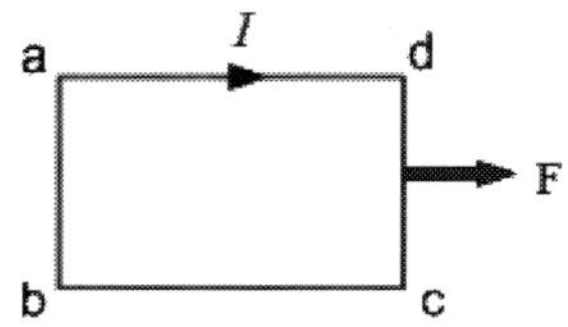

답 동쪽

7-05

$V_i = vlB = 2 \times 3 \times 1 = 6\ \text{V}$

답 $V_i = 6\ \text{V}$

7-06 (a) $V_{ind} = -\dfrac{\Delta\Phi}{\Delta t} = -\dfrac{\Delta B \cdot A}{\Delta t}$

$= -\dfrac{(1.1-0.5) \times 0.1^2}{0.02\,\text{sec}} = -\dfrac{(0.6) \times 0.1^2}{0.02\,\text{sec}} = -0.3\ \text{V}$

따라서 평균 유도 기전력의 크기는 0.3 V이다.

(b) $V_{ind} = -\dfrac{\Delta B \cdot A}{\Delta t} = -\dfrac{(0-0.5) \times 0.1^2}{0.01}$

$= 5 \times 10^{-1}\ \text{V}$

따라서 평균 유도 기전력의 크기는 5×10^{-1} V이다.

답 (a) $V_{ind} = 0.3\ \text{V}$; (b) $V_{ind} = 5 \times 10^{-1}\ \text{V}$

7-07 $V_{ind} = -N\dfrac{\Delta\Phi}{\Delta t} = -N\dfrac{\Delta B\cdot A}{\Delta t} = -NA\dfrac{\Delta B}{\Delta t}$

$$= -60\times(20)\times(10^{-2})^2\times\frac{(5-3)}{0.4}$$

$$= -60\times0.002\times\frac{2}{0.4} = -60\times0.002\times5 = -0.6\text{ V}$$

답 $V_{ind} = -0.6\text{ V}$

7-08 (a) 유도 기전력은 $V = Blv = 4\times0.5\times5 = 10\text{ V}$이므로 $I = \dfrac{V}{R} = \dfrac{10}{10} = 1\text{ A}$

(b) 소비 전력은 $P = I^2R = 1^2\times10 = 10\text{ W}$

(c) 도선에 해 주는 일률은 회로에서 소비되는 전력과 같다.

즉, $v = 10\text{ m/s}$일 때 $V = Blv$에서 $V = 4\times0.5\times10 = 20\text{ V}$이고,

$I = \dfrac{V}{R}$에서 $I = \dfrac{20}{20} = 2\text{ A}$이며, 소비 전력 $P = F\cdot v = \dfrac{V^2}{R}$이므로

$F = \dfrac{V^2}{v\cdot R} = \dfrac{20^2}{10\times10} = 4\text{ N}$ 또는 $F = BIl$에서 $F = 4\times2\times0.5 = 4\text{ N}$

답 (a) $I = 1\text{ A}$; (b) $P = 10\text{ W}$; (c) $F = 4\text{ N}$

7-09

$V_{ind} = Blv = 0.8\times0.2\times10 = 1.6\text{ V}$

답 $V_{ind} = 1.6\text{ V}$

7-10 회로 (2)에 흐르는 전류가 갑자기 소멸되므로 회로 (1)에 유도되는 전류는 회로 (2)에 흐르던 전류의 방향과 같은 방향으로 흐르게 된다. 전류가 $a\to b\to c$ 방향으로 흐르게 된다.

답 $a\to b\to c$

7-11

$\dfrac{N_2}{N_1} = \dfrac{V_2}{V_1} = \dfrac{I_1}{I_2}$ 에서 $\dfrac{2500}{100} = \dfrac{V_2}{220\,V} = \dfrac{1\text{ A}}{I_2}$

$\therefore\ V_2 = 5{,}500\text{ V},\ I_2 = 0.04\text{ A}$

답 $V_2 = 5{,}500\text{ V}$, $I_2 = 0.04\text{ A}$

8-01 (a) 전류의 실효값 $I_{eff} = \dfrac{P}{V_{eff}} = \dfrac{1000\ \mathrm{W}}{220\ \mathrm{V}} = 4.55\ \mathrm{A}$

(b) 전류의 최대값 $I_{max} = \sqrt{2}\, I_{eff} = \sqrt{2} \times 4.55\ \mathrm{A} = 6.48\ \mathrm{A}$

(c) 순간 최대 전력 $P = I_0^2 R = 2 I_{eff}^2 R = 2 P_{eff} = 2000\,\mathrm{W}$

답 (a) $I_{eff} = 4.55\ \mathrm{A}$; (b) $I_{max} = 6.48\ \mathrm{A}$; (c) $P = 2000\ \mathrm{W}$

8-02 실효값을 얻기 위해 정의식에 대입하면

$$I_{\text{eff}} = \sqrt{\frac{1}{T}\int_0^T I_m^2 \cos^2(\omega t + \phi)\, dt} = I_m \sqrt{\frac{\omega}{2\pi}\int_0^{2\pi/\omega}\left[\frac{1}{2} + \frac{1}{2}\cos(2\omega\pi + 2\phi)\right] dt}$$

$$= I_m \sqrt{\frac{\omega}{4\pi}[t]_0^{2\pi/\omega}} = \frac{I_m}{\sqrt{2}}$$

[참고] 정현파 전류의 실효값은 위상각과는 관계가 없으며 최대값의 $1\sqrt{2} = 0.707$ 배임을 알 수 있다.

답 $I_{eff} = \dfrac{I_m}{\sqrt{2}}$

8-03 $V_{eff} = \sqrt{\dfrac{1}{T}\displaystyle\int_0^T i^2(t)\, dt} = \sqrt{\dfrac{1}{3}\left[\displaystyle\int_0^1 (-4)^2\, dt + \int_1^2 (0)^2\, dt + \int_0^3 (4)^2\, dt\right]}$

$= \sqrt{\dfrac{1}{3}[16 + 0 + 16]} = 3.27\ \mathrm{V}$

답 $V_{eff} = 3.27\,\mathrm{V}$

8-04 $V_{eff} = \sqrt{\dfrac{1}{T}\displaystyle\int_0^T i^2(t)\, dt} = \sqrt{\dfrac{1}{5}\left[\displaystyle\int_0^5 t^2\, dt\right]} = \sqrt{\dfrac{1}{5}\left[\dfrac{t^3}{3}\right]_0^5} = \sqrt{\dfrac{125}{15}} = 2.89\ \mathrm{V}$

답 $V_{eff} = 2.89\ \mathrm{V}$

8-05 $i(t) = 20\cos(\omega t - 100^\circ) = 20\sin(\omega t - 100^\circ + 90^\circ) = 20\sin(\omega t - 10^\circ)$

$\therefore\ \theta = \theta_v - \theta_i = 30^\circ - (-10^\circ) = 40^\circ$

답 $\theta = 40^\circ$

8-06 $\omega = 2\pi f = 377, \ \therefore \ f = \frac{\omega}{2\pi} = \frac{377}{2\pi} = 60 \text{ Hz}$

답 $f = 60 \text{ Hz}$

8-07 $X_c = \frac{1}{\omega C} = \frac{1}{2\pi f C} = \frac{1}{2 \times 3.14 \times 60 \text{ Hz} \times 10^{-6} \text{F}} = 2653 \ \Omega$

답 $X_c = 2653 \ \Omega$

8-08 $X_c = \frac{V}{I} = \frac{100}{1} = 100 \ \Omega$, $X_c = \frac{1}{2\pi f C}$ 로부터

$$C = \frac{1}{2\pi f X_c} = \frac{1}{2 \times 3.14 \times 60 \text{ Hz} \times 100 \ \Omega} = 26.5 \ \mu\text{F}$$

답 $C = 26.5 \ \mu\text{F}$

8-09 $X_L = 2\pi f L, \ \therefore L = \frac{X_L}{2\pi f}, \ \frac{3}{2 \times 3.14 \times 60 \text{ Hz}} = 8 \times 10^{-3} \text{ H} = 8 \text{ mH}$

답 $L = 8 \text{ mH}$

8-10 $X_c = \frac{1}{2\pi f C}, \ C = \frac{1}{2\pi f X_C} = \frac{1}{2 \times 3.14 \times 60 \text{ Hz} \times 3 \ \Omega} = 884 \ \mu\text{F}$

답 $C = 884 \ \mu\text{F}$

8-11 $X_c = \frac{1}{2\pi f C}$

$$f = \frac{1}{2\pi C X_C} = \frac{1}{2 \times 3.14 \times (3 \times 60 \text{ Hz}) \times 50 \ \Omega} = 1.06 \times 10^3 \text{ Hz}$$

답 $f = 1.06 \times 10^3 \text{ Hz}$

9-01 고유진동수

$$f=\frac{1}{2\pi\sqrt{LC}}=\frac{1}{2\times 3.14\sqrt{50\times 50\times 10^{-6}}}=3.2\ \mathrm{Hz}$$

답 3.2 Hz

9-02 전자기파의 주파수는 전기 진동 회로의 고유 진동수와 같으므로

$$f=\frac{1}{2\pi\sqrt{LC}}$$

$$=\frac{1}{2\times 3.14\sqrt{4.0\times 10^{-6}\mathrm{H}\times 25\times 10^{-12}\mathrm{F}}}=1.6\times 10^{7}\,\mathrm{Hz}$$

답 $1.6\times 10^{7}\mathrm{Hz}$

9-03 관계식 $c=f\lambda$ 에서 전자기파의 파장 λ는 $\lambda=c/f$이다.

$$\lambda_1=\frac{c}{f_1}=\frac{3\times 10^{8}\ \mathrm{m/s}}{10^{3}\times 10^{3}\ \mathrm{Hz}}=3\times 10^{2}\ \mathrm{m},\ \lambda_2=\frac{c}{f_2}=\frac{3\times 10^{8}\ \mathrm{m/s}}{100\times 10^{6}\ \mathrm{Hz}}=3\ \mathrm{m}$$

답 3×10^{2} m, 3 m

9-04 공진 주파수

$$f=\frac{1}{2\pi\sqrt{LC}}$$

로부터

$$C=\frac{1}{4\pi^2L\cdot f^2}=\frac{1}{4\times(3.14)^2\times(5\times 10^{-7}\ \mathrm{H})\times(1000\times 10^{3}\ \mathrm{Hz})^2}\simeq 0.05\ \mu\mathrm{F}$$

답 0.05 μF

9-05 $f=\dfrac{1}{2\pi\sqrt{Lc}}=\dfrac{1}{2\pi\sqrt{5\times 10^{-4}\times 2\times 10^{-5}}}=\dfrac{10^{4}}{2\pi}=1592\ \mathrm{Hz}$

답 $f=1592$ Hz

9-06 $f=\dfrac{1}{2\pi\sqrt{Lc}}$

로부터 $C=\dfrac{1}{4\pi^2\cdot f^2\cdot L}$

답 $C=\dfrac{1}{4\pi^2\cdot f^2\cdot L}$

9-07 LC 회로의 고유 진동수

$$f=\frac{1}{2\pi\sqrt{LC}} \text{ 에서 } \omega=2\pi f$$

이므로

$$\omega=\frac{1}{\sqrt{LC}}=\frac{1}{\sqrt{(250\text{ H})\times(100\times10^{-6}\text{F})}}=6.3\text{ rad/s}$$

답 6.3 rad/s

9-08 고유진동수

$$f=\frac{1}{2\pi\sqrt{LC}}$$

로부터

$$1.0\text{ Hz}=\frac{1}{2\times3.14\times\sqrt{L\times(50\times10^{-6}\text{ F})}}$$

답 $L=5.0\times10^2$ H

9-09 $f=\dfrac{1}{2\pi\sqrt{LC}}$

$$f=\frac{1}{2\times3.14\times\sqrt{10^{-9}}}=\frac{1}{2\times3.14\times\sqrt{10\times10^{-10}}}=\frac{1}{2\times3.14\times10^{-5}\times\sqrt{10}}$$

$$f=\frac{10^5}{2\times3.14\times\sqrt{10}}=\frac{10^5}{19.859}\simeq5\times10^3\text{ Hz}$$

답 $f=5\times10^3$ Hz

9-10 $\lambda=\dfrac{c}{f}=\dfrac{3\times10^8\text{ m/s}}{500\times10^3\text{ Hz}}=600\text{ m}$

답 $\lambda=600$ m

9-11 (a)맥스웰, (b) 헤르츠

색인

ㅅ

ㅇ

ㅈ

ㅊ

ㅋ

ㅌ

ㅍ

엄기홍

학력
- BS: 한양대학교 전자공학과
- MS: Dept. of Electrical & Computer Engineering, Polytechnic Institute of Engineering, NYU (New York University), New York, USA
- Ph.D: Dept. of Electrical & Computer Engineering, New Jersey Institute of Technology (NJIT), New Jersey, USA

경력
- TA, RA, and Lecturer at NJIT (New Jersey, USA)
- Researcher at RS Microwave Company Inc. (New Jersey, USA)
- Researcher at Physics Department, Princeton University (New Jersey, USA)
- Adjunct Professor at NJIT (New Jersey, USA)

- 한국중견기업연합회 심사위원
- 한국도로공사 심사위원 (IT분야)
- 한국산업인력관리공단 출제위원 (분야 : 발송배전기술사)

- 강남대, 상명대, 한양대 강사

- 현재 한세대학교 IT 학부 교수 (한국서부발전 연구과제 진행 중)

저자와의
협의에 의해
인지 생략

대학물리의 기초
[전기와 자기]

2판 2쇄 2020년 9월 3일

저 자 엄기홍
발행인 송광헌
발행처 복두출판사
주 소 서울특별시 영등포구 경인로82길 3-4
센터플러스 807호
(우) 07371
전 화 02-2164-2580
FAX 02-2164-2584
등 록 1993. 11. 22. 제 10-902 호

정가 : 21,000원
ISBN : 979-11-5906-440-1 93560

한국과학기술출판협회 회원사